大厨必读系列

经典川味河鲜

Fresh Water Fish and Foods in Sichuan Cuisine

A journey of Chinese Cuisine for food lovers

朱建忠☆著

蔡名雄☆摄影

中国纺织出版社 | 国家一级出版社
全国百佳图书出版单位

图书在版编目(CIP)数据

经典川味河鲜 / 朱建忠著. — 北京：中国纺织出版社，2018.2（2019.3 重印）
（大厨必读系列）
书名原文:经典川味河鲜
ISBN 978-7-5180-4579-2

Ⅰ.经… Ⅱ.①朱… Ⅲ.①水产品—川菜—菜谱
Ⅳ.①TS972.126

中国版本图书馆 CIP 数据核字(2018)第 001233 号

责任编辑：范琳娜　　　　责任印制：王艳丽
排版制作：品　欣

中国纺织出版社出版发行
地址：北京市朝阳区百子湾东里 A407 号楼　邮政编码：100124
销售电话：010—67004422　传真：010—87155801
http://www.c-textilep.com
E-mail:faxing@c-textilep.com
中国纺织出版社天猫旗舰店
官方微博 http://weibo.com/2119887771
北京利丰雅高长城印刷有限公司印刷　各地新华书店经销
2018 年 2 月第 1 版　2019 年 3 月第 2 次印刷
开本：787×1092　1/16　印张：22
字数：417 千字　　定价：88.00 元

凡购本书，如有缺页、倒页、脱页，由本社图书营销中心调换

原来河鲜这么鲜嫩美味！

这或许是大多数人第一次尝到大江大湖河鲜时的第一反应吧！记得第一次对河鲜菜肴感到惊艳，就是尝到成都河鲜王朱建忠师傅的菜品，让从小吃海鲜长大的我有如尝到梦幻版的美味，觉得应该让更多人分享。或许是台湾省的淡水鱼，不论野生的或是养殖的，因水浅或是养殖密度高致使鱼肉始终有一股“土腥味”。而四川拜天然环境之赐，有好山好水，为美味烹饪提供了没有腥味、鲜嫩度极佳的河鲜食材。

在迫不及待想分享四川河鲜美食的前提下，与朱建忠师傅合作，并展开积极的讨论与计划修正，最后确定书名为《川味河鲜料理事典》。经过长时间在烹饪技术、饮食文化、图片摄影制作与文字编辑上来回讨论、修改才使本书初具雏形，期间遇上5·12汶川大地震而暂停进度达半年，前后耗时超过2年半，期间在饮食历史与文化上，要感谢四川省烹饪协会副秘书长向东老师的大力协助，才使本书呈现出如此丰富的面貌！

经过近十年的市场检验，今天仍可以很自信地说餐饮市场的河鲜菜品形式、味型依然不超出本书作者所介绍的菜品，但因原始版本信息量极大，厚达400页，加上全彩印刷令定价居高不下，而未能更加普及，为回馈广大川菜美食爱好者，特别保留全书精华，改版重编，书名更改为《经典川味河鲜》。

本菜谱书所要呈现的是完整的“饮食文化”，这也是本公司在“菜谱”后面加一个“书”字的原因。对本公司而言，只有具备可阅读性的出版品才能冠上“书”这样的称号，“谱”字的本意是指系统化的表册，也即操作指南或现代所定位的工具书概念。因此本书除了将美味菜谱的部分做好外，更着重在文化领域的照片呈现与文字的轻松阅读，务必使这本菜谱能成为一本好“书”，让每一位爱好美食的朋友都能因为此书“吃”出文化。

改版后的《经典川味河鲜》，仍保留运用大量的照片搭配适当文字呈现单一主题的烹饪、历史与饮食文化的特色，内容仍最大限度的保留四川的生活文化、地方风情介绍！让美食爱好者与川菜爱好者能在闲暇之间阅读有趣的饮食文化和历史，或是走进厨房动手烹饪川味美食！

本书文字原则上以四川习惯用语及食材名称为主，但都尽可能加以说明，并附上河鲜、食材图鉴，利用图鉴的方式，使读者从图片上做辨识，以减少因同物异名而产生的混淆。在单位上全部使用公制，并附上西式量匙与量杯的应用方式，以方便初学者掌握量的控制，进而轻松烹调本书中所介绍的佳肴。

而菜谱之外的菜品特色、美味关键提示、精致图片、历史文化等内容，相信能为专业厨师带来触类旁通的效果。

赛尚 总编辑

蔡名雄

作者简介：

“成都河鲜王”－**朱建忠**

师承中国烹饪大师，川菜儒厨舒国重先生之门下。
现为特二级烹调师、技师、中国烹饪名师；川菜烹饪大师；四川省烹饪协会会员，四川名厨厨居委员会委员，四川省餐饮娱乐行业与饭店协会会员。
个人专著《川味河鲜烹饪事典》《经典川菜：川味大厨20年厨艺精髓》《重口味川菜》。
2008年被选入川菜名人录《川菜100人》中。
先后在《四川烹饪》《东方美食》《中国大厨》《飞越》《川菜》等杂志上发表数百篇文章及创新菜品。在蓉城成都享有“河鲜王”的美称。

现任：
河南 · 濮阳市【贵和园】川吧77° 总经理
四川 · 成都市【锦城一号邮轮】行政总厨
四川 · 新东方烹饪学校（成都）专业烹调实务老师
四川 · 郫县【大千河畔】、阆中【春江河鲜酒楼】技术总监
河北 · 石家庄【盐帮古道】技术总监
广东 · 深圳【老酒川菜河鲜馆】技术总监

经历：
2004～2009年任成都欧湖岛河鲜酒楼行政总厨
2001～2004年任成都老渔翁河鲜酒楼行政总厨
2000年任重庆南华大酒楼行政总厨
先后在滇味餐厅、蓉城饭店、新疆公路宾馆、青岛金川王大酒店、岷江物业餐厅、零0柒美鱼馆、渠江渔港事厨或任厨师长

获奖纪录：
2005年四川省第三届川菜烹饪大赛团体银奖、面点个人金奖
2002年首届川菜技术大赛全能技术金奖、面点个人金奖
2002年第十二届厨师节“白鸡宴”，以中国名菜“白果炖鸡”获得金奖

川菜历史、文化汇整

向　东

现任：
四川省烹饪协会 副秘书长
《四川省志 · 川菜志》编委会 主编

谨以此书

感谢向东老师为本书的中菜历史、河鲜历史、川菜史、

四川河鲜史与饮食文化搜集资料，撰写专文。

因为有向老师给予的最大的支持与帮助，此书才能顺利完成、出版。

古有明训：一日为师，终生为父！

更以此书的成就与光荣献给恩师舒国重师父，

感谢恩师对我的提携与教诲，

回报恩师如父的师徒情。

最后感谢我最爱的家人，

你们是我力争上游的动力与避风港！

朱建忠

值得阅读和珍藏

四川省被誉为天府之国。在这片富饶的大地上山川秀丽、物产丰富、江河纵横，大小湖泊像星星一般明亮灿烂。省内的江河湖泊中盛产各种鱼类水产品。

四川不仅是一个以美丽和悠久历史文化而闻名于世的地方，而且依托自身丰富的资源和地域文化，孕育出著名川菜烹饪技艺和烹饪文化。在一代又一代川菜大师们的努力与创造下，川菜的内涵更加丰富，技艺的展现更臻于完美。

在川菜的烹饪技艺和烹饪文化中，河鲜菜品的烹饪技艺和河鲜文化占有重要地位。近年来随着社会发展，河鲜菜品的原料、调味品、烹饪方法、烹饪理念和设备进一步丰富与提高。

《经典川味河鲜》是一本以河鲜原料为基础烹制各种菜肴且较为全面的书籍。该书不仅有中华烹饪历史、烹饪文化、物产分布的介绍，并且着重介绍了川菜发展史、风土人情、四川地区河鲜文化，河鲜的种类和产地，以及烹制河鲜的独特方法等。还有大量的图片，读者通过图像，更容易对四川河鲜文化与河鲜菜品有更多的了解与认识。

该书编辑的河鲜菜品包含四川各地的传统河鲜菜肴如：犀浦鲇鱼、凉粉鲫鱼、清蒸江团、砂锅雅鱼、豆瓣鲜鱼等，又有创新烹制的豉椒蒸青波鱼、菠萝烩鱼丁、灯影鱼片、炝锅河鲤、清汤鱼豆花等。使用的烹制方法多种多样如：煎、炸、烧、蒸、烩、熘、烤、炒、拌等。菜品的味型有四川独特的鱼香味、家常味、麻辣味、咸鲜味、荔枝味、椒麻味等。

河鲜菜品的烹制工艺既有传统的烹制方法又有结合现代的西式烹饪方法。菜品的盛器和装饰都有其特殊的风格。

该书共有140多道河鲜菜品，其中不少鱼类原料如：鸭嘴鲟、雅鱼、江团、岩鲤、老虎鱼等都是少见的珍稀鱼类品种。

阅读本书后，读者们会了解更多河鲜种类，河鲜烹饪方法、味型和风格特点，提高我们对河鲜烹饪技艺与饮食文化的认识，丰富我们的工作与生活。

《经典川味河鲜》绝对是一本值得阅读和珍藏的书籍！

张中尤　中国烹饪大师
2009年8月28日

话“河鲜”

四川，如今在国内外许多人眼里都是一处耐人寻味的地方。的确，上天不仅造就了四川，而且还特别眷顾四川，因为上天不仅让四川拥有无比丰富的地形地貌，还拥有纵横密布的大江大河。是的，自从人类文明出现以来，巴山蜀水的子民们就从来没停息过“靠山吃山、靠水吃水”。我们研读历史时会发现，在四川老百姓的饮食生活当中，十分注重就地取材，尤其是选用一些看上去平常的土特产作为自己厨房里的食材，这也包括生长在无以计数的江河湖塘那些鲜活的水产品——河鲜。

其实，“河鲜”这个说法是最近15年才在川菜饮食业以及四川人的饮食生活中逐渐流行起来的，这是因为巴蜀饮食市场在20世纪90年代初期，忽然受到外来的“生猛海鲜”冲击，而首先打出“河鲜”旗号的四川人，也显然是从当时市场上最为时髦和流行的“海鲜”一语套用过来，其昭示的主要意思是：你沿海有味美价高的海鲜原料、海鲜菜，我巴蜀也有味美且价不低的野生河鲜及河鲜菜。要知当初那些抛出“河鲜”概念的川菜经营者们，都多少抱有一种不服输的心态：你沿海来的高档海鲜菜馆卖得火、卖得贵，那我也不能什么都输给你，我就是要让外面的人知道，在巴蜀江河湖塘出产的天然水产品也同样“金贵”，尤其是日渐稀少的原生态野生品种。

虽说中国饮食业出现“河鲜”这个字眼的时间不长，但四川民间善烹野生水产品的历史却相当悠久。自古以来，四川人对本土江河溪流生长着的鱼、虾、蟹、甲鱼等加工制肴就显得很在行，比如在70年前，蓉城知名餐馆“带江草堂”的第一招牌菜就是“软烧仔鲇”，而这种加了大蒜“软烧”鲇鱼的方法，其实是源于更早便已出了名的郫县“犀浦鲇鱼”。再来说说昔日成都老南门大桥桥头那家著名的“南堂馆子”——枕江楼，也是因为它常年都卖鲜活的“野生鱼”而名声在外的。要知道，这家店的“干烧臊子鱼”在那时的饕客心目中简直就是“极品”。而另一家座落在东门大桥桥头的“陈记饭店”，在常年卖鲜味鱼肴时更是借助了自己的绝招，比如该店为了保证鱼的鲜活，每天都会将买回来的鲜鱼再用大鱼篓装着沉入厨房石梯下边的河水里，当有客人来点吃时，才现捞、现称、现烹制。虽说该店旧时还不属于“南堂”大餐馆，只是一家“四六分”炒菜馆*，但在它的店墙上，却每天都挂满了以鲜活水产品为主料的菜牌，尤其是那一道食客交口称赞的“豆瓣鲫鱼”……

前面谈了一点关于“河鲜”的事，那都是为了引出我下面将要给大家推荐的新书——《经典川味河鲜》。这是一部比较完整地介绍四川河鲜及其历史文化的主题烹饪专著。当中，读者不用翻阅多少页，便能感受到该书作者及编者为填补一个空白所付出的巨大努力。的确，要编著一部具有开拓性的专业图书并非是件容易事，而在这个过程当中的酸甜苦辣我也能够想象出来，因为我本人的职业也是编辑出版工作。

为了推出一本受业内外人士欢迎的“河鲜烹饪”新专著，作者和编者这次以一种新颖独特的编排架构方式，在对中华烹饪的风味特色、巴蜀地区的河鲜美食文化、四川丰富的水产资源等做一次全景式的扫描和解读，当然，还包括以图文结合的形式向读者介绍原汁原味的川味河鲜烹制方法。

常听读者朋友讲，只有那些禁得起市场和时间检验的图书，才有可能成为读者手里的经典读物，也才能够让读者真正获取所需要的知识和资讯。笔者在研读了《经典川味河鲜》部分清样后，想说的是：这是一本值得阅读、值得拥有的川味河鲜“小百科”，很有可能成为我们中华饮食文化书林当中的一部经典著作，至少对于像我这样的土生土长的四川人来说是如此。

王旭东　四川烹饪杂志·顾问
2009年10月1日

* 本推荐文原标题为“写在《川味河鲜料理事典》出版发行之际”。
* “四六分”炒菜馆：早期成都地区专供当地民众或过路人方便解决三餐的小馆子，因通常食用的人数少所以菜品的价格大多是小份的四分钱，大份的六分钱，或是蔬菜类的菜四分钱，荤菜六分钱，因此成都人就将此类吃便餐的小馆子昵称为“四六分”馆子。

两岸厨艺交流，追寻川菜根源

在一次两岸厨艺活动中，认识了川菜大师舒国重师傅，多次交流后发现舒国重大师的门徒尽是精英，特别是朱建忠，更是他的得意门生。经过长达8年往返四川，在川菜领域寻根、交流、认识与学习，对朱师傅的川菜烹饪和调味功夫十分佩服，理论基本功更是扎实。也因为如此才能将在台湾省学到的川菜烹饪知识、技术与川菜的根源——四川，连结在一起，有了根之后，开枝散叶，创新菜品也就水到渠成。

交流期间多次品尝朱师傅的河鲜烹饪，发现他对河鲜的运用和烹饪令人惊艳，也才知道朱师傅在成都又被尊称“河鲜王”，这名号可不是吹嘘的，四川地区有七八十种河鲜，从四大家鱼、地方特产鱼种到珍稀河鲜，朱师傅可说是如数家珍，熟悉各种河鲜的特性，经过朱师傅的烹饪，展现出千变万化的河鲜菜肴风情！

在川菜烹饪中，朱师傅可说是把川菜的经典与精髓发挥得淋漓尽致，这次赛尚能邀请他合作出版食谱，实在是厨师之福。朱师傅本身也是成都新东方烹饪学校的讲师，因此在多次交流中发现他从不藏私，完全公开菜品的调料分量与做法，令人受益匪浅。

而在食谱《经典川味河鲜》一书中，本着不藏私的精神，朱师傅示范并讲解了126道菜，更邀他的师父川菜大师舒国重展现20道经典河鲜菜品，全书完整呈现140多道河鲜菜品，更将川菜历史与河鲜史做了一次完整介绍。加上赛尚不惜成本摄制近万张四川饮食风情照片，让厨界除了通过文字外，也能通过丰富的照片更全面而清楚地了解川菜烹饪技巧、风情及四川文化，相信这本《经典川味河鲜》能带给厨师更多川菜与河鲜的知识，并触发更多创意！

郭主义　台湾美食艺术交流协会 · 理事长
春野川菜餐厅 · 行政主厨

缘份，成就一本好书

2006年秋冬，台湾好友郭主义来到成都。见面后就把他的菜品新书送给我。在闲谈交流时，谈到我做的河鲜菜品好吃又有特色，怎么不写一本专著？其实我的菜品文字早就整理好了，正愁没有合适的出版商。郭师傅马上说，我给你介绍帮我出这本《郭主义招牌川菜》的赛尚（台湾）发行人大雄给你认识，郭师傅喜欢昵称本姓蔡的发行人为大雄。

郭师傅回去不久后的一天早上，我正在厨房处理营业前的准备工作，服务员告知有人找我，随后我来到大厅。只见一位身材高大、身材魁梧、理着平头，背上背着一个大包，带着一副眼镜，笑起来却亲和力十足的先生。说明了来意，大雄就从背包里拿出他们公司负责策划、摄影、编排、出版的《欣叶心·台菜情》《台湾大厨-郑衍基》等几本书送给我，就这样我认识了大雄。其实，我早在《四川烹饪》杂志那里就得知了大雄的名字，只是从没想过可以实际碰面，后来还合作出书！

随后大雄拿出《川味河鲜》的策划大纲，我看后觉得是相当全面的一个大纲内容。从那一刻起将书做好的压力也随之而来，开始四处取材、借鉴考察、搜集资料、考证，最后书写整理成初稿文字。

2008年春夏发生5·12汶川大地震！大家都沉浸在悲痛之中，《经典川味河鲜》（原书名：《川味河鲜烹饪事典》）的进度推迟了！在生活恢复正轨后，为了此书可以有最好的照片呈现四川河鲜与饮食文化的底蕴，我和大雄、《四川烹饪》总编王旭东老师及前《天府早报》美食版主编兼四川省烹饪协会副秘书长向东老师实地踏访河鲜之乡——宜宾、泸州、自贡、雅安、乐山、荥经等地，实地摄影取镜，也为本书丰富的文化照片提供基础。在文字处理方面，由于两岸对行业上的专业术语，甚至是日常基本食材的叫法都有差异，在电邮中经常交换意见。大雄更为此书的诞生从台湾至成都往返了8次之多。

在我的脑海中，最让我难忘和值得回忆的是文字的撰写和菜谱照片拍摄。在撰写文字的时候，由于我只能抽空档写，经常晚上加班赶工，有时在疲倦中睡着，有时忘了吃饭，有时夜深了还在查找资料，也常在夜深人静时，那敲击键盘的声响将妻子从睡梦中吵醒。妻子总是体谅我，将早餐做好才叫我起床吃早餐、上班。一直以来，不管是事业上还是这本书的撰写，她总是给予我最大、最完全的支持和照顾，在此默默的表示感谢！

2009年7月11日，《经典川味河鲜》一书的菜品、食材、调料、特有汤料、油料、河鲜品种的图片正式开始拍摄，在这之前就开始忙着准备原料和餐具，大雄准备摄影器材和道具等。在河鲜鱼的品种上我准备了40余种、食材100余种、餐具100多种。拍摄图片，大雄精益求精，期望每一道菜肴都能呈现出令人垂涎的画面。所以，从开始到完成一共花了15天的时间，当时正好是三伏天，一年当中最热的时节。每天，早上8点开工，晚上12点才下班。一天甚至加班到凌晨2点，回到家都快3点，早上8点还是正常开工。中餐和晚餐以打仗的速度吃完。制作菜品之余，我见大雄为每个菜的装饰、修饰，灯光微调，背景、道具的搭配等，不厌其烦的来回走上数十回。再次体会成功者的背后，需要付出和牺牲很多常人无法想象的努力和艰辛。在此，我深深的向大雄为我的菜谱出版所付出的辛勤和耕耘说一声：谢谢！

在文字的书写和整理过程中，首先感谢向东老师对本书在饮食文化与河鲜历史的撰写方面全力提供的协助和支持。其次感谢我的师父舒国重先生对我撰写菜谱文字的纠正和指导及从厨以来给我的教诲和关心。

还要感谢宜宾“张三娃河鲜”配送中心提供河鲜鱼品种的拍摄。成都二仙桥酒店用品市场“金名新木”经营部提供的餐具。最后，也是最感谢的“成都欧湖岛河鲜酒楼”给我工作展现和能力发挥的平台与空间，并且提供场地制作菜品和菜谱照片拍摄，更要特别感谢酒楼领导对我的工作的支持和关心！

朱建忠 2009年9月16日

Contents 目录

河鲜历史、文化篇

河鲜烹调基本篇

Contents

河鲜烹饪美味篇

1. 本书中涉及的中华鲟、胭脂鱼、鸭嘴鲟等，皆为人工养殖。
2. 蛋清淀粉糊调配比例与方式：鸡蛋1个敲破，只取鸡蛋清（蛋黄留做他用），调入约30克的淀粉和匀成稀糊状即成。

河鲜历史、文化篇

Fresh Water Fish and Foods in Sichuan Cuisine

A journey of Chinese Cuisine for food lovers

华夏与四川河鲜文化

古人认为，生命的存续全依赖水。中国菜也受水之滋养与孕育而成。黄河流域孕育了鲁菜，长江上游造就了川菜，长江下游培育了苏菜，珠江流域生成了粤菜。其他之湘、徽、陕、浙、闽等风味流派也受湘江、淮河、汉水、钱塘江、闽江之恩泽而形成。也因为水资源丰富，河鲜取得容易而形成多样的食用文化。从上古时代，华夏民族的祖先还处于自然饮食状态时，便靠着渔猎和采集赖以生存、繁衍。从伏羲氏教民结网捕鱼至今，华夏一脉相传的祖辈们已吃了六七千年的鱼。故孟子曰："鱼，我所欲也"，寓意人生至美就如鱼鲜般难得且值得追求。

文化探源

中华大地幅原广阔，每条江河、每一湖堰都不乏名品河鲜。三千多年前华人祖先所喜爱的鱼鲜是鲤鱼、鲫鱼、鲥鱼、鲂鱼、鲴鱼、鲟鱼及河豚等多种。鲤鱼，古人称之为"赤鲤"，以产于黄河的鲤鱼最为肥美，在当时比牛、羊更为珍贵。战国时期《神农书》有记载："鲤为鱼之主，将其神化为龙；南朝陶弘景所著的《本草经集注》也说："鲤为诸鱼之长，形既可爱，又能神变，乃至飞越江湖，所以仙人琴高乘之也。"也就在这两则记录下，产生"鲤鱼跃龙门"，一跃成神龙的神话传说。

再说鲫鱼，秦汉时称为鲋，在《吕氏春秋·本味篇》中载有："鱼之美者，洞庭之鳟，东海之鲕"之称，鳟、鲋同音同义，而鲋则为鲫。传说中鲫鱼乃稷米（古时一种粮食作物，为百谷之首。）化身，所以腹中尚存有米色。古书中多形容鲫鱼之美犹如美女一般。依据考古研究，鲫鱼早在七千多年前就已在中国成为餐桌上的美味佳肴。

而鲥鱼在古代便为四大美味鱼鲜之一，四大美鱼分别为黄河的鲤鱼，河南伊洛（伊河）的鲂鱼，上海市西南边松江镇的鲈鱼和杭洲富春江的鲥鱼。鲥鱼平日生活于大海，初夏游入长江，到淡水中产卵，到达之处最远仅达长江南京一带的河段，因此长江中、上游便十分少见。鲥鱼离水即死，鲜味即逝，因此每年五六月间，是吃鲥鱼的上佳时节。鲥鱼成为名贵鱼种始于宋代，后为皇家贡品达数百年，至清代康熙帝时终止。就连现代文学小说名家张爱玲都因鲥鱼的鲜嫩甜美，而有句名言：恨鲥鱼“多刺”！

而河豚，又叫“赤鲑”，早在秦朝前《山海经·北山经》中，便称河豚为“赤鲑”。河豚内脏有剧毒，为何先人、老饕们还要争相品尝？就因其鲜美非一般鱼所能媲美。古今称颂河豚者，最为著名的是苏东坡的“竹外桃花三两枝，春江水暖鸭先知，蒌蒿满地芦芽短，正是河豚欲上时。”其他赞颂河豚的名句还有元代王逢《江边竹枝词》的“如刀江鲚白盈天，不独河豚天下稀。”清初的大文学家朱彝尊《河豚歌》的“河豚雪后网来迟，菜甲河豚正及时，才喜一尊天北海，忽看双乳出西施。”等。

据文献记载，古代之人食鱼多以生食为主，称之为鱼脍或鱼鱠，在现在的中菜烹饪中多称之为“鱼生”。“脍”泛指细切的生肉，“鱠”指细切的生鱼肉。日本人在唐代与我国文化交流中学习了中原制作与食用鱼脍的方法，之后称鱼脍为刺身或生鱼片，现在号称日本“国菜”。而鱼脍在三千多年前的文献中已多有记载和生动描述，这种生食鱼肉的食俗也一直延续至今。三千年间产生了像是北魏贾思勰所著《齐民要术》记载的“金齑玉脍”（据考原菜名：鲈鱼脍），孔子之“食不厌精，脍不厌细”的经典典故。回到当今，食脍之风不减汉唐。不只有我国的各式鱼鲜可供食用，即使是北欧斯堪地那维亚半岛沿海的世界著名渔场，也能源源不断地带来品质优异的鱼类。

另一方面，从地域差异所造成的饮食习惯来看，鱼脍似乎没有什么太大的差异。位居中原的河南，西北的陕西，西南的四川都有零星的食鱼脍记述。如诗圣杜甫在四川旅居时写《观打鱼歌》：“饔子左右挥霜刀，脍飞金盘白雪高”，描述的是绵阳人捕鱼后，厨师切鲂鱼脍的生动实况。但历来中国较流行食鱼脍的地区是在江浙、闽粤，相对的各种记载、描述也较多。

如汉末的广陵太守陈登因过度食用鱼脍而致病的故事就发生在江南。西汉桓宽的《盐铁论》中批评餐饮市场过分食用“臑鳖脍鲤”，也是说南方。隋炀帝所言“金齑玉脍，东南佳味也”，指的也是江南。西晋张翰思鲈的故事说的还是江南。

而中国历史上著名的鱼脍名品，如金齑玉脍、飞鸾脍、海鲵干脍、缕子脍、咄嗟脍、鲇鱼脍、鲈鱼脍、鲨鱼脍、鲤鱼脍、生脍十色事件、三珍脍、五珍脍、白刀脍、鱼生等，皆出自江浙、闽粤，这与当地水产、海产丰富有直接关系。

在中国菜四大菜系形成至今，各菜系均有不少河鲜名肴。只是从古代的生食鱼脍已发展为清蒸、清炖、红烧、干烧及煎、炸、烧、烤、腌等多种烹制方式。像鲁菜中的糖醋鲤鱼、醋椒鱼、荷包鲫鱼；川菜中的清蒸江团、砂锅雅鱼、干烧岩鲤、脆皮鱼、豆瓣鱼、软烧仔鲇等；苏菜中的西湖醋鱼，宋嫂鱼羹，松鼠鳜鱼、清蒸鲥鱼等；粤菜中的清蒸鲈鱼等。在现代的中华大地，好食河鲜及鱼、虾、蟹等水产已不单是为了美味，也成了食疗养生之道。

四川地区的河鲜文化

中国上古时代的四川盆地是一片沼泽湖泊，川西平原当时可说是水乡泽国。四川西北部的人们以捕鱼食鱼鲜、水产为生，故其部落名为鱼凫氏。“鱼凫”原指会捕鱼的一种黑羽鱼鹰。鱼凫氏的后代不甘于长久生活在四川西北部，就在川西沼泽湖泊逐渐变为陆地平原后，冒险跋涉，沿岷江河道走出高山峡谷后到达灌县，之后又因每年岷江洪水泛滥，被迫再次迁移到川西平原上的温江和郫县，定居下来，并建立了鱼凫王朝，设都于郫县，在望帝、丛帝的带领下，除延续传统，以捕鱼食鱼为主的生活外，同时发展出农耕的平原生活，是四川人捕鱼食河鲜之先河，算一算距今已三千多年。

到了秦灭巴蜀，首次一统大江南北后，蜀郡的第二任郡守李冰在秦昭王期间，全面整治岷江之水，在大禹治水的基础上，修建且完善了都江堰水利工程，四川也就此成为华夏大地唯一水、旱从人，不知饥馑、富庶丰饶的鱼米之乡，天府之国自此而名冠天下。

四川境内江河众多，大多属长江水系，主要的江河有金沙江、岷江、嘉陵江、沱江、乌江、汉江、大渡河、青衣江等以及遍布全川的支流河渠。四川境内湖泊众多，大小天然湖泊数千个，但无大型湖泊，较大的有泸沽湖、邛海、大小海子、天池、龙池、小南海、九寨长海等。还有大大小小的水库、池塘、河堰、河沟和沼泽，以及大量颇具特色的冬囤水田（在冬季时用来囤储水资源的水田）。

四川是中国内陆淡水鱼养殖的重要省区之一，鱼类资源丰富，拥有鱼类8目、18科、200种以上，约占全国淡水鱼种类的27%。分布最广的是鲤科鱼类，如常见的棒花鱼、鳊鱼、鳙鱼等都属鲤科，有141种，占四川鱼类品种总数的64%。其次为鳅科、平鳍鳅科。在鱼类资源中，主要经济鱼类达10种以上。这些科类大多数分布在四川东部盆地；越接近四川西部山地、高原、鱼类越少。在江河鱼类中，以鲤科、鮠科和鲇科鱼类的产量最高，占全省江河捕捞量的90%以上。四川更是长江鲟、铜鱼（水密子）、江团等珍稀名贵鱼的主产区，产量居全国之冠。四川虎加鱼（属鲑科）仅分布在岷江和大渡河的某些河段。

四川养殖鱼类品种也很丰富，水库、池塘、水田、湖泊、河堰各类水域的养殖鱼类有20多种。其中草鱼、鲢鱼、鳙鱼、青鱼产量约占全省鱼类总产量的70%；鲤鱼、鲫鱼次之。四川还盛产甲鱼，主要分布于达川、绵阳、南充、涪陵地区。此外，还有牛蛙、蚌螺等资源。

四川河鲜养殖历来以湖泊、水库、池塘及网箱养殖为主，鱼业养殖户的平均养殖面积位居全国第一。此外，在川西平原上，塘堰沟渠密布，鱼、虾、蟹天然野生数量极多，且自然生长。就连冬季储水的水稻田里也不乏鲤鱼、鲫鱼、泥鳅、黄鳝等河鲜。

即便是流经成都市区的府河、南河在1980年以前也是河鲜的世界，鱼之乐园。每年春天，当都江堰开闸放水，肥美欢腾的“桃花鱼”便顺流而下，鱼跃水欢，府南河顿时热闹起来，撒网的、鱼杆钓的、空手捉的、网兜捞的，忙得人欢狗叫。夏日小孩子在河里游泳脚板也能踩到鱼，一个猛子（方言，潜水的意思）进水底就能在石头块、岩石缝中捉到鱼。甚至在冬天枯水季节，娃儿们也用自制的鱼叉，挽起裤脚在暖暖的水中搬开大石头，就能叉到不少小鱼儿，回家用菜叶包住在灶里或火炉上烤熟或炸熟。虽然现在的府河、南河因经济发展、环境变化后，河鱼不再如此繁盛，但依旧足以让人们一尝钓鱼的乐趣，但童乐童趣，却已不再，令人感怀。

蜀水美，河鲜肥，3000多年来，巴蜀山林泽鱼，檀利鱼盐，名品汇萃，河鲜一直是川人的最爱，喜食、善烹河鲜的历史悠久且名声四扬。早在西汉时期，辞赋家扬雄在《蜀都赋》中就描述了汉代四川地区的烹饪原料、烹饪技艺，川式筵宴及饮食习俗，有关河鲜水产便记有：“其深则有猵獭沉蝉，水豹蛟蛇、鼋蟺、鳖鱼，众鳞鳎鳠……”这里，“蝉”即指鳝鱼，“鳎”指鲵鱼，俗称娃娃鱼。西晋文学家左思在其“三都赋”之《蜀都赋》中记有：“金罍中坐，肴隔四陈，觞以清醥，鲜以紫鳞。”三国时期，曹操在《四时食制》中，特别记有“郫县子鱼、黄鳞赤尾，出稻田，可以为酱”，另还记有“一名黄鱼，大数百斤，骨软可食，出江阳，犍为”。

而在唐、宋时代，四川处于历史上最为繁荣昌盛时期，华夏文人名士纷纷入川，也都留下了丰富多彩的诗词歌赋。许多诗词都与河鲜鱼肴有关，较著名的有唐代杜甫的名篇《观打鱼歌》，诗中生动描述当时捕鱼、品河鲜的景况：“绵州江水之东津，鲂鱼鲅鲅色胜银，渔人漾舟沉大网，截江一拥数百鳞”。之后在《又观打鱼歌》中更记有：“苍江渔子清晨集，设网提纲取鱼急”，“东津观鱼已再来，主人罢鲙还倾杯”。前句描述了四川渔人捕鱼之风情，后句意指以鱼入馔之易。

杜甫最有名的诗句是在《戏题寄上汉中王三首》中“蜀酒浓无敌，江鱼美可求”，以及《将赴成都草堂》一诗中：“鱼知丙穴由来美，酒忆郫筒不用酤”之句，盛赞四川“丙穴鱼”，即雅鱼和“郫筒酒”。杜甫诗中描述四川河鲜及鱼肴的诗还有不少。宋代陆游的名篇佳句《思蜀三首》中之一的“玉食峨眉栮，金斋丙穴鱼”，以及《梦蜀二首》中：“自计前生定蜀人，锦官来往九经春，堆盘丙穴鱼腴羲，下着峨眉栮脯珍”，明确的表达出其对河鲜美味的喜爱与对天府之国的向往。

到了清代辣椒自沿海一带顺着长江传入四川，加上湖广填四川的大移民背景下，民间因缘际会的创制辣椒豆瓣后，四川人的饮食习惯、风俗与川菜的风味发生了根本性的变化，也通过近500年时间的演变，逐步确立了川菜“清鲜醇和，麻辣见长，一菜一格，百菜百味”的菜系特色。而河鲜也从历史沿袭的生鱼肉、烧烤、清蒸等基本风味，变的千滋百味。烹调方式也顺着器具与烹饪技巧的进步而越加丰富多彩。在20世纪后四川火锅兴起，河鲜也跟着跃进热闹滚红的火锅中，四川人吃鱼的情趣更为高涨。

四川的千江万水与丰富水产

四川气候温和，雨量丰沛，山川纵横，江河密布。丰富的水资源是四川被称为“天府之国”的重要因素之一，也是四川生态环境的重要特色。流域面积在100平方公里以上的河流有1419条；湖泊水库无计其数，面积大于1平方公里的就有近百余处。所以形成四川的水文景观为大江大河多、沟壑溪流多、湖泊海子多、瀑布潭池多。

按流域水系划分，四川省水系区域可分为金沙江、岷江、嘉陵江、沱江、长江上游干流、乌江、汉江及黄河8个区域。其中，岷江区、金沙江区水流量最大，其次是嘉陵江区域。

四川的天然湖泊多达1000余个，但水域面积多数都不大，一般都在1平方公里以下。较大者有泸沽湖、邛海、马湖（又名龙湖）、小南海及新路海。

丰富的水产资源

四川是中国内陆淡水鱼生产重点省区之一，虽然没有大海，但淡水水域的类型众多，面积广阔。不仅有江河、湖泊，而且有水库、池塘、河堰、河沟和沼泽，还有大量颇具特色的冬囤水田（在冬季用作囤积水源的水田），形成河鲜品种多元的特色，从高海拔的冷水鱼到平地的四大家鱼，到大江大水的深水鱼，应有尽有。

四川的水生植物因多元的地形与丰富的水资源，也具有种类多、数量大、分布广的特点。据不完全统计，种类在100种以上，是全国水生植物资源最丰富的地区之一，为鱼类和各种水生动物提供了丰富的食物来源，以及产卵和栖息条件，形成四川地区的水产养殖业发展的一大优势。

水产渔业养殖

池塘养鱼历来是四川省水产业的重点，产量占总产量的47%。水库渔业除了网箱养鱼和大规模鱼种投放外，更将水库饲料养鱼作为推广应用的重点技术。水库养鱼收入占水库总收入的70%以上，实现了以水养水的自然循环，同时也为一般大众提供了相对较为便宜的水产品，使得享用河鲜美味可以成为生活的一部分。全省水库养鱼56420吨，水库养鱼平均亩产达52千克，居全国第一。此外，还有稻田渔业及湖泊渔业。

到1990年后，四川共有58个国有鱼种场、站。特种水产由原来的4个品种39个繁殖点发展到11个品种，在123处开始繁养。全省各种特殊优质及新引进的水产品产量达1850吨。所以用滋润丰沛来形容四川水资源与河鲜可说是最为贴切，加上栉比鳞次的河鲜酒楼与河鲜火锅，还有大批的河鲜美味爱好者，将一同为这天府之国谱写河鲜的美味历史，建构河鲜的休闲饮食文化。

百菜百味的百变川菜

川菜历史与特色

川菜，即四川菜。由成都菜（也称上河帮）、重庆菜（也称下河帮）、自贡菜（也称小河帮）等主要流派组成。原料以四川省境内所产的山珍、禽畜水产、蔬菜、果品为主，兼用沿海海产干品原料。川糖、花椒、姜、葱、蒜、辣椒及豆瓣、腐乳为主。味型以麻辣、鱼香、家常、怪味为其重点特色，素以尚滋味、好辛香著称。

川菜简史

川菜文化历史悠久。考古资料证实，早在五千年前，巴蜀地区已有早期烹饪。商、周时期，已有炙、脍、羹、脯、菹、齑、醢等烹饪品种。春秋至秦是川菜的启蒙期。《吕氏春秋·本味篇》里就有“和之美者……阳朴之姜”的记述。西汉至两晋，川菜已形成初期轮廓。西汉扬雄的《蜀都赋》及西晋左思的《蜀都赋》中，对四川烹饪和筵席盛况就有具体描写。东晋常璩的《华阳国志》中，首次记述了巴蜀人尚滋味、好辛香的饮食习俗和烹调特色。

隋、唐、五代，四川烹饪文化进一步发展，烹调技艺日益精良，菜肴品种更为丰富。

两宋时期，四川菜已进入汴京（河南·开封）和临安（浙江·杭州），为当时京都权贵们所欢迎。明末清初，辣椒传播到四川，为“好辛香”的四川烹饪提供新的辣味调料，进一步奠定川菜的味型特色。清末民初，随着辣椒入川并被广泛种植和食用，川菜技法也日益完善，麻辣、鱼香、家常、怪味等味型特色已成熟定形，成为中国地方菜中独具风格的一个流派。

川菜风味与工艺特色

四川菜现有的、而且能适应不同消费对象的菜肴已超过5000多款，主要由成都菜、重庆菜、自贡菜和具有悠久历史的传统素食佛斋菜组成。其中成都菜的代表菜有红烧熊掌、樟茶鸭子、家常海参、干烧鲜鱼、开水白菜、干烧鱼翅、锅巴肉片、鸡豆花、麻婆豆腐、豆渣鸡脯等。重庆菜的代表菜有官燕孔雀（燕窝菜）、一品海参、干烧岩鲤、鱼香肉丝、

川菜百味之7种基础味

麻、辣、香、甜、苦、酸、咸

水煮鱼片、烧牛头方、灯影牛肉丝、清炖牛尾、枸杞牛鞭汤、毛肚火锅等。自贡菜的代表菜有水煮牛肉、火边子牛肉、小煎鸡等。

川菜的风味特点取决于特产原料。除了四川平原的粮、油、蔬、果、畜、禽、笋、菌外，山区有虫草、银耳、竹荪、川贝母等，江河峡谷有江团、岩鲤、雅鱼（丙穴鱼）等，都是烹制川菜的原料；自贡的井盐、郫县的豆瓣、新繁的泡菜、简阳的二荆条辣椒、汉源清溪的花椒、德阳的酱油、保宁的醋、顺庆的冬尖、叙府（宜宾）的芽菜、潼川的豆豉等都是烹调川菜的重要调辅料。

川菜的常用技法有炒、爆、熘、炸、煎、烧、烩、焖、炝、汆、蒸、煮、炖、熏、卤、炝、渍、拌、腌、糟等数十种，尤以小煎、小炒、干烧、干煸见长。如鱼香肉丝，不过油，不换锅，现兑滋汁，急火快炒成菜，鱼香味突出。

川菜的味型很多，主要有麻辣、鱼香、家常、怪味、豆瓣味，以及陈皮、椒盐、荔枝、酸辣、蒜泥、麻酱、芥末等30余种，尤以麻辣、鱼香、家常、怪味等几种味型独擅其长。

川菜流派与特色

四川饮食业在旧时就沿袭传统，在经营主业上和风味流派上以“帮”来区分。主业上一般分为蜀宴帮、燕蒸帮、饮食帮、面食帮、腌卤帮、甜食帮等。此一分法也便于各主业帮的“归口”管理协调。在川菜风味流派上，过去也大多按旧时代人们对江河码头运货贩货的船帮叫法，分有成都帮、重庆帮、自内帮（自贡、内

江），其后便按船帮统分为上河帮、下河帮及小河帮。处在上水的成都平原，又称川西坝子，称为“上河帮”。处在下水川东地区以重庆为代表的为“下河帮”。而位于长江上游及其主要支流的川南地区包括自贡、宜宾、泸州、乐山、雅安称为“小河帮”。

上河帮成都平原的川菜风味流派以味丰、味广、醇和、香鲜见长。下河帮重庆地区的川菜风味流派则以味厚、味重、麻辣见长；小河帮以自贡宜宾为代表则有小煎小炒、干煸水煮、味多、味广、善调辣麻、巧用川盐的特点。川南小河帮川菜中，自贡尤以小煎小炒、水煮见长，宜宾泸州、雅安、乐山则以善烹河鲜而享誉巴蜀。

川菜百味之37种烹调方法

炒、爆、煸、熘、炝、炸、炸收、煮、烫、冲、煎、锅贴、蒸、烧、焖、炖、⿰火督、㸆、煨、烩、烤、烘、汆、拌、卤、熏、泡、渍、糟醉、糖黏、拔丝、焗、白灼、石烹、干锅、瓦缸煨、冻等。

细说川南小河帮菜

川南小河帮菜源于自贡，位于四川盆地南部，沱江支流的釜溪河畔，地处川南低缓的山丘陵区，气候温和。自贡天然资源丰富，首推盐卤，主产地在自流井，主要有黄卤、黑卤，富含氯化钠，是中国第一大井盐产地。也因此自贡有盐都、盐城之称。自贡之名是源于两大井盐产区——自流井和贡井，将两地名合二为一，称为自贡。所谓“贡井”区，即指此地所出产之井盐因品质上乘、味道鲜美，历来作为贡品专供皇家宫廷享用，故而称此盐井为贡井。

井盐传奇

自贡在东汉章帝时期已有井盐生产，到清代同治年间发展到鼎盛。1835年左右，在大安地区（旧名“大坟堡”）开凿出深度达1001.42米的燊海井，是当时世界第一深井。自贡因产盐而成市，因汲卤而兴盛，交通更是四通八达。经水路，由釜溪河顺流而下，可进入沱江、长江；走陆路，有公路、铁路穿境而过，连接周边县、市。在过去自给自足的小农经济中，自贡以外的百姓是“喂鸡换油盐，喂猪换布衫”，盐和布是自贡交换农副产品的主要商品，也是四川向省外换回棉纱、棉布的重要物资。

自贡在清代就已发展为四川较大的工商业城市，人口多，流动性强，生活消费量大，主要靠盐与外地商品交易。但自贡百姓生活中的两大主要物资——粮食和肉却自给自足。尤其是肉食，过去自贡盐井全靠牛力提卤，一个大井用牛数十头，小井也需数头。牛的来源主要是川康、川滇、川黔山区。每年大约要采购和宰杀1万头牛，牛肉价格常为猪肉价格的1/3左右，甚至是盐井东家在牛老死后宰杀，再送给工人。因此，牛肉自然成为市民百姓家的主要肉食。实行机器提卤后，牛逐渐退出历史，牛肉也逐渐减少，其他如猪、鸡、鸭、兔、河鲜才开始渐渐成了自贡人民日常生活肉食品。

20世纪50年代初，自贡便

有旅店客栈156家，饮食馆店526家，到1985年饮食店增为920家，现今则达数千家。因自贡运用牛力产盐的背景，饮食业中最享有盛名的是牛肉菜肴，其中最具典型的代表是水煮牛肉、清汤牛肉、干煸牛肉丝及火边子牛肉。火边子牛肉在清末已名扬中华各地。制作方法也独具特色，将牛肉切成很薄的片，用牛粪燃烧之火烧烤而成，其味麻辣干香，慢嚼细品，香美化渣，回味悠长，是佐酒美肴，馈赠佳品。在清朝时，盐商都用以赠送各级官员。现今仍采用传统工艺，密封包装，行销世界各地。

自贡菜与盐商菜、盐帮菜

自清代中叶以来，中国各地如陕西、山西等地的盐商，便云集自贡。逐步形成以各地为帮口、帮会的盐商民间机构。为方便盐务交易，协调商务，各地方政府还派驻盐务官员，且各地盐商均在自贡修建了地方会馆。清代乾隆元年由陕西盐商集资，耗时16年建成，堪称古建筑艺术珍品的西秦会馆，在20世纪50年代末，自贡盐业博物馆设置在此，至今保存完好，风韵犹在。

各地盐官及盐商在自贡市安居落户，带来了各地厨师，盐官及盐商之间经常相互宴请，在吃喝间进行业务交流，而各地风味菜也在宴席上相互交融，逐步形成盐商菜或盐帮菜的风味特色。旧时，自贡盐业鼎盛时，民间有句俗话说：山小牛屎多，街短牛肉多，河小盐船多，路窄轿子多。其中所言河小盐船多，即指自贡釜溪河上盐船穿梭往来的盛况。在这样繁荣盐运商业经贸的推动下，自贡的民间饮食，地方小吃也得到极大发展。

自贡菜以盐商菜（盐帮菜）为主的官商筵宴菜，如清汤牛肉；地方传统风味菜，如水煮牛肉；以及民间小吃，如火边子牛肉、担担面等。有别于上河帮成都菜的华美、婉约、精致、风味多样，也不同于下河帮重庆菜的粗犷、豪放、厚重。取两者之长，在烹调及风味上，体现出精致、细腻、味多、味广、味厚的特点。

川菜百味，味在自贡

自贡产盐，不仅其菜式与盐有直接关系，川菜之所以能一菜一格，百菜百味，也与川盐密不可分。川盐尤其是井盐，富含多种矿物质、氨基酸、微量元素及其他能丰富味觉的物质，在烹饪过程中，经加热高温溶解，而发挥定味、增香、提鲜、杀菌及去除异味的作用。川菜的基本五味：辣、麻、甜、酸、苦，之所以没包括以盐为主体的“咸”

味，是因为盐是人体基本之需，也是川菜烹饪及所有烹饪的基本调味，故而不计。

有人说自贡菜“盐重”，所谓“盐重”应为“重盐”，重视盐的运用。也就是说自贡菜擅长巧用各种品质的井盐来调味，不同的烹饪方式，不同的菜式，蒸、炒、烧、炖、拌均用不同品质的盐，使其菜式风味尤显鲜香醇厚，香美多滋。如水煮牛肉，虽是麻辣、却是香辣、香麻，辣而不燥，麻而舒凉，滋味丰厚，咸鲜醇浓。又如自贡的河鲜代表菜——自贡梭边鱼，所谓梭边，是自贡当地人过去习惯称泡菜为梭边，因而梭边鱼实则为泡菜鱼。自贡人家做泡菜、泡辣椒、泡姜有专用的井盐，故而其泡菜鲜香味美、乳酸醇浓、口感脆爽，用之烹制的泡菜鱼之鲜香、味美自是非比寻常。

自贡沱江水中河鲜丰盛，珍贵优良品种有红鲤、岩鲤、团头鲂、白甲、青鳝、白鳝及中华倒刺鲃等。运用河鲜烹饪菜品也是自贡菜式的一大特点。梭边鱼在自贡民间多用花鲢、草鱼和鲇鱼，高档席宴用岩鲤。制作时把鱼剖杀洗净，横切成块，用姜汁、葱段、料酒、精盐腌渍码味，再撒上些许淀粉码匀，入热油锅稍炸，加泡菜、魔芋、芹菜和火锅底料同烧而成。梭边鱼体现出的是鱼肉细嫩、鲜美、香浓、麻辣醇和、酸香宜人。

自贡菜在烹调中也以小煎小炒见长，猛火快炒，不换锅，不换油，临时兑滋汁，一锅成菜。其经典菜品为小煎兔、小煎鸡。自贡菜中兔肴鸡肴颇多也是一大特色，单单兔肴中有名的便有：水煮兔肚、小米椒兔、香辣兔块，蘸水兔丝、黄焖兔、干烧兔、干锅兔等。

善用辣、麻，风味浓厚的自贡菜

自贡菜在风味及调味上也善用辣麻。由于气候温和却潮湿，加上过去的盐工因劳动量大，基于身体所需，在饮食上须借由辣、麻之刺激以缓解疲劳、振奋精力、增强热能、抵御寒气；加上地质土壤的先天特性，自贡一带的小米椒风味特别香、鲜、辣、爽，如此促使自贡菜形成以辣、麻见长，风味浓厚的特色。然而自贡菜之辣麻追求不同于下河帮重庆菜之大辣大麻，也有别于上河帮成都菜之平和温柔，在辣麻味上展现出辣中求香，麻中求酥，换句话说则是香辣香麻，重在一个香。如自贡代表菜之一的小米椒兔，以自贡本地鲜红小米椒和鲜嫩仔姜炒制。吃起来先是小米椒的清香鲜辣，再是嫩仔姜的辛辣辛香，紧接着兔肉的细嫩肉香，层次分明，口感丰富。川南一带的人品尝这款菜还十分讲究，先夹一颗兔肉丁，再是一颗小米辣椒、一片仔姜放入嘴里同嚼，方能品出和感受这道菜的美味层次与风韵。另一款代表菜小煎鸡也与此相似。

自贡菜以其兼容并蓄的特质，而形成巧用井盐，善用泡菜，辣麻重香、滋味丰厚，口感舒爽的风味特色，像自贡代表性河鲜菜品中的仔姜烧鲫鱼、自贡跳水鱼、沸腾鱼、鲜椒美蛙等就充分表现出自贡菜的风味特色。而这风味及其烹调特色在成都菜及重庆菜中并不多见，独显川南小河帮菜之特点。

善调麻辣、巧用川盐的小河帮菜

川南小河帮菜基本上以自贡菜为代表，而川南地区包括自贡、宜宾、泸州、内江、乐山等地为低山丘陵，地形起伏绵延，是岷江、沱江、金沙江下游和长江上游段流经区域。

川南地区得天独厚的水资源，丰富的物产，温热湿润的气候促使川菜在此形成独特风格。川南小河帮菜也在川菜三大流派中独树一帜，个性鲜明，风格突出。

小河帮菜既不同于上河帮菜的清丽雅致，也不同于下河帮菜的粗旷厚重，而是形成自己独特的风格，有将前两者巧

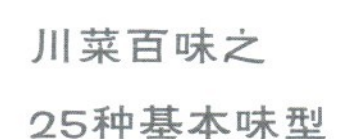

川菜百味之
25种基本味型

家常味型
鱼香味型
麻辣味型
怪味味型
椒麻味型
酸辣味型
辣味型
红油味型
咸鲜味型
蒜泥味型
姜汁味型
豉汁味型
茄汁味型
麻酱味型
酱香味型
烟香味型
荔枝味型
五香味型
香糟味型
糖醋味型
甜香味型
陈皮味型
芥末味型
咸甜味型
椒盐味型

妙的融合于一体之巧妙，但又不一味照搬，既讲究味觉的爽口和刺激，也非常注重食材的搭配与营养，烹饪用油当重则重，调味用料当猛才猛，浓淡之妙存乎于心，可说是川菜之集大成者。

川南小河帮菜的烹饪、调味风格可以用五个字来概括：麻、辣、鲜、香、爽。前四个字：麻、辣、鲜、香，望文生义，都很好理解，最后的爽字才是川南小河帮菜精华所在。爽口的感觉是河帮菜最大的特点，吃了还想吃，吃了停不下嘴是川南小河帮菜给人最深的印象，哪怕吃到额头冒汗，嘴巴喘气，但心里就是觉得舒服，而且麻是麻，辣是辣，层次、口感分明，吃过之后不会有烧心反胃的感觉，隔两天还想吃！

说到川南小河帮菜独特的口感，就不得不提到它独特的食材与原辅料，川菜拥有一菜一格，百菜百味的称誉，而小河帮菜更是将此推到极致，单是家常味的烹鱼味型就不下10种之多，如麻辣、干辣、鲜辣、炝辣、煳辣、酸辣、泡辣、鱼香、怪味、香辣等。丰富的“味”来源于丰富而独特的“料”：如威远、自贡的七星椒、简阳养马河的二荆条辣椒、资阳的小机子菜籽油、内江的嫩仔姜、川南特产的香葱与香芹菜、甘露寺的香醋、天花井的酱油、安岳的苕粉（甘薯粉）、宜宾的芽菜和芝麻油、资中的冬尖加上用当地传统工艺腌泡的四叶青菜及泡姜、泡海椒等，共同造就了川南小河帮菜“味”的丰富底蕴。

河鲜的烹制在川南小河帮菜系中占有很大比重，可说是川菜各派系之最。河鲜关键在于“鲜”，俗语有云：宁吃活鱼一两，不吃死鱼一斤。资阳、内江、宜宾、泸州、自贡等川南地区盛产河鲜，物美质优，产量与品种尤以宜宾、泸州、内江居多，正是因为有上述几种具代表性的天然野生食材，川南小河帮菜的河鲜才有独到而醇厚的鲜味。

小河帮河鲜风情

四川盛产鱼鲜，并以鱼肉细嫩鲜美而名扬华夏。川人也因此而喜吃善烹，并创制出不少风味别样的名品。而真正让人吃过难忘、爱不释口的还是来自三江江边打渔人家和路边“野店”的家常风味鱼肴。

说起川南河鲜，是以三江（长江、岷江、金沙江）汇流，万里长江第一城的宜宾为代表，宜宾之江鱼与五粮美酒自古在华夏大地便享有美誉。然而最令人动容的还是三江河鲜美味和三江河鲜打渔人家的水上风情。

江上的艘艘打渔船和江边

站在齐腰深江水中的打渔人，大多父子成双，夫妻成对，母女结伴，兄妹姐弟协手，从日出到月明，游弋在三江之上，撒网收网。江面上、渔船中不时响起他们轻松的歌声和欢娱的笑声。

三江之水不仅生养珍贵肥美的河鲜，也养育了世世代代的三江人。至今他们仍保留着传统的捕鱼方式，拦网、撒网、搬罾、捞子、垂钓，有的夜落下网，晨曦收获；有的日出入江，日落上岸。

渔民每日捕获，运气好有江团、岩鲤，大多还是青波、菜板鱼、水密子、刺婆鱼、玄鱼子、花鲢、河鲤、黄辣丁等鱼种。虽然在捕鱼期，每日捕鱼所获有近200元，但他们仍保持传统的生活习俗，在船上烹烧活水鱼鲜。每到傍晚，平静的江面上薄雾飘绕，只只鱼船，炊烟袅袅，一股股泡辣椒、泡酸菜融合着鱼鲜原味的香味飘荡在江岸，渔夫一家就船围锅而坐，喝五粮美酒，品风味鱼鲜，尽享其乐。面对此情、此景、此味，大凡是活人，谁能不心动，不垂涎欲滴。本来川南一方的川菜就擅长烹烧鱼鲜，尤其善用泡椒泡菜、鲜椒、干辣椒，以鲜烧、干烧、炝锅、水煮为主，不仅讲究风味醇浓，更注重突出鱼鲜本味，江边的古镇名城也成为川人品享河鲜之胜地。

川菜百味之
10种现代多重复合味型

可乐味
茶香味
三椒味
野山椒味
奇香酱汁味
沙嗲辣酱味
避风塘家常味
避风塘陈皮味
避风塘飘香味
避风塘孜然味

河鲜烹调基本篇

Fresh Water Fish and Foods in Sichuan Cuisine

A journey of Chinese Cuisine for food lovers

河鲜种类与特色

一、四大家鱼

唐代以前，最广泛养殖的淡水鱼是鲤鱼，因唐朝皇帝姓李，因此禁止鲤鱼的养殖、捕捞与贩售。养殖业者只好寻找其他鱼类品种，如青鱼、草鱼、鲢鱼、鳙鱼，后来发现这四种鱼分别生活在湖、河的浅水层到水底层，各自有生活的水域与食物，因而可有效利用养殖空间，养殖技术也因此快速发展，青鱼、草鱼、鲢鱼、鳙鱼就成了四大家鱼。

- **青鱼：**又名青鲩、乌青、螺蛳青、黑鲩、乌鲩、黑鲭、乌鲭、铜青、青棒、五侯鲭等。
- **草鱼：**又称鲩鱼、白鲩、草鲩、油鲩。体呈圆筒形，尾部侧扁，头梢平扁，吻略钝，下咽齿2行呈梳子形，体表有鳞，呈茶黄色或灰白色。腹部灰白色。肉质细嫩。◎适合：家常红烧、清蒸、炸、熘等。
- **鲫鱼：**俗称喜头、鲫拐子、鲫瓜子、河鲫鱼、月鲫仔。体侧扁而高，头较小，吻钝，无须眼大，下咽齿侧扁，尾鳍基部较短，背鳍、臀鳍粗壮，有带锯齿的硬刺，鳞大，体为银灰色。肉质细嫩而鲜美。◎适合：烧、炸收、烟熏。
- **鳙鱼：**又称包头鱼、胖头鱼、大头鱼、黄鲢、花鲢鱼。肉质细嫩、鲜美、头大、身粗、鳞甲细小。◎适合：家常红烧、清蒸、炸、熘。

二、常见河鲜

四川地区大量养殖的河鲜，属于一般家庭或餐馆也常使用的品种，购买成本较为经济，兼具美味与价廉的特质。

- **鲤鱼：**又称毛子、鲤拐子、六六鱼。其肉坚实而厚、细嫩少刺、味鲜美。◎适合：清蒸、干烧、红烧、脆炸。

- **白鲢鱼：**又称白鲢、跳鲢、白胖头、扁鱼、鲢子。头大、吻钝圆、口宽、眼的位置特别低，鳞小、背部青灰色、腹侧银白色。肉质细嫩但刺较多。◎适合：红烧、清蒸、炖汤。
- **武昌鱼：**又称团头鲂、鲂鱼。以湖北鄂城县梁子湖产为著名。肉嫩、脂多、味美。◎适合：清蒸、干烧、红烧。

- **黄辣丁：**又称黄颡鱼、黄鸭叫、黄刺鱼、昂刺鱼。肉质细腻、滑嫩、少刺多脂，体长、后部侧扁、腹部平直、头大、吻短钝、口小无鳞。名菜有大蒜烧黄辣丁等。◎适合：烧、炖、水煮。
- **乌鱼：**又称黑鱼、乌鳢、乌棒、生鱼、才鱼、蛇头鱼。体长，约呈圆筒形，头小而尖，前部平扁，口大，上下颌有尖齿，眼小，鳃孔宽大，体被圆鳞，背鳍及臀鳍均长，体表灰黑色，体侧有不规则的黑色斑纹。◎适合：炖汤、鲜熘。
- **鳜鱼：**又称鳜豚、水豚、肥鳜、鳜鱼、桂花鱼、季花鱼。肉质紧实细嫩，少刺。春季较为肥美，是上等食用鱼。体较高、侧扁、头尖长、背部隆起、口大口裂略斜、下颚突出、鳞小圆形，背刺有毒，刺伤会剧烈疼痛。◎适合：清蒸、红烧、香辣。

- **鲈鱼：** 又称鲈板、花鲈。背侧青灰色、腹部灰白色。体侧散布黑色小斑点、体长、侧扁、口大、肉质结实、纤维较粗而细嫩鲜美。秋季所产最为肥美。◎适合：清蒸。
- **土凤鱼：** 四川地区的称呼，个体细长，表皮银白，鳞甲小而密集。肉嫩刺多。◎适合：红烧。
- **鲇鱼：** 又名胡子鲇、鲇巴郎、泥鱼"。因嘴部长有8根胡须，体小、肉嫩而得名。无鳞鱼，大多以饲养为主，背部乌黑，腹部呈白色。◎适合：红烧、香辣、麻辣味型。
- **大口鲇：** 又称鲇鱼、大河鲇，体长后部侧扁、头扁口大、下颚突出、颚内有细齿，眼小体光滑无鳞、表皮富有涎液腺、体灰褐色、肉质鲜嫩、刺少。胸鳍刺有毒，刺伤后会剧痛应注意。◎适合：大蒜烧、香辣、水煮、家常、炖汤。
- **黄鳝：** 又称鳝鱼、田鳝或田鳗，俗称长鱼。体圆、细长、呈蛇形、尾尖细、头圆而尖、上下颌有细齿。体表光滑、色黄褐无鳞。肉厚刺少、因其组氨酸含量多，故鲜味独特。◎适合：干煸、红烧、水煮、炸收、凉拌。

- **泥鳅：** 又称鳅鱼，俗称泥里钻。体细长，前部圆筒形、后部侧扁、尾柄长大于尾柄宽、尾鳍圆形、头尖、吻突出、口小、须5对、无鳞，生活于淤泥底层的静止或溪流水域中。肉质细嫩、刺少味鲜美。◎适合：红烧、炸收、水煮、火锅。
- **牛蛙：** 美国水蛙，又称河蛙。体扁平、头小而扁、鼓膜不很发达，眼小突出、前肢较小、后肢粗而发达。因肉质细嫩、味鲜美、蛋白质含量较高、脂肪含量较低而成为食用佳品。◎适合：红烧、干煸、仔姜烧。
- **田螺：** 又称黄螺。生活于湖泊、河流、沼泽、水田之中。质地结实而脆嫩、味鲜美。烹制时可以带壳或单独取肉烹调。川菜中多以夜宵的小炒形式销售。◎适合：香辣、烧烤。

- **小龙虾：** 淡水龙虾，又称克氏原螯虾，体表有一层坚硬的外壳，体色呈淡青或红色，头胸部与腹部均匀相连，头部有触须3对，在头部外缘的1对触须特别粗长，一般比体长长约1/3。因其肉味鲜美，营养丰富而深受食客的青睐。◎适合：香辣、椒盐、烧烤。

三、特有河鲜

主要介绍四川地区特有的或是不常见的河鲜品种，有养殖也有野生的。野生的价格贵上许多，口感与鲜味都较养殖的佳。

- **青波鱼：** 又称中华倒刺鲃、乌鳞。肉质肥美，背鳍长有一倒刺，鳞大、背侧青灰、腹部银白色、个体较大。◎适合：清蒸、湖水烧、炸、熘。 
- **翘壳鱼：** 学名翘嘴鱼白，俗称大白鱼、翘壳、翘嘴白鱼。背部青灰色、两侧银白、体长，头背面平直，头后背部隆起，体背部接近平直，口上位，下颌很厚，且向上翘，口裂几乎成垂直故俗名翘壳。眼大，位于头的侧下方。肉白而细嫩，小刺多，味美而不腥。◎适合：烧、熘。

- **黄沙鱼：** 又称红沙鱼，表面色黄、无鳞刺少、肉质细嫩、无腥味，深受食客喜欢。幼鱼则被称之为金丝鱼，也是常用河鲜。◎适合：红烧、水煮、香辣。幼鱼可清蒸、红烧、香辣、酸菜烧。
- **鸭嘴鲟：** 又称匙吻鲟，是北美产的一种名优鱼类。吻特别长，呈扁平，如船浆状，体表光滑无鳞，背部黑蓝灰色，夹杂一些斑点在其中；腹部白色，口大眼小，前额高于口部，鳃耙密而细长，腮盖骨大而后延至腹鳍，尾鳍分叉，尾柄披有梗节状的甲鳞。肉质鲜美，富含胶原蛋白。◎适合：烧、蒸、炖汤。
- **江鲫：** 与鲫鱼是近亲，学名为三角鲤，重庆一带的统称江鲫，个头大、肉厚肥嫩、鲜美而得名。又称长江鲫鱼。◎适合：烧，蒸、炖汤。
- **丁鱖鱼：** 分为黄丁桂和白丁桂。鳞甲细小而多，背部肉厚。◎适合：清蒸、红烧、熘。

- **边鱼：** 学名鳊鱼。也称长春鳊、草鳊。俗称方鱼、北京鳊、锅鳊、鳊花。肉质细嫩、脂肪多、下腹最为肥美。◎适合：清蒸、红烧。

- **小河鳔鱼：** 成都地区又称猫猫鱼。个体细小、鳞甲多而密、体表呈银白色。多以干炸成菜后佐酒，酥香爽口。◎适合：酥炸、炸收。
- **青鳝：** 学名鳗鲡，又称日本鳗鲡、白鳝、风鳗、鳗鱼、河鳗。背部灰黑色，腹部灰白色或浅黄，无斑点。身体细长如蛇。◎适合：酥炸、红烧、烧烤。
- **花鳅：** 无鳞鱼、体表像斑马一样的花纹、幼苗时与泥鳅相似而得名。长大后可以比泥鳅大好几倍。◎适合：红烧、水煮。

- **石纲鳅：** 个头细小，无鳞、肉嫩鲜美。体长6～8厘米，喜欢成群结对的生活。◎适合：红烧、泡椒烧。

四、极品河鲜

主要介绍四川地区的特有且稀少的河鲜品种，许多都属于高冷鱼，肉质特别细嫩鲜甜，养殖的量不多，大多是野生的，价格相对较贵，但其特殊的细、鲜、嫩、甜的口感与鲜味却是令人回味再三。

- **水密子：** 又名铜鱼、水鼻子、假肥沱、麻花鱼、尖头棒、圆口铜鱼。体长、前部圆筒形、后部侧扁、头后背部显著突起，胸鳍长、眼小于鼻孔。鱼肉细嫩而鲜美，小刺较多，鱼鳞组密，含大量的钙，故在烹调中不用去鳞；其体背古铜色具金黄色闪光而得名“铜鱼”。◎适合：泡椒烧、家常烧、清蒸、干烧。
- **鲟鱼：** 学名中华鲟，又称长江鲟鱼、沙借子。鲟形目，鲟科。为大型鱼类。体长，梭形，吻近犁形，眼小，鳃孔较大，背部青灰色，腹部白色。肉味鲜美，皮可制革，鳔及脊索可以制鱼胶。野生的为国家保护动物，现已人工养殖成功，本书中均指人工养殖的。◎适合：清蒸、烧、炖。

- **雅鱼：**又称齐口裂腹鱼、奇口、奇口细鳞鱼、细甲鱼等。体长侧扁，吻圆钝，背部暗灰色，腹部银白；肉多质嫩、刺少。雅安的“砂锅雅鱼”远近闻名，久负盛名。◎适合：清蒸、炖汤、烧。
- **胭脂鱼：**又称黄排、火烧鳊。个体大身宽、生长快、肉嫩味鲜美，鳞甲细小。全身五彩斑斓，惹人喜爱。也是一种观赏鱼类。◎适合：红烧、干烧、清蒸。
- **岩鲤：**又名岩原鲤、黑鲤。以食岩泥浆长大，故嘴唇有老睑（厚）较突出，鳞细而密，头小身宽肉厚、背部隆起鳍长，肉质细嫩紧密，产量少，为产区名贵食用鱼。◎适合：清蒸、鲜椒烧、鸡汤烧。
- **江团：**又称长吻鮠、鱼、鮰鱼、肥头鱼、肥王鱼，体长、腹部圆、尾部侧扁、头较尖、吻肥厚、无鳞体色粉红、背部灰色腹部白；肉鲜美细嫩、肥美翅少，为鱼中之上品。◎适合：清蒸、粉蒸、大蒜烧、红烧。

- **白甲鱼：**又称钱鱼、爪溜。背部青黑色，腹部灰白色，侧线以上的鳞片有明显的灰

黑色边缘。背鳍和尾鳍灰黑色，头短而宽，吻钝圆而突出，胸腹部鳞片较小。生活在水流较湍急、多砾石的江段中。肉嫩而味鲜美。◎适合：清蒸、红烧。

- **甲鱼：**学名鳖。也称神守，俗称团鱼、水鱼、脚鱼、足鱼、元鱼、元菜、王八、中华鳖。肉质爽滑鲜美、营养丰富，裙边滋糯味美而为筵席中的珍品。◎适合：红烧、清炖、蒸。
- **邛海小河虾：**又称“沼虾、河虾、青虾”。以西昌邛海所产为最佳。体色青而透明、虾身有棕色斑纹、头胸部较大，肉质鲜美、细嫩、营养丰富。◎适合：醉虾、干炸、炒。
- **石爬鱼：**又名石爬子、石斑鱼、石斑鮡、外口鮡、鲱鱼。长期习惯栖于溪涧急流中，以胸腹贴附于水底石头上而得名。头圆口小、身前平扁，胸、腹鳍平扁而长有吸盘，生存环境水温在0～5℃左右，属冷水鱼，肉质细嫩、味很鲜美，属鱼中珍品。◎适合：香焖、红烧、清炖。

- **水蜂子：**洪雅一带称𤆵老汉、𤆵胡子，体小无鳞，鳃两侧的刺有毒，刺伤后会肿痛，而得名。属于冷水鱼类，肉质细嫩、少刺。◎适合：香辣，炖汤、酥炸。
- **玄鱼子：**每年4月（桃花开的季节）出产，到当年11月下市。体小身短（约6～8厘米长）内脏少，头的两侧有刺具毒性，应小心处理。玄鱼子为无鳞鱼、表面有大量的腺体，少刺、肉质细嫩，因产量小而成为鱼中珍品。◎适合：酸菜烧、炖汤、家常烧。

- **豹鱼仔：**西藏高原冷水鱼，体型小短、无鳞、肉质极为细嫩。体表花纹色泽与豹子的色泽近似而得名。
- **老虎鱼：**体小而细长，无鳞鱼、肉质细嫩鲜美。冷水鱼类。从外观看似老虎的皮一样而得名。◎适合：泡椒烧、水煮、干炸。

河鲜基本处理

有鳞鱼

示范鱼种：【青波鱼】

❶将青波鱼的头部敲晕，或冷冻1～2个小时，使其冻晕。

❷以去鳞用的刷子刮去鱼鳞甲。

❸用刀剖开鱼的肚腹取出内脏。

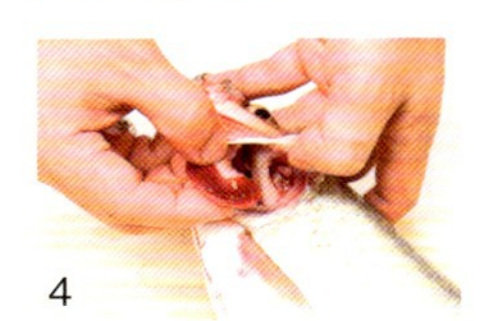

❹用剪刀将鱼鳃与鱼头骨连结的地方剪断，取掉鱼鳃，之后用清水洗干净。

❺根据成菜的要求进行刀工处理（如：片、条、块、丁、丝、蓉）。

示范鱼种：【鳜鱼】

❶将鳜鱼的头部敲晕，或冷冻1～2个小时，使其冻晕。

❷用去鳞用的刷子刮去鱼鳞甲或是以片刀逆着鱼鳞的方向刮去鱼鳞甲。

❸用剪刀将鱼鳃与鱼头骨连结的地方剪断，取掉鱼鳃后用清水洗净。

❹用刀剖开肚腹取出内脏。

❺根据成菜的要求进行刀工处理（如：片、条、块、丁、丝、蓉）。

无鳞鱼

示范鱼种：【玄鱼子】

❶先将鱼的头部用刀敲晕，或冷冻1～2个小时，使其冻晕。

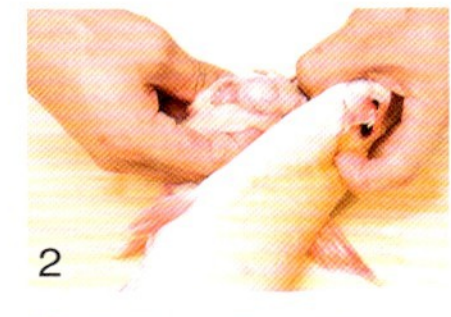

❷用刀剖开肚腹（或从鳃口处）取出内脏。

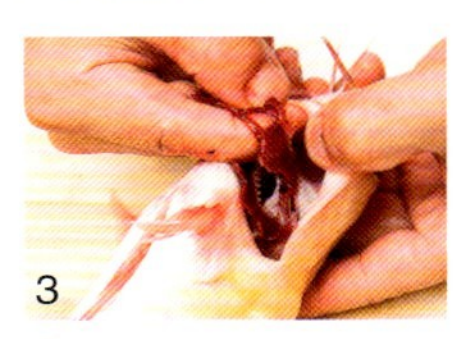

❸用刀从下颚的鳃根部斩一刀取出鱼鳃。

❹用清水洗净后根据成菜特点刀工处理即成。

示范鱼种：【江团】

❶先将江团鱼的头部用刀敲晕，或冷冻1～2个小时，使其冻晕。

❷用80℃的热水将全鱼烫约10秒。

❸将烫过的江团洗去表面的黏液。

❹用刀从下颚的鳃根部斩一刀取出鱼鳃。

❺用刀剖开肚腹（或从鳃口处）取出内脏。

取鱼肉及净鱼肉

❶用刀将处理治净的鱼，从鱼尾沿着鱼身水平剖开，进刀时应保持刀面在肉与骨之间。

❷从鱼尾切到鱼鳃处时，鱼身转直，将鱼头剁成两半。

❸去掉连在鱼肉上的鱼头、鱼骨、旁边的鱼鳍及夹藏的鱼刺，就完成取下鱼肉的工序。

❹在沿着鱼皮与鱼肉的衔接处，用刀水平片开，去除鱼皮，即得净鱼肉。

特殊鱼种处理方式

【石爬鱼】

❶用剪刀夹住石爬子鱼的背部。

❷以剪刀夹起后，左手抓住鱼的头部。

❸用剪刀剪破鱼的肚腹，取掉内脏。

❹再取出鱼鳃即可。

【鸭嘴鲟】

❶先将鲜活鸭嘴鲟敲晕，或冷冻约1～2个小时，使其冻晕。

❷用刀剖开肚腹，取出内脏。

❸接着取出鱼鳃洗净。若是鱼鳃不好取下，可用剪刀将鱼鳃与鱼头骨连结的地方剪断，即可轻易取下。

❹洗净后根据成菜要求进行刀工处理。

【黄辣丁】

❶用剪刀先剪去脊刺、鳃两侧的毒刺。

❷再从鳃根处撕开。

❸取出内脏、鱼鳃后即可。

【鲟鱼】

❶先将鲟鱼敲晕，或冷冻1～2个小时，使其冻晕。

❷用80℃的水温烫十几秒。

❸捞出来用刀刮去表层的鳞片。

❹用刀剖开肚腹取出内脏。

❺接着取出鱼鳃。若是鱼鳃不好取下，可用剪刀将鱼鳃与鱼头骨连结的地方剪断，即可轻易取下。

❻根据成菜要求进行刀工处理。

【甲鱼】

❶先从甲鱼颈部用刀割开放血。

❷从甲鱼尾部裙边处下刀剖开背甲，取出内脏。

❸用80℃的热水烫透甲鱼身。

❹除去外表的一层粗皮。

❺以清水将烫过的甲鱼身内外洗净即可。

全鱼基本刀工

【一字形花刀】

（应用菜品如：乡村烧翘壳鱼、盐菜烧青波鱼等）

刀口与鱼脊呈约45°角，倾斜刀面斜剞至近鱼骨处，依次从鳃后以等距离剞至鱼尾即成。

【十字形花刀】

（应用菜品如：松鼠鳜鱼）

❶先剞一字形花刀。

❷将刀口与一字形花刀呈约60°角，垂直刀面剞至近鱼骨处，依次从鳃后以等距离剞至鱼尾即成。

【牡丹花刀】

（应用菜品如：糖醋脆皮鱼）

❶先垂直刀面剞至近鱼骨处后不动。

❷将刀面放平，以水平、往鱼头方向继续剞鱼肉。

❸水平方向剞鱼肉约2厘米即可。

❹将鱼肉挑起后可明显看出鱼肉的切开面平行鱼身。依次从鳃后以等距离剞至鱼尾即成。

基本刀工

刀工示范图片皆为刀工
成形后1∶1的实际大小。

成都河鲜采风

历史上的成都平原曾是泽国水乡之巴蜀湖泊，河鲜丰盛，蜀地居民以捕鱼吃鱼为生。直到20世纪50～60年代，成都市内的两条河——南河与府河依然是鱼跃水乐，尤其每到春汛，都江堰开闸放水，丰腴的河鲜满河欢腾。成都郊区大大小小星落棋布的河渠，水塘池堰甚至水田都充满了各种河鲜。虽然缺少名贵河鲜品种，但却是既丰富又价廉。不仅成为大众百姓的日常美馔，也成为餐馆酒楼的主要风味食材。

近代，从20世纪20～40年代，是成都餐饮业发展兴盛的30年，其间便产生了不少因河鲜鱼肴独具风味、特色而成为品牌名店的酒楼，像是成都南门大桥（原万里桥）“枕江楼”之豆瓣全鱼，成都市内“竟成园”的糖醋脆皮鱼，“带江草堂”之软烧仔鲇鱼，“芙蓉餐厅”的豆腐鲫鱼，“蜀风园”的麻辣江团，“颐之时”的干烧岩鲤等不胜枚举。

天府之国，河鲜之都

河鲜菜品一直以来在川菜中都占有主流地位，到20世纪80年代，名品河鲜菜肴就已有200多款，现今已超过300多种菜品。近40年间，在成都的餐饮消费中，单单因河鲜而激起的一波又一波流行饮食浪潮让人叹为观止。如80年代的酸菜鱼、水煮鱼；90年代的沸腾鱼、郫亭鲫鱼、光头香辣蟹；2000年后的梭边鱼、冷锅鱼等是一浪高过一浪。其中以火锅

形式窜起的有鱼头火锅、冷锅鱼、鳝鱼火锅、黄辣丁火锅等，到现在仍然是热门鱼肴，成都名菜。而成都人除吃火锅外，下馆子常点的河鲜菜品有豆瓣鱼、脆皮鱼、干烧鱼、大蒜烧鲇鱼、泡菜鱼、水煮鳝鱼、黄辣丁、土豆烧甲鱼等。在成都人的日常生活中，河鲜是不可或缺的，平均每个家庭每周有1～2次要吃河鲜，不是吃火锅就是上川菜酒楼，即便是闲吃的麻辣烫、串串香这类街边小食，也定会点耗儿鱼、橡皮鱼、黄辣丁、鳝鱼一类。河鲜已不仅是川菜中的一大特色，更是成都人或者说四川人的饮食文化及习俗之必然。

在20世纪70年代前，成都的河鲜丰盛且充足。20世纪80年代后，河水受到严重污染，河鲜急剧减少，一些名贵珍稀鱼种几乎绝迹。2000年后，大力发展农林渔牧，改善生态环境，河鲜在市场上又重新丰盛起来。

现今成都消费市场的河鲜主要来自成都周边9区12县的河鲜养殖基地，主要是江团、雅鱼、岩鲤、中华鲟鱼等名贵鱼种。如蒲江县的水产养殖便以中华鲟、中华鳖为特色；邛崃水产养殖则以鳝鱼、大口鲇、大黄鱼为主；大邑县的冷水鱼；彭州的鳟鱼、鲑鱼；双流县的黄鳝、牛蛙；而都江堰市也已是远近闻名的鳟鱼、鲑鱼等冷水鱼养殖基地，更成为旅游美食景点。

成都周边还有不少大型人工湖及水库，均是水产河鲜主要养殖基地，常见的有鲫鱼、鲤鱼、鲇鱼、鲢鱼、草鱼，同时也引进了我国湖北省、越南等地的大甲鱼，江苏的大闸蟹等。这些河鲜主要供应成都的市民消费及餐饮市场，少部分出口到外省。

品鲜就在成都

成都的河鲜批发主要针对餐饮市场，迄今为止，成都仅川菜与火锅酒楼就有3万多家，其河鲜均来自成都市区内的青石桥水产批发市场及新建成的龙泉驿西河镇水产物流交易市场。青石桥水产批发市场已有20余年历史，是西南地区最大的城市水产批发市场，部分河鲜、海鲜及冷冻水产品来自中国各地及东南亚。主要河鲜产品则来自成都的水产养殖基地与大型水库，川南宜宾、雅安、乐山等江河养殖基地每日也向青石桥输送鲜活河鲜，仅雅安的河鲜每天都向成都运送几吨鲜鱼。

成都水产物流批发交易市场是中国西部最大的现代化水产流通平台，分设为淡水鱼交易区、海鲜交易区、冻品交易区及特色餐饮区，集批发市场与休闲餐饮于一处，具有交易现代化、资讯数位化、生态环保人文化的特点与现代功能，集中了全国各地的水产养殖企业及水产商，批发市场规模在百亿元人民币以上。该水产物流批发交易市场的投入和营运为成都、全川乃至西南各地提供更加充足和丰富的河鲜、海鲜及水产冻品，促进水产，尤其是河鲜、海鲜的消费。让成都成为河鲜的品味之都，也传承了巴蜀大地数千年的河鲜食用习俗及文化。

特色食材与调辅料

花椒类

● **南路红花椒：**风味特点为柑橘皮味型，其芳香味有明显的熟甜果香、柑橘皮香味与凉香味。颜色属于浓而亮的红褐色，麻度中上到强，麻感相对温和。著名产地为雅安市汉源县。

● **西路红花椒：**俗称大红袍花椒，风味特点是属于青柚皮味型，通常带有明显的木质挥发味，加上西路花椒突出且特有的本味，是该品种花椒的标志性味道，另具有明显的青柚皮苦香味，其花椒颗粒是各品种中最大的，颜色为鲜艳而亮的红色，麻度中上到强，麻感强，入口即麻。代表产地为阿坝州茂县。

● **九叶青花椒：**风味特点是属于柠檬皮味型，青花椒本味鲜明而浓，具有明显花香感的青柠檬皮味或熟成的黄柠檬皮味，颜色为浓郁的深绿色，麻度中等到中上。最具特色的产地为泸州市龙马潭区。

● **金阳青花椒：**风味特点为莱姆皮味型，是市售花椒中唯一以地名命名的品种，主产于凉山州金阳县。金阳青花椒的气味有明显的青莱姆皮爽香味与凉爽感，颜色为粉绿色或粉黄绿色，麻度相对高。

● **保鲜青花椒：**市场上的保鲜青花椒皆为九叶青品种，基本风味特点与干的九叶青一致，但鲜香味更丰富。为适应冷冻保鲜，保鲜青花椒的成熟度较低，其色泽碧绿、麻味轻、香而鲜，在川菜中普遍使用。麻感中等。

关于花椒

花椒是中国特有的香料，具独特芳香与极强的去腥除异特性，食用历史超过2000年，至今仍为厨师和家庭烹调所青睐，当今以川菜使用最为广泛。从小菜、卤味、四川泡菜、火锅到鸡鸭鱼肉等菜品均可见花椒的使用。于是有一说法，就是外国人认识川菜是从麻婆豆腐开始的，因麻婆豆腐独特的花椒的香、麻滋味让人印象深刻。

花椒的果皮含有多种具香气的挥发油，可去除或抑制各种肉类的腥膻臭气，同时促进唾液分泌，增加食欲。而花椒的麻来自柠檬烯对味蕾的刺激，感受到胀麻感。

花椒的种植主要分布于中国北部各省至西南各省，其中四川花椒品种多样，产出的花椒品质、风味俱佳，主要品种有南路椒、西路椒，悠久的食用史让四川产的花椒俗名很多，如巴椒、蜀椒、川椒、清溪椒、红皮椒、大红袍、麻椒、狗屎椒、迟椒等。

青花椒又称香椒子、山椒、野椒子、臭椒，主要食用品种为九叶青、金阳青，20世纪80年代以前的馆派川菜是不用青花椒的，当时是穷苦人家买不起红花椒，就自己采摘野青花椒晒干了顶着用。

所有成熟的花椒采摘时不能碰破果皮，否则晒干后颜色发黑，风味也稍差，因此花椒的采摘仍然十分依赖人工。另花椒树全株都有硬刺，所以采摘过程中十分容易受伤，因此好花椒的价格相对很高。花椒果摘下后要尽快晒干，当天采当天晒干最佳；干燥开口的花椒除去果柄、种子后即成市场上看到的花椒模样，因此当年新产的花椒多在9～10月上市。

四川花椒中以川南雅安市的汉源花椒最为出名，汉朝还因此设置黎州郡。在《汉源县志》记载：“黎椒树如有刺，县中广产，以附城（今清溪）、牛市坡（今建黎）为最佳，盖每粒有小粒附之，故称为子母椒……元和志贡黎椒，寰宇记贡花椒，明统志贡花椒，大清一统志贡花椒。密斯士者，每年除入员外，以小印记分遗，得者莫不以为贵也。”从这段记载可知早在唐朝元和年间，汉源花椒就被列为贡品，直到清光绪19年立碑免贡为止，超过千年的进贡历史，因此汉源花椒又被冠以“贡椒”之名。

汉源花椒经过上百代花椒农的种植与改良，气更清、味更重、香更浓、麻更劲，自古交易地都在清溪，因此汉源花椒有另一响亮的名号清溪椒，至2017年为止，汉源县花椒种植总面积达10万多亩。清溪椒又称娃娃椒、子母椒，主产于大相岭西面的山中，得天独厚的环境培育出了清溪椒的绝佳品质，其花椒油重粒大、色泽红润、芳香浓郁、甜香味明显，麻感细致。

辣椒类

- **红小米辣椒**：色泽红亮、个小，鲜辣味芳香而浓重。
- **青小米辣椒**：色泽碧绿、个小，鲜辣味次于红小辣椒
- **红美人椒**：其肉质厚实、微辣、味清香。
- **青美人椒**：其肉质厚实、微辣、味清香。
- **红二荆条辣椒**：体形细长、均匀，肉嫩厚实而红亮，质地细，辣味浓烈而芳香。主要产于每年夏季。主要可制作干二荆条辣椒，还用于豆瓣酱和泡红辣椒制作。
- **青二荆条辣椒**：体形细长、均匀，肉嫩厚实而翠绿，质地细，辣味浓烈而芳香。主要产于每年夏季。
- **野山椒**：野山椒属于云南特产，未经泡制的野山椒，辣味极浓，经过泡制后，浓辣转为醇辣带酸香气，色泽黄亮、酸辣爽口。在川菜中习惯用泡制的野山椒，市场上有瓶装出售。

辣椒在中国

辣椒的祖先来自中南美洲热带地区，明代晚期才传入中国。最早的记载是在高濂的《遵生八笺》一书，书中称其为番椒。因为辣椒是从番外，也即海外传来的。但该书描述辣椒只是一种观赏植物，到后来才发现辣椒也可食用，于是清代康熙年间出版的《花镜》写道："番椒一名海疯藤，俗名辣茄……其味最辣，人多采用，研极细，冬月取以代胡椒。"说用辣椒替代胡椒取其辣味。辣椒进入中国后，名字就多了，有番椒、地胡椒、斑椒、狗椒、黔椒、海椒、辣子、茄椒、辣角等名称。

辣椒在中国是沿着长江、黄河，一路从沿海往内地传播，但食用的记录却是从内地往沿海发展，原因应该是内地多山，湿气重，又有瘴疠之气，食用辣椒可以发汗、驱湿气，且又开胃，因此食用较早。

辣椒作为一种外来食材，传入中国只有400年左右，却很快辣遍全中国，将原本的辣味食材"食茱萸"（红刺葱）完全取代。目前辣椒种植，以四川及其周围的省份为主要产地，同时也是主要食用地区。现在中国的辣椒总产量年产达2800多万吨，位居世界第一，约占全世界产量的46%，现在每年的总产量还在快速增长。在中国各种品种都有栽种，其中云南思茅一带产的小米椒最辣。不辣的甜椒反而最晚传入中国，只有100多年的历史。

川人吃辣十分讲究，早在距今1600多年晋朝的《华阳国志》中就记载蜀人"好辛香"。辣椒上了四川人的餐桌后，风味与吃法更加多样化，有辣椒粉、辣椒油、辣椒酱、渣辣椒、干辣椒、煳辣椒、泡辣椒、糍粑辣椒等。将辣椒与其他调料组合后，就变成红油味、麻辣味、酸辣味、煳辣味、家常味、鱼香味、怪味等，虽都有辣，却要辣而不燥、辣得适口、辣得有层次、辣得舒服、辣得有韵味。所以川菜不只是加辣椒而已，而是精细要求辣的风味、层次，讲究程度堪称世界第一。

调料

- **川盐：**川盐指的是四川盐井汲出的盐卤所煮制的盐，主要成分除氯化钠外，含有多种微量成分如$Ca(HCO_3)_2$-$CaCO_3$、$CaCl_2$、Na_2CO_3、$NaNO_3$-$NaNO_2$等，是成就川盐咸味醇和、回味微甘之独特风味的主因。川盐在烹调上有着定味、解腻、提鲜、去腥的效果，是正宗川菜烹调的必需品之一。

[发现四川井盐]

上古时期四川盆地是一个超大湖泊，井盐资源丰富。四川开采、利用井盐的历史源远流长，最久可以追溯到东汉章帝时期，在唐、宋时期就闻名全国，明、清时发展到最巅峰。

据文献记载和考证，广为四川地区所使用的先进盐井开凿技术之“卓筒井”法，创于北宋庆历年间，既可开盐井也可开天然气井。位于四川中部遂宁市的大英县及自贡市的富顺县是目前所知最早使用“卓筒井”技术开凿盐井的地区，而制盐方式就是一口盐井取盐卤配上一口天然气井，并烧火煮盐卤。

清朝咸丰、同治年间自贡成为四川井盐业的中心，井盐遍销四川、云南、贵州、湖南、湖北各省，几乎提供了全国1/10的人口用盐。在对日抗战时期，因日军封锁海盐，自贡井盐的重要性大幅提高，成为内地各省的唯一食盐来源，也因此自贡被誉为井盐之乡。

2000多年来，自贡共开凿了1万3千多口盐井，累计食盐产量达7千多万吨、天然气有3百多亿立方米。众多盐井中保存下来的有：大公井、焰阳井、发源井等遗址，而每一口盐井都会有一架天车，最高的一架天车就属“达德井”，天车高达113米，约有38层楼高（位于自贡市大安区的扇子坝，可惜已于20世纪90年代拆除）。

雍正九年全四川的井盐产地遍及40个州县，共有盐井6100多眼，当时年销食盐达4万6千多吨，到了乾隆、嘉庆时，四川井盐产量大增，最高一年产销的井盐量达35万多吨，现年销量保持在20万～25万吨。

郫县豆瓣

郫县乃四川成都平原西北面一个县城，为一地名。那里盛产川菜中使用最广的调味料——豆瓣酱，也是品质最好的豆瓣酱。是用发酵后的干蚕豆瓣和鲜红剁细的二荆条辣椒制成的酱，再经过晾晒、发酵而成的一种调味料。红褐色、略油润有光泽、有独特的酱酯香和辣香、味鲜辣、瓣粒酥脆化渣、黏稠适度、回味悠长。

郫县豆瓣的一般识别方法，首先是看色泽，从酿制工艺来看，郫县豆瓣分成太阳晒和不晒两种。太阳晒过的叫晒瓣，晒瓣的成品要相对浓黑，香气也较浓些。不晒的郫县豆瓣颜色浓而不黑，香气略少于晒瓣。其次水分多的不好，因正常酿制的成品水分是很少的。香气须有酱香气无怪味。若是可以品尝的话，在口感、味道、咸度不能有过于浓、咸、硬或烂的现象。

[郫县豆瓣的故事]

被誉为川菜之魂的郫县豆瓣产于成都市郫县的唐昌、郫筒、犀浦等19个乡镇，已有300多年的历史。相传清初陈氏祖辈陈益兼在湖广填四川的大移民潮中入蜀，途中赖以充饥的蚕豆遇连日阴雨而生霉，陈益兼舍不得丢弃，于是就置于田埂晾晒去霉，之后就以鲜辣椒拌和而食，竟鲜美无比，余味悠长，之后就以制作此酿制调料为生。这就是郫县豆瓣的起源。

清嘉庆八年，福建汀州的祖先陈逸先也来到郫县，并于郫县南街开设作坊，以陈益兼的方法大量生产豆瓣，郫县豆瓣也开始被广为使用并有了名气。清咸丰三年，六公公陈守信于郫县城南街开设酱园，以酿造酱醋和祖传之郫县豆瓣为业，其店号为“绍丰和”酱园。民国四年，四川军政府犒赏西藏，向郫县“绍丰和”酱园订购郫县豆瓣三四万斤，深得官兵赞誉。军政府特此嘉奖并赠奖牌以兹鼓励，自此郫县豆瓣声名大噪。从此随着川菜的流传，郫县豆瓣也远销至世界各地，深得各国人民的喜爱。

“绍丰和”现由陈氏后裔陈述承继承祖业。于2006年被认定为“中华老字号”，2007年认定为“中国成都国际非物质档遗产保护展品”。所生产的豆瓣至今仍按祖传秘方及工艺生产、配料考究、坚持“翻、晒、露”工序，工艺独特、品质极佳，经过360多天人工翻晒酿造而成。

郫县豆瓣的基本工序如下。一、精选优质的二荆条辣椒，这种辣椒色泽红亮辣味适中，然后剁切成1寸2分长（4厘米）左右的段，加入盐，置于槽桶中在太阳下曝晒，一天翻搅两次。二、将干蚕豆浸泡，然后放入开水锅中略煮片刻，捞起后用石磨碾压去皮。三、将黄豆磨制成粉，然后与糯米、面粉及去皮蚕豆一起搅拌均匀，放入箩筐中发酵。四、把发酵充分、香味扑鼻的豆瓣、辣椒相混合。五、也是最后一道工序，却是决定豆瓣风味的关键，是把制成的豆瓣酱进行翻搅、曝晒并吸收夜露，为期1年左右，色泽红亮、滋味鲜美的红豆瓣就算酿制完成。如果想要滋味更浓的黑豆瓣酱，则需要最少1年半以上时间的酿制。

- **醪糟：**又称酒酿，为糯米和酒曲发酵酿制而成的酵米。成品汤汁色白而多、味纯、酒香味浓郁。有益气、生津、活血之功效。在菜肴中有去腥、解腻、增香的作用。
- **陈醋：**陈醋一般指的是山西产的醋。颜色浅黑色，酸味持久，香气浓厚。多应用于热菜或凉菜汤料的熬制。加热后酸香味更香醇。
- **大红浙醋：**其色泽红亮、醋酸味清爽，一般与番茄酱加热后搭配使用，色泽更加油润光亮。其醋的色泽、酸香味不同，所使用的菜式也不一样。
- **料酒：**又称黄酒、绍酒。淡茶黄色而透明、酒精度较低，具有柔和的酒味和特殊的香味。在菜中起除异、增香、提色、和味的作用。广泛应用于炒、蒸、烧、炖等。

- **香醋：**一般指的是恒顺香醋。色泽比陈醋淡，酸味淡却醇厚，多用于凉菜。
- **火锅底料：**品牌颇多，市场上有成品出售。例如，重庆三五火锅底料、重庆小天鹅火锅料、辣子鱼火锅料等。包括近年的清油火锅料、牛油火锅料等。由于品牌、厂家的不同，其制作方法也不一样。基本做法为使用菜籽油（四川俗称清油）炼熟以后，加生姜、洋葱、大葱炸香后滤去料渣，加入郫县豆瓣和糍粑辣椒、各种香料粉状，以小火慢慢炒至色泽红亮、香气四溢、豆瓣油润。一般用小火要炒2～3小时后才能达到成菜要求。

香辛料

- **葱：**从品种上分为大葱、洋葱、四季葱、小香葱等。四川的品种较多，因季节不同所产的品质也不一样。葱在川菜中使用广泛，用量多而大，用以除腥、去膻、增香、增味。
- **大蒜：**具体品种分为瓣蒜和独头蒜。大蒜的营养丰富，所含的大蒜素有强烈的杀菌作用。在烹调中起调味作用。而在鱼香味、蒜泥味、家常味等味型中带出风味特色。
- **姜：**通常指生姜。按质地分

为老姜和嫩姜。姜含有挥发油、姜辣素，有浓烈的辛辣味。在菜肴中主要起调味，有除异增香、开胃解腻的作用。其中老姜常在去皮处理干净后，加水搅打成蓉。取其老姜汁来码味，老姜蓉用来作调辅料。
- **胡椒粉：**胡椒粉是用干胡椒碾压而成，一般分成白胡椒粉和黑胡椒粉两种。黑胡椒粉是用未成熟的果实加工而成，白胡椒粉则是果实完全成熟后加工而成。
- **孜然粉：**又名安息茴香，新疆地区称之为孜然，主要产于中亚、伊朗一带，在中国只产于新疆。主要用来除异味、增香等，是烧、烤肉类必用的上等佐料，口感风味极为独特，富油性，气味芳香而浓烈。孜然也是配制咖哩粉的主要原料之一。
- **十三香：**近几年才上市的一种香料粉，因为用八角、草果、香叶、小茴香、山柰、桂皮等十几种香料磨成的粉混合在一起而得名。

- **大料**：又称八角、八角茴香、大茴香，瓣角整齐，一般为八个角，故俗称八角。大料风味甘甜，有强烈而特殊的香气，是我国的特产。
- **肉桂叶**：取肉桂树的叶干制而成，又称香叶，味道不若桂皮浓，较偏清甜香气。

- **桂皮**：取肉桂树的皮干制而成，肉桂属于樟科常绿乔木，又称玉桂，味道香浓，原产于中国，在烹调中常用它给炖肉调味，也是五香粉的成分之一。
- **小茴香**：小茴香是多年生的草本植物的籽干制而成，市场上又称小茴香籽。主要产于埃及和印度，与茴香味道相似，但香甜味较浓。
- **山柰**：又称沙姜，原产地在东南亚，现在我国广东一带有种植。气味芳香、味辛辣、富含粉质。以气味浓厚为佳，多作为调味的香料。
- **草果**：又称草果子、草果仁，为姜科植物草果的果实干燥而成。其风味带有辛辣香气，可用来遮盖肉类的腥味，特别适用于炖煮牛羊肉。多产于贵州、云南、广西等地。
- **干香菜籽**：香菜又名芫荽、胡荽，全株植物都能吃，一般只吃它的嫩叶和晒干的种子，即干香菜籽。香菜的嫩叶加热后香气会散失，因此多是成菜后加入，取其鲜香。但香菜籽晒干之后，却要在油里炸过才容易出味，因其香味成分是脂溶性的。
- **藿香**：又称排香草，我国各地均产，其味略甜，叶翠绿而有特殊的芳香味，川西平原主要用于烧鱼、渍蚕豆、味碟等，使用较为广泛。有解暑、化湿、和胃、止呕吐、缓解腹胀胸闷等。

泡菜类

- **泡姜**：又分为泡仔姜和泡二黄姜。泡仔姜一般作为餐前的开胃菜或餐后的下饭菜，其酸辣味柔和适中，酸香可口开胃，味道鲜美。色泽白黄发亮，入口脆爽。泡二黄姜实际上是比仔姜老而又比老姜嫩的一种姜，行业上通常叫泡生姜。其色泽黄亮，辣味较重，香气浓厚，在调味时可以除腥、压异、增香、耐高温。
- **泡海椒**：又称泡辣椒、鱼辣子。其色泽红亮、肉厚、无空壳、酸辣味浓厚，在菜肴中主要起增色、调味的作用。20世纪90年代末全国风靡、流行大江南北的泡椒墨鱼仔，最主要的调味品就是泡椒。从其品种上分泡二荆条、泡子弹头、泡小米辣、泡野山椒等，而不同的菜肴、不同的地区使用的泡椒不同，其成菜后的口味，风

味也有所不同。

- **泡豇豆：**用鲜的嫩豇豆处理干净后晾干水汽，入装有盐水的坛内，加盖密封浸渍至熟透。成形后黄亮、脆爽、酸香味浓厚。一般多作调味品。
- **泡酸菜：**四川的青菜在每年的春季大量上市时，处理干净后晾干水汽。入装有盐水的坛内，加盖密封浸渍至熟透。成形后色泽黄亮、酸香开胃、入口脆爽。可以单独成菜或作调味料。
- **泡萝卜：**采用白皮或红皮萝卜，入装有盐水的坛内，加盖密封浸渍至熟透。其酸香脆爽，多用于调味，有清热解暑、润肺之功效。
- **腌菜：**用四川的青菜（每年的春天所产为最佳、品质最好），处理干净后放于通风处晾干，至菜叶发焉菜梗的水汽完全脱干，再用清水处理治净后，用川盐拌码均匀装入坛子内密封保存发酵而成。随取随用，方便保存。

［漫话泡菜］

四川有个传统习俗，“挑媳妇，先看她的泡菜坛子”。如果泡菜坛子的外观干干净净，坛沿的盐水也是清澈无杂质，再看一下里面的泡菜，颜色鲜艳，质地脆爽，那这门亲事也就几乎确定了。

为何终生大事是由泡菜坛子决定？因为泡菜坛子的照顾工作需勤快与用心。从准备做泡菜起，所有的器具、食材，加上双手都要保持干净，所有应放的食材、调料入坛后，进入泡制的阶段时夏天需要早晚更换坛沿的盐水2～3次，冬天要1～2次，才能让坛沿水隔绝空气与避免杂菌孳生的功能完全发挥。还要因所泡的食材不同与泡制的状态随时调整泡菜水的盐分浓度，泡制的状态如有异常就要及时补救。而家庭要幸福当然就要挑勤快又用心的媳妇！

从这里就可看出泡菜对四川人生活的重要性，加上四川泡菜最大的特点就是制作简单、经济实惠、美味方便、利于贮存、不限时令又有助于解决蔬果产量过多或过少的问题。因此深受四川人的喜爱，每到饭后总要来碟泡菜，酸香脆爽，既清口又解腻，其中的乳酸菌还有助消化。

而做好泡菜的第一步就是挑坛子，泡菜的基本原理是通过乳酸发酵促使食材产生质变来转化风味。而乳酸菌是厌氧性微生物，因此发酵过程中泡菜必须隔绝空气，但日常食用时又需要频繁取用，因而创制了现在所看到的泡菜坛模样。将坛子底做小以便于沉淀杂物。宽广的坛身方便添加新菜，也加大坛子的使用效率。开口小而颈细可减少因取用或添加食材而产生过多的空气交换。加上坛沿的部分灌入盐水，既能隔绝空气又能使坛内发酵产生的多

余二氧化碳溢出，让开坛、封坛变得十分便利。因此选用泡菜坛子要注意坛子外面不可有砂眼或裂纹等瑕疵。

关于泡菜的起源应是从腌渍菜改良而来，《诗经》记载“中田有庐，疆场有瓜是剥是菹，献之皇祖”。“庐”和“瓜”指的是蔬菜，“剥”和“菹”是腌渍的意思，若是依此推估，泡菜的历史应在《诗经》成书前就有了，也就是说中国的泡菜或说腌渍菜的历史已超过2600年以上。

而四川泡菜也是历史悠久，据北魏孙思勰的《齐民要术》一书中，就有制作泡菜的描述，因此成熟的泡菜工艺至少有1400多年的历史。甚至在清朝时，川南、川北的民间还将泡菜当作嫁妆之一。

烹调器具简介

工欲善其事、必先利其器

这里除了各式中式器具外，在量具上介绍两种西餐与西点中使用频率最高的量杯及量匙，以利初学者在调料"量"的控制上更方便准确。

- **片刀**：在中式烹饪中使用范围最广的刀具，从切末、切粒、切丝、切条、切块、切片、取净肉、切菜，甚至是削皮，都用这一把刀。厨师用的刀一般刀面为长方形，大小在15厘米×25厘米上下，厚度不超过2毫米。家庭用的刀面在10厘米×18厘米上下，形状不绝对是长方形，又称菜刀，因只要做菜要切食材都用得上。
- **剁刀**：顾名思义，拿来用力剁东西的刀，特别是带粗骨或是硬质的食材，通常刀面比片刀梢小，但厚度达4毫米左右，重量也偏重。
- **剪刀**：在烹饪中剪刀多属于辅助的角色，因有些食材的处理剪比切方便而有效率，甚至只适合剪。烹饪用的剪刀比一般的剪刀更强有力，足以剪断中等粗细的鸡骨。
- **墩子**：又称砧板，在中式烹饪的专业厨房中，多使用原木圆切的厚重墩子，其目的有二，一是使食材不易滑动，便于处里；二是厚重的墩子不会滑动。专业用的厚度多在12～16厘米之间，直径在35～60厘米之间。而家庭用的为了方便通常有圆有方，有塑胶的也有原木的，现在也有竹制的，形式、材质多种多样，也较轻巧，但只要能达到上述的两个要求就是好用的砧板。

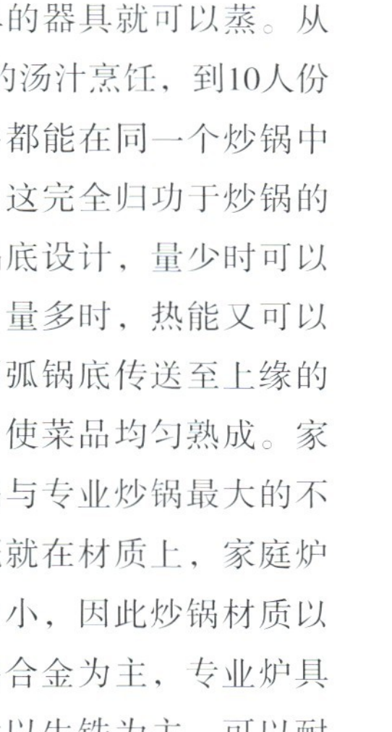

- **手勺**：专业厨师都习惯使用手勺烹调大多数菜品，因手勺可以舀水、油，又可推、拌、搅、滑，也可以替代碗的功能，在勺中勾兑滋汁。但对于翻的操作就须配合颠锅以做到翻的要求。一般家庭都无法操作颠锅的动作，因此就有锅铲来相对应，虽然少了些手勺的优点，却可以降低烹饪的技术性。
- **漏勺**：指勺中有孔洞且较大，可将两种不同大小的食材分离，或是使固体食材与液体的水或油分离的勺。不论是汆烫或是油炸，在起锅时都要藉由漏勺将食材沥干油、水。
- **炒锅**：中式烹饪一锅到底，煎、煮、炒、炸样样行，搭配简单的器具就可以蒸。从1小瓢的汤汁烹饪，到10人份的菜品都能在同一个炒锅中完成。这完全归功于炒锅的圆弧锅底设计，量少时可以集中；量多时，热能又可以顺着圆弧锅底传送至上缘的食材，使菜品均匀熟成。家庭炒锅与专业炒锅最大的不同大概就在材质上，家庭炉具火力小，因此炒锅材质以铁和铝合金为主，专业炉具火力大以生铁为主，可以耐更高的温度而不变形。
- **汤锅**：基本上只要是圆柱状的锅，都可以称之为汤锅，因此汤锅一名可说是统称。但若是严格定义，应是指深度与开口有一定比例以上的圆柱状锅具才能称之为汤锅，也即深度要大于锅具开口直径的一半以上，或是锅具设计就是以盛汤为主的锅具。
- **搅拌盆**：在中式烹饪中并没有所谓的搅拌盆这样的名称，这专有称呼是源自西式烹饪，但此称呼具有一定的明确性，指锅底是圆弧状、开口宽广的锅具，因而在此加以沿用。传统中式烹饪多以汤碗当作搅拌盆；食材极多时，则是使用大盆来搅拌。

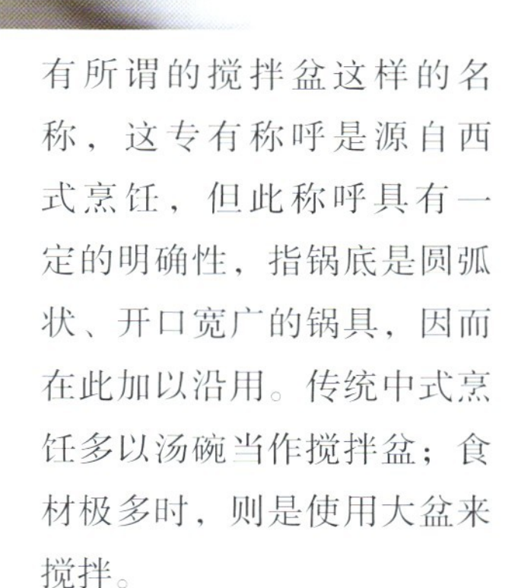

- **量杯**：量杯沿用自西点器具，是一种具有国际公认标准的器具，基本上1杯的容量相当于240毫升，是为了便于量取食材、调料而设计。
- **量匙**：量匙也是沿用自西点器具，是一种具有国际公认标准的器具，也是为了方便量取食材、调料而设计。基本上您都会买到一整组的，里面分成1大匙、1小匙、1/2小匙、1/4小匙，小匙又称之为茶匙。其液体容量分别是15毫升、5毫升、2.5毫升、1.25毫升。

基本烹饪技巧

谈到中式烹饪，相信许多人第一个想到的就是“火候”两个字！看似简单的两个字，却是许多朋友有兴趣下厨烹饪的障碍，就因无法正确掌握火候。

浅谈火候

火候是指火力的大小（火）与时间的控制（候）。基本上加热熟成的时间越短，对火候的要求越是要精确，最典型的就是“爆、炒”，对火候要求相对高，从旺火爆的10秒内成菜，到一般中大火的炒制成菜最多不过1分钟上下。因此中式烹饪对烹饪程序的要求相对于西式烹饪而言更为严谨。但对调味就秉持“适口者珍”的原则，将调味的厚薄、浓淡交由烹饪者依自己的偏好决定，于是才会常在食谱中出现“适量”这样的用语，而令人有中菜食谱不准确的印象。这对写食谱的专业烹饪者而言真是一大误会。量写正确了，依菜谱烹饪时却用错火候，成菜依旧不好吃。

火候无法用言语、文字准确表达，原因就在现代炉具的火力大小，强弱相差悬殊，家庭用中式炉具的火力大小与西式炉具相比最多可以大到近8倍；若是以中、西式专业炉具相比，中式炉具强了近4倍。都以中式炉具作比较，家庭用的与专业用的又差了2～3倍。因此您会发现中式烹饪的大厨开口闭口都是讲火候，因为火候是一位大厨一辈子都在钻研的烹饪问题，而且是最难以量化的！有鉴于此，本书在描述烹饪过程时尽量将火力与时间描述清楚，炉火大小是以火力较强家庭炉具为基础，而读者可依据上述的一个简单比较适当调整。

基本烹饪技法

认识了火候，就要认识川菜的基本烹饪技法。川菜的烹饪技法极为多样化，就目前常用的技法在《川菜厨艺大全》一书中收录了37种烹调方法，有炒、爆、煸、熘、炝、炸、炸收、煮、烫、冲、煎、

锅贴、蒸、烧、焖、炖、熘、㸆、煨、烩、烤、烘、汆、拌、卤、熏、泡、渍、糟醉、糖黏、拔丝、焗、白灼、石烹、干锅、瓦缸煨、冻等。善用小炒、干煸、干烧和泡、烩等烹调法。川菜以“味”闻名，味型多，烹饪方法也富于变化，且常会有一道菜中运用两三种技法烹饪成菜。这里仅就本书所应用到的技法作介绍。

- **煎：**经刀工处理成流汁状、饼状或整件的食材原料。入锅中加热至熟并使两面皮酥的一种烹调技法。煎时用中火、热油，食材是否码味上浆根据成菜要求特点而定。食材入锅后先将一面煎至皮酥后，再翻面煎另外一面，煎至两面酥脆色黄即成。
- **煮：**将刀工处理成形或整件的原料，放入开水锅中加热至熟的一种烹调技法。将原料加工后置于放有姜、葱的锅中，加入的水是原料的数倍（至少须淹没食材）。先大火烧开打去浮沫，再转中小火将原料烹制熟透而成。
- **炒：**将食材经过刀工处理成丝、丁、片、末、泥等较小形态后，根据成菜要求码味上浆，入锅加热至熟的烹调技法之一。按传热媒介方式分：贴锅炒、沙炒、油炒、盐炒等。按食材质地的要求分：生炒、熟炒、小炒和软炒等几种。小煎、小炒是川菜的烹饪技法特色之一。原料经码味上浆后，直接入热锅温油中滑散，沥油后加料炒制而成。
- **爆：**多用于质地脆嫩的原料，将原料处理后改刀成丝、丁、条、块状后，须现码现炒，码味上浆后，下入六成热的油锅中爆炒，不换锅不过油一锅成菜。要求急火短炒（旺火、热锅、滚油），速度快。原料成菜后入口脆爽滑嫩。
- **鲜熘：**熘的技法之一。又称滑熘，多用于质地细嫩松软的食材。将原料刀工处理成形，先码上蛋清淀粉糊后，入热锅、中等油温（油要多）、用中火滑散，沥去油加辅料、调味、收汁成菜。其特色为质地洁白爽滑细嫩。
- **炸：**将原料经过刀工处理成条或块状后，根据成菜要求原料有的需要码味上浆、有的只需码味、有的需要上色等，放入大量的热油锅中，加热使之成熟的烹制方法。按成菜质地要求分为清炸、软炸、酥炸等。按火候的运用分为浸炸、油淋炸等。
- **烩：**将两种或两种以上的原料先制熟后，再下入适量的汤汁中一起调味，下少许水淀粉收汁后成菜。加热的时间短、速度快、口味清淡、汁多芡薄。
- **烧：**将原料以刀工处理成形后，入开水锅中汆水或炒香后加汤烧开，以小火把原料制熟透，再调味成菜的一种烹调技法。根据成菜要求、食材质地老嫩、成形大小不同，掌握烧制的火力、时间。烧鱼更应使用小火，不然鱼不易入味，大火会造成鱼肉不成形也不入味。成菜有色泽美观、亮汁亮油、质地鲜香软糯的特点。以成菜

色泽分红烧、白烧；以调味料分葱烧、酱烧、家常烧；按原料的生熟分生烧、熟烧、干烧等。

- **干烧：**干烧技法是川菜的特色技法之一。原料经处理后，用中小火加热，使汤汁完全渗入到食材内部或粘裹在其表面的一种技法。成菜出锅前不勾芡，自然收汁亮油成菜，外酥内嫩。
- **炖：**指原料经加工处理成块状或整形后，入汤锅、砂锅或陶瓷炖器皿中，先大火将汤（或水）烧开，打净浮沫加入姜、葱，转至微火加盖炖上4～6小时后调味成菜。炖品要求中途不加汤，汤水一次加足。不熄火一气呵成，汤味鲜美，且要保持原料成形完整，炬而不烂。
- **蒸：**食材入蒸笼后利用水蒸气为传热媒介使食材熟透的烹调技法之一。原料刀工处理后洗净，无论原料是整件、块状或是小件，根据成菜要求和食材的多少、大小、质地的老嫩，决定码味的轻重（采用川盐、胡椒、料酒、姜葱汁等香辛料腌制入味）与去腥的方式、造型的处理后，掌握入笼蒸制的时间长短、火力的大小，途中不得断火。蒸法可保持原料形态完整、造型不变、原汁原味不流失。蒸通常又分为清蒸、旱蒸和粉蒸等。
- **焖：**经刀工处理成形的原料，先在锅中加少量的油爆香，加汤汁、调味料用大火烧开，转小火加盖，盖严盖紧至原料熟透、入味成菜的一种烹调技法。
- **汆水：**将原料刀工处理成丝、片、块或丸形后，入火大、汤多、沸腾的汤锅中使原料制熟的烹调技法。原料入锅至断生捞出晾凉即可。
- **煸：**是川菜中很具特色的烹制方法之一。将原料处理治净后改刀成块、条、丁、丝状后，用川盐、料酒、姜葱码味几分钟，入六成热的油锅中炸干水汽，原料出锅沥油后，锅留底油下料头爆香，接着再将炸过的主料下入，以小火煸至原料酥香入味后成菜。或是将食材直接入锅，以适量的油加热、翻炒、使之脱水、成熟、干香的方法。食材直接入锅时用中火、热油，将原料煸炒至锅中见油不见水，再下料头爆香，再继续煸炒入味，成菜酥软干香即成。

- **煵炒**：川菜的一种烹饪技法。将原料刀工处理成泥、末状后，放入锅中，加入油，用小火慢慢加热、拌炒至干香。行业内称之为“煵炒”。
- **贴**：烹调技法之一，将几种原料码味后依次粘连在一起，呈饼状或厚片块状。置于锅中以小火、热油、少油制熟，加热时间较长，贴锅的一面成酥脆黄色状，另一面软嫩即成。
- **拌**：将生的或熟制品原料刀工处理成丝、丁、片、块、条状等后，根据成菜的要求来确定成品的造型，再浇拌各种独特的味汁后，使食材入味成菜的一种烹调技法。
- **糖黏**：烹调技法之一。将原料刀工处理成条、丁、块状。先入油锅炸至干香或炒得酥香成为半成品后起锅，锅内再加糖以小火熬化成浓稠的糖液，再下入半成品翻匀使糖液粘附在表层，凉冷成菜。
- **炸收**：川菜中凉菜烹调技法之一。将原料处理成条、块状码味后，入油锅中炸至干香成半成品，再入汤汁中用小火慢烧，调味后将汁自然烧干亮油，使原料色泽棕红、酥软、适口成菜。
- **泡**：在四川地区可谓是家喻户晓，人人会做，老少爱吃的菜肴，是川菜中凉菜的一种烹调技法。原料根据成菜要求经刀工处理成丁、片、条状等后，放入用冷开水制成的盐水溶液中，根据成菜特点不同加入的调味料也不一样。一般常用的有干花椒、干海椒、白酒、香料、中药材、野山椒、柠檬汁、橙汁、红糖、姜、蒜等。荤、素、海鲜均可泡制。利用盐水发酵产生的自然乳酸菌使原料入味、芳香至熟，达到成菜质地鲜脆、色泽不变，酸、咸、辣、甜适口。
- **焗**：将原料处理治净，码味、上酱料后直接入瓦罐煲内（或过油后再入瓦罐煲内），加盖密封，上炉后以小火加热，利用水蒸气的作用使食材制熟的一种方法。食材经焗后受热膨胀、松软，水分蒸发，将酱料吸附在原料上，味道干香醇厚。

自制正宗川味复制调料

要烹饪出具有特色的川菜，除了基本功以外，炼制属于自己的调料，是做出特色的第一步，也是他人无法取代的关键秘诀，即使一样的配方，炼制的工序、火候与用心与否都将使复制调料的成品呈现不同的风味。因此在四川炼制属于自己独特风味的复制调料、酱汁就成为每位厨师赢得众人赞扬与尊敬的法宝，也是用以区隔餐饮市场的关键！

川菜菜品百菜百味的基础就在复制调料，通过运用各种配方与炼制技巧制成的调味油、酱汁、辣椒，将使成菜麻、辣、香充满层次感，甚至营造味觉感受先后的微妙变化，如先麻后辣、先辣后麻、酸甜而后辣、辣后香麻，或是辣唇、辣舌、辣喉、麻唇、麻舌、麻喉等。

因调料制作十分花时间，因此在这里我们提供大量制作的配方与工序，若是家庭自行制作，可以依比例自行调整。

辣椒类

- **刀口辣椒：**取500克干红花椒粒和2500克干红辣椒放入炒锅，用小火炒香后，出锅晾凉，使花椒、辣椒变深红棕色至脆后，以绞碎机绞成碎末后就成刀口辣椒（传统工艺是用刀剁的方法，使辣椒成为碎末，故而得名“刀口辣椒”）。
- **糍粑辣椒：**将色泽红亮、品相良好的成熟的子弹头干辣椒去蒂、籽后，入开水锅中煮透。出锅后用刀剁成末或用绞碎机搅成末，即成糍粑辣椒。

复制调味油类

- **菜籽油：**用油菜籽榨成的油，未经脱色、除味处理，是所谓的生油，色泽黄亮、香味浓郁而悠长。一般须先炼熟再使用。用以炼红油香气更浓、醇、香。尤其拌凉菜更能让味附着在食材上。是广泛应用于火锅底料的油脂。四川地区又称之为清油。

特制红油：

原料：纯菜籽油50千克、辣椒粉10千克、带皮白芝麻2.5千克、大葱1.5千克、酥花生仁1千克、洋葱片1千克、老姜块1千克、香菜150克、芹菜200克。

香料：八角50克、山柰10克、肉桂叶75克、小茴香100克、草果15克、桂皮10克、香草15克。

制法：将纯菜籽油入锅，用旺火烧熟至油色发白。关火后下大葱、老姜块、洋葱、芹菜、香菜炸香。接着将全部香料下入炸香后，滤去料渣。将辣椒粉、白芝麻、酥花生仁放入大汤锅中，备用。再开旺火使油温回升至六成热，先把1/5热油冲入辣椒粉、白芝麻、酥花生仁的汤锅中，使辣椒粉、白芝麻、酥花生仁发胀浸透。待其余4/5热油的油温降至三成热时，再倒入汤锅中，搅匀冷却后加盖闷48小时后即成特制红油。

老油：

原料：郫县豆瓣末5千克、粗辣椒粉1千克、菜籽油25千克、姜块500克、大葱段500克、洋葱片500克。

香料：八角15克、小茴香10克、香叶15克、山柰5克、桂皮3克、香草3克、草果5克。

制法：将菜籽油入锅，用大火烧至八成热至熟（无生菜籽的气味儿、色泽由黄变白）。下姜块、大葱段、洋葱片炸香，随后将所有香料投入炸香。转小火，待油温降至四成热时，下入郫县豆瓣末以小火慢慢炒至水分蒸发至干，油呈红色而发亮，豆瓣渣香酥油润后，再加入粗辣椒粉到锅中炒香出锅，加盖闷48小时后即成老油。

煳辣油：

原料：干红花椒粒500克、干红辣椒2.5千克、菜籽油12.5克、姜块50克、大葱75克、洋葱块75克。

香料：八角5克、香叶5克、小茴香5克、桂皮3克、山柰2克、草果3个。

制法：取干红花椒粒和干红辣椒入锅，用小火炒香。出锅晾凉使花椒、辣椒变焦至脆后，搅成碎末成刀口煳辣椒末备用。取菜籽油用旺火烧至六成熟，下姜块、大葱、洋葱块及所有香料炸香。将刀口煳辣椒粉放入大汤锅中待用。当锅中油温升至六成热时滤去料渣留油。将1/3的热油浇在刀口煳辣椒末上，使刀口辣椒粉浸透并发涨。等油温降至三成热时缓缓将全部的油浇在刀口煳辣椒末上，加盖闷48小时以后即成煳辣油。

花椒油：

原料：干花椒5千克、葱油25千克。

制法：将干花椒用温水泡10分钟后，捞出沥净水分，之后下入锅中，加入葱油25千克。先大火烧至四成热再转小火慢慢熬制，待油面水汽减少、花椒味香气四溢时离火凉冷，沥去花椒即成。

小米椒辣油：

原料：鲜红小米辣椒1.5千克、葱油5千克。

制法：将鲜红小米辣椒剁成末，下入葱油锅中，小火慢慢炒30分钟至油色红亮而油润、有光泽、且油面水汽减少，无混浊现象，即可连油带渣出锅装入汤桶，闷24小时后滤去料渣取油即成。

泡椒油：

原料：二荆条红泡辣椒5千克（剁成细末）、泡姜末1千克、生姜块500克、大葱1千克、洋葱500克、食用油

25千克。

制法：将食用油入锅，用旺火烧至六成热，下生姜、大葱炸香。接着转小火滤去料渣，再转中火待油温回升至四成热时，下泡椒末、泡姜末，转小火，用手勺慢慢炒约2小时，至油面中的水蒸气完全挥发，出锅盛入汤桶内闷48小时后滤渣取油，即成泡椒油。

- **特制沸腾鱼专用油：**

原料：色拉油25千克、老生姜1千克、大葱2千克、洋葱块2千克、香菜500克。

香料：八角150克、肉桂皮150克、香叶200克、干香菜籽500克、干贵州子弹头辣椒2千克、干汉源花椒500克。

制法：将色拉油入锅大火烧至130度，下入老生姜、大葱、洋葱块、香菜、八角、肉桂皮、香叶、干香菜籽小火慢慢熬90分钟，至原料干香酥脆捞出沥油。

将油温大火升至180度，将干贵州子弹头辣椒、干汉源花椒入锅炸至变色有糊辣香时，沥去料渣，留油冷却成沸腾鱼专用油。

- **化猪油：**

原料：生的鲜猪板油5千克（又称边油，就是长在猪五花肉内则的油脂）、生姜片200克、大葱段250克、洋葱片250克。

制法：将生的鲜猪板油用刀剁切成小块后入锅，并加入生姜片、大葱段、洋葱片。用小火慢慢将鲜猪板油熬化，至水汽干时有一股油香味溢出后，滤去料渣，取油入锅晾凉凝固即成化猪油。

- **化鸡油：**

原料：生的鸡油5千克、生姜片200克、大葱段250克、洋葱片250克。

制法：将生的鸡油用刀剁成小块，加入生姜片、大葱段、洋葱片。入锅分别用小火慢慢将生油熬化，至水汽干时有一股油香味溢出后，滤去料渣油入锅晾凉凝固即成化鸡油。

- **葱油：**

原料：食用油25千克、大葱段3千克、洋葱片3千克。

制法：将食用油、大葱段、洋葱片同时倒入锅中，先用中火烧热至油面水汽沸腾时，转小火慢慢熬制。待大葱段熬干水分时关火，捞去料渣，将油凉冷即成。

高汤类

- **鲜高汤：**

原料：猪筒骨（猪大骨）5千克、猪排骨1.5千克、老母鸡1只、老鸭1只、水25千克、姜块250克、大葱250克。

制法：将猪筒骨、猪排骨、老母鸡、老鸭斩成大件后，入开水锅中汆水烫过，用清水洗净。将水25千克、姜块、大葱加入大汤锅后，下猪筒骨、排骨、老母鸡、老鸭大火烧沸熬2小时，转中小火熬2小时，成鲜高汤。

- **高级清汤：**

原料：鲜高汤5公升、猪里脊肉蓉1千克、鸡脯肉蓉2千克、水3000毫升、川盐约8克、料酒20毫升。

制法：取熬好的鲜高汤5公升以小火保持微沸。猪里脊肉蓉加水1000毫升、川盐约3克、料酒10毫升稀释、搅匀后冲入汤中，以汤勺搅拌，扫5分钟后，捞出已凝结的猪肉蓉饼备用。再用2千克鸡脯肉蓉加水2000毫升、川盐5克、料酒10毫升稀释、搅匀成浆状冲入汤中，以汤勺搅拌，扫10分钟后，捞出已凝结的鸡肉蓉饼。接着用纱布将鸡肉蓉饼和猪肉蓉饼包在一起，绑住封口后，放入汤中再继续吊汤。见乳白的汤清澈见底时即成。

- **高级浓汤：**

原料：老母鸡5千克、老鸭5千克、排骨2千克、猪蹄5千克、赤肉（净瘦肉）3千克、鸡爪2.5千克、金华火腿7.5千克、瑶柱（干贝）500克、水75千克。

制法：将老母鸡、老鸭、排骨、猪蹄、赤肉、鸡爪、金华火腿、瑶柱处理治净后，入沸水锅中氽水烫过，装入汤桶内再加水75千克，上炉以旺火烧开，旺火炖1小时，转小火炖8小时后，沥净料渣取汤即成。

● **鸡汤**（又名鸡高汤、老母鸡汤）：

原料：3年以上老母鸡2千克、水3000毫升。

制法：将老母鸡处理治净后，炒锅中加入清水至七分满，旺火烧开，将鸡入开水锅中氽烫10~20秒，洗净备用。将氽过的老母鸡放入紫砂锅内灌入水3000毫升，先旺火烧开，再转至微火炖4~6小时即成。

卤汤、汤汁类

● **酸汤**：

原料：青美人辣椒1.25千克、小米辣椒1.25千克、大蒜瓣500克、生姜片150克、切片柠檬250克、大葱段200克、切块黄瓜1千克、鲜鸡精500克、生抽1瓶（630毫升）、老抽200克、陈醋3瓶（1260毫升）、美极鲜400克、川盐200克、水10千克。

制法：将上述原料全部放入汤桶内，先大火烧开后转小火熬15分钟，冷却后滤去料渣即成。出菜时根据成菜量的多少加入酸汤。

● **家常红汤（红汤）**：

原料：食用油500克、郫县豆瓣末150克、泡椒末100克、泡姜末50克、姜末50克、蒜末50克、鲜高汤3千克。

香料：十三香14克。

制法：锅中放入食用油，用中火烧至四成热，下郫县豆瓣末、泡椒末、泡姜末、姜末、蒜末、十三香炒香，并炒至原料颜色油亮、饱满。之后加入鲜高汤以旺火烧沸，转小火熬约10分钟后沥净料渣即成红汤。

● **红汤卤汁**：

原料：泡椒末250克、泡生姜50克、姜末25克、蒜末20克、大葱40克，食用油500克、鲜高汤3千克、川盐3克、鲜鸡精15克。

香料：胡椒粉2克。

制法：取葱油下锅，用中火烧至五成热时，下泡椒末、泡姜末、大葱、姜末、蒜末炒香，并炒至颜色油亮、饱满，加入鲜高汤以大火烧沸，用川盐、鲜鸡精、胡椒粉调味后，捞净料渣即成。

● **姜葱汁**：

原料：生姜100克、大葱100克、水500毫升。

制法：将生姜、大葱放入搅拌机，加水搅成蓉，取汁即成。

● **山椒水**：

即泡野山椒的盐水，色泽清澈、酸辣味浓厚。主要起调味作用。

● **山椒酸辣汁**：

原料：野山椒20克、红小米辣35克、川盐、鸡精1克、陈醋30克、豉油25克、美极鲜15克、山椒水20克、水750毫升。

制法：锅中放入水用大火烧沸，下入全部的原料后，转中火熬煮8分钟，沥去料渣后即成酸辣味汁。

● **糖色**：

原料：白糖（或冰糖）500克、食用油50毫升、水300毫升。

制法：将白糖（或冰糖）、食用油入锅小火慢慢炒至糖溶化，糖液的色泽由白变成红亮的糖液，且糖液开始冒大气泡时，加入水熬化即成糖色。

河鲜烹饪美味篇

Fresh Water Fish and Foods in Sichuan Cuisine

A journey of Chinese Cuisine for food lovers

经典河鲜佳肴

Fresh Water Fish and Foods in Sichuan Cuisine

A journey of Chinese Cuisine for food lovers

出身厨师世家的大师：舒国重

舒国重，1956年出生于四川成都的五代厨师世家，其子舒杰目前也是中国川菜特级厨师，曾荣获首届中国川菜大赛个人全能金牌。现于澳洲雪梨担任川菜主厨。

与生俱来的热情

舒国重从小在厨师世家的耳濡目染下，对烹饪充满兴趣，于1977年进入成都市西城区饮食公司担任厨工开始，便抱定了在餐饮行业勤奋耕耘、奋斗一生的信念。尽管当时条件十分艰苦，但出于对烹饪的热情，他努力奋进从厨工到厨师，从厨师长再到餐厅经理。

11年后的1988年，第一次参加国际表演赛的他一鸣惊人。参加成都市烹饪大赛，获优秀菜品奖和荣誉证书；之后代表四川赴马来西亚吉隆坡的“四川菜品名誉推展会”上表演献艺，凭藉超群的烹饪技艺和扎实的理论功底，荣获了马来西亚官方荣誉证书。在繁忙的工作之余，舒国重的另一爱好得到了较好的发挥，因为历次担任省、市区委，市厨师职称考核评委和省技工学校、烹饪专科学校、职业财贸学校、成都市总工厨师培训班等特聘烹饪教师、名誉教授等，所以获得了更多的理论知识，后来成为一名技术扎实、理论深厚的学院大师。

精彩的烹饪生涯

在舒国重几十年的烹饪生涯中，有一个重要的阶段，也即他从1990年被派到巴布亚新几内亚的四川饭店起，接着到斐济首都的“四川楼”担任主厨，日本本田公司的“楼兰”餐厅主厨，具有丰富国内外工作及管理经验。且之后多次担任“中国四川国际合作股份有限公司”出国厨师培训班餐厅教师及厨师长等职。

1997年舒国重从日本归国后，历任多家星级宾馆、大酒楼总厨、餐饮部经理、餐饮总监、乡老坎技术顾问，还曾相继出任了在成都知名餐饮企业新山城菜根香集团公司任行政总厨，卞氏菜根香集团公司厨政经理。1999年被聘为北京喜来登长城饭店的川菜总厨。

2002年被四川省人民政府授予川菜名师称号，后授予“中国烹饪大师”最高荣誉称号。四川省名厨委员会委员。曾担任中国国际美食节大赛评委、首届中国川菜大赛评委 、四川省第三届“芽菜杯”、中

国川菜培训中心顾问烹饪赛评委。

舒国重说："这十年是自己人生最美好的十年"。因为长期担任涉外烹饪技术培训班工作，不仅有许多机会了解国外对中餐的需求，而且更是常能走出国门去实地感受。

也因此长期担任专业烹饪杂志《四川烹饪》的"烹饪课堂问答"专栏的主笔教师（此杂志为中国优秀期刊并且是具有权威性烹饪专业的期刊），通过这一平台，舒国重由经验与教学所累积的的烹饪观点和实用技术，变成了一篇篇观点鲜明、题材新颖的专业论文。也因而他发表的多篇论文及创新菜点，在中国烹饪界有着极大的影响。舒国重的成就与影响力也使他被列入《中国厨师名人录》并荣获世界名厨贡献大奖。

舒国重于20世纪80年代起在成都首创四川小吃筵席，1994年创制了著名的"三国宴"及"三国系列菜式"，1998年在成都知名酒店"乡老坎"推出具有川西风味的菜品"泡豇豆煸鲫鱼""老坛子"等菜式，使乡土风味，即所谓的四川江湖菜一度风靡全国大江南北。2002年，他将自己的创新作品和多年从业经验编辑成书，先后推出了畅销中国的烹饪书《四川江湖菜》（一、二辑）及首创展现新派思路的菜肴书——《菜点合璧》。最近，他又被评为中国菜"十大精英"人物之一。还推出菜谱书《佳肴菜根香》、风味流行小吃书《江湖小吃》。

以热情与信念烹调生命果实

多年来舒国重大师培养了100多个徒弟，其中荣获中国烹饪名师头衔的有数名，川菜名师、烹饪技师、特级厨师数十人，烹调技术人员、厨师长及数千教授过的学生更是遍布全国。2005年春节，中央电视台的节目《见证》中的《绝活世家》单元，对舒国重的厨艺世家传奇与其精采厨艺生涯作了专题报导。2008年被选为《中国川菜100人》的精英人物。同年获得"中国川菜突出贡献大奖"。

今天，身兼川菜烹饪名师和中国烹饪大师称号的舒国重大师，在餐饮界是响当当的人物，但他仍忙碌在一线厨房和烹饪学校的课堂上。正如他自己所说：选择了厨师这一行，你就得无怨无悔的耕耘下去。

关于舒国重

现任成都文新集团老格兜酒店管理公司总经理、餐饮总监。

师从"中国烹饪大师、川菜儒厨"张中尤门下。目前为中国烹饪大师，四川省烹饪协会理事、餐饮业一级评委、四川餐饮业认定师、国家特一级烹调师、高级烹调技师、国家特二级面点师、中式面点技师、国家高级考评员，曾被选为西城区第六届政协委员。中国川菜培训中心顾问；四川省烹饪高等专科学校名誉教授；成都新东方烹饪学校名誉教授。

※ 注：此章节的菜名为舒国重大师所创作。

犀浦鲇鱼

色泽红亮，咸鲜微辣，回味略带甜酸

犀浦位于成都市郊的郫县，盛产肉质细嫩肥美的鲇鱼。多年来当地厨师就地取材，运用郫县豆瓣，精心烹制成一款家常味鲜明的地方传统名菜。成菜以色泽红亮，微辣咸鲜，鱼肉细嫩，鲜香适口，回味悠长的风格而名扬天下，并被列入《中国名菜集锦》（1981年出版，全九册）一书，成为川菜代表性的菜品。

原料

鲜活仔鲇鱼（600克）
郫县豆瓣末40克
泡红辣椒末40克
生姜末30克
大蒜末40克
香葱花20克

调味料

川盐2克（约1/2小匙）
白糖40克（约2大匙2小匙）
酱油5毫升（约1小匙）
陈醋40毫升（约2大匙2小匙）
醪糟汁15毫升（约1大匙）
胡椒粉2克（约1/2小匙）
食用油100毫升（约1/2杯）
食用油2000毫升（约8杯）
鲜高汤800毫升（约3又1/3杯）
水淀粉60克（约4大匙）

烹制技法：烧　**味型：**家常味（略带小甜酸）

制法

1. 仔鲇鱼处理干净后，用刀在脊背处斩一刀（不斩断）。
2. 起油锅，倒入食用油2000毫升，约七分满即可，旺火烧至八成热，转中火，将仔鲇鱼下入锅中炸紧皮（鱼皮皱起的样子）后，捞出沥油。
3. 油倒出留作他用，炒锅洗净擦干后，放入食用油约75毫升，以旺火烧至四成热，下入郫县豆瓣、泡红辣椒末、姜末（一半）、蒜末（一半），转中小火，炒至颜色红亮、饱满。
4. 接着加入鲜高汤，大火烧沸转小火，下炸好的仔鲇鱼。
5. 调入酱油、醪糟汁、姜末、蒜末、白糖、胡椒粉、川盐用小火慢烧至鱼熟入味，将鱼捞出摆至鱼盘。
6. 最后以大火将锅中汤汁勾入水淀粉收汁，加陈醋、葱花搅匀后，淋入鱼上即成。

料理诀窍

1. 鲇鱼必须选用鲜活的仔鲇鱼，才能确保成菜所需的细嫩口感。
2. 炸鱼的油温切忌过低，油温过低鱼皮炸不紧，也不可久炸，久炸鱼肉就老了。
3. 炸鱼的火候不宜大，炸鲇鱼过程中不要过分翻动，以保持鱼的形态完整。
4. 用水淀粉勾芡收汁时，火候应选用大火，才能亮汁亮油。

■川菜博物馆的灶神庙。灶神的全名是“东厨司命九灵元王定福神君”，一般民间多俗称灶王、灶王爷、灶君，或称灶君公、司命真君、九天东厨烟主、护宅天尊，也就是厨房之神。

凤梨鱼

色泽金黄，外酥内嫩，甜酸适口，形似菠萝

此菜运用花刀技法，将鱼片炸制成形似小菠萝一般，造型美观并且鱼肉口感外酥内嫩，酸甜中隐隐带着果香，诱人食欲！这道菜品的趣味就在“见菠萝却不是菠萝，尝起来是鱼却无鱼形”的疑惑中产生。不只是形式上让人有错觉，在味道上更运用醋和糖的酸与甜营造出味蕾的错觉。

烹制技法：炸，淋汁，也称炸熘

味型：糖醋味（也可选用茄汁、水果等味型）

原料

草鱼中段650克
牛角青甜椒2根
姜片10克
葱段20克
姜末10克
蒜末15克
淀粉80克
水淀粉40克（约2大匙2小匙）

调味料

川盐3克（约1/2小匙）
陈醋35毫升（约2大匙1小匙）
白糖40克（约2大匙2小匙）
酱油10毫升（约2小匙）
料酒20毫升（约1大匙1小匙）
鲜高汤100毫升（约1/2杯）
食用油2000毫升（约8杯）

制法

1. 将草鱼中段处理治净后取下完整的鱼肉，片去鱼肉中的骨、刺后洗净并擦干水分。
2. 鱼皮向下，将片刀倾斜成约35°角，斜剞鱼肉成7毫米粗的十字花刀。
3. 用川盐1/4小匙、料酒、姜片、葱段，将鱼肉码拌后，静置约5分钟，腌至入味。
4. 取炒锅倒入食用油约七分满，旺火烧至六成热后，转中火。
5. 将码好味的鱼肉，裹上干淀粉，用手将鱼肉向鱼皮方向卷成菠萝形，放入漏勺内，入油锅中炸至熟呈金黄色时捞出装盘。
6. 将牛角青甜椒剪成3瓣并去籽，入清水中浸泡使其自然卷曲，插入菠萝鱼坯的大的那一端当作菠萝叶。
7. 油倒出留作他用，但留下余油约75毫升，旺火烧至六成热，下入姜末、蒜末炒香。
8. 加入鲜高汤，放白糖、川盐、酱油、陈醋调味，用水淀粉勾芡收汁即成糖醋味汁，淋在鱼上即可。

料理诀窍

1. 须选用1500克左右大的草鱼，鱼大肉厚花刀才明显，成菜的层次更加分明。
2. 斜剞花刀不能剞穿鱼皮，刀口要均匀一致。
3. 必须要用干淀粉，将每个刀口缝都均匀粘上粉，并抖散多余的粉，淀粉不能过多，否则外皮偏硬，影响成菜口感。
4. 炸制的油温应控制在六七成油温。
5. 糖醋汁需要用大火收浓，沸腾时呈吐泡状，汁不可太稀，太稀味就巴不上鱼肉。

芹黄拌鱼丝

质地嫩脆，咸鲜带酸，清爽适口

原料

河鲤净鱼肉250克
芹黄（芹菜的嫩心）150克
紫甘蓝25克
小米辣椒粒2克
蛋清淀粉糊35克
生姜末30克

调味料

川盐3克（约1/2小匙）
香醋20毫升（约1大匙1小匙）
香油3毫升（约1/2小匙）
鲜鸡精10克（约1大匙）
料酒5毫升（约1小匙）
姜葱汁15毫升（约1大匙）
高级清汤100毫升（约1/2杯）

烹制技法：拌　　**味型：**姜汁味

制法

1. 将河鲤净鱼肉用刀切成长约8厘米、宽约0.4厘米的丝条。
2. 将鱼丝放入盆中，用少许川盐、料酒、姜葱汁码拌均匀，腌渍5分钟后，加入蛋清淀粉糊拌匀，备用。
3. 芹黄切成像鱼丝一样的丝条，用淡盐水浸泡10分钟，捞出沥干水分装盘，待用。紫甘蓝切成细丝，待用。
4. 将姜末放入碗中，再加入川盐、香醋、鸡精、小米椒粒香油和少许高级清汤兑成姜汁味的滋汁。
5. 锅内放清水至八分满，旺火烧沸后转中小火保持微沸，将鱼丝抖开，使其散入锅内，小火氽熟后捞出晾凉再放在芹黄上。
6. 最后淋入姜汁味的滋汁，撒上紫甘蓝菜丝即成。

料理诀窍

1. 切鱼丝应顺着鱼肉纤维切，氽熟后才不易断碎。
2. 如不习惯生吃芹黄，也可用开水将芹黄氽熟后再拌。
3. 氽鱼丝必须沸水下锅，之后轻轻用筷子拨才容易散成一根一根的，不可久煮和使劲拔，以免断碎。
4. 浇淋汁应在食用之前，不可过早将味汁拌入，会影响质感和色泽，且味汁中的盐分会使芹黄失去脆爽口感。
5. 在姜汁味基础上添加少许小米椒粒，更添微辣爽口的风味，且色彩更鲜艳。

传统名菜芹黄鱼丝为热菜，以“鲜熘”的技法烹制成菜，滑嫩脆爽，芹香浓郁，很受欢迎。现将此菜演化为冷菜，鱼丝先用沸水氽熟后放凉，再采用“冷拌”的方式拌入生嫩的芹黄，并辅之以“姜汁味”，成菜色泽淡雅，鱼肉细嫩，芹黄脆爽，入口生香。

■恍若桃花源的上里古镇。

盆景桂花鱼

造型美观，吃法新颖，外酥内嫩

原料

鳜鱼1条（约400克）
青蒜苗10根
生菜丝100克
竹扦10根
鸡蛋液50克
面包粉50克
萝卜花（萝卜刻的花）5个

调味料

川盐2克（约1/2小匙）
胡椒粉1克（约1/4小匙）
姜葱汁15毫升（约1大匙）
糖50克（约3大匙1小匙）
陈醋50毫升（约3大匙1小匙）
料酒5毫升（约1小匙）
食用油2000毫升（约8杯）

烹制技法：炸　**味型：**咸鲜（也可配椒盐味碟或番茄味碟或糖醋味碟）

制法

1. 将鳜鱼处理治净，取下两侧鱼肉并去皮成净鱼肉。
2. 把净鱼肉片成厚约3毫米，长、宽约为 8厘米×3厘米的薄片，用姜葱汁、料酒、胡椒粉、川盐码匀后，拌入蛋液，静置约3分钟，腌至入味。
3. 将鱼片分别裹在10根竹扦上成橄榄的形状，再沾裹上面包粉，备用。
4. 将青蒜苗洗净后，修剪成尖叶形，备用。
5. 取炒锅倒入食用油，约七分满，旺火烧至四成热后，转中火，将竹扦鱼下锅炸至金黄熟透，捞出沥油。
6. 将淋上糖醋的生菜丝放入花盆内，分别将蒜苗、竹扦插入，点缀萝卜花即成。

料理诀窍

1. 鱼片不能过厚或形状太大，才能显现精致感。
2. 裹鱼片时，因只在竹扦一头裹，因此须用手捏裹至紧，油炸时才不会散开。
3. 炸制的油温不可太高，易将鱼表皮的粉炸得焦糊。若是过低，就不易将鱼肉炸至熟透。
4. 插入花盆内，如不容易插稳，可以用水果时蔬衬底，以帮助稳固。

■园林的营造对成都人而言，与当地自然的山川风物融为一体才是最高境界，园林本身与百姓的生活是融在一起的，所以成都园林的特色就在以竹和花为主，加上蜀文化中深厚的水文化，因此都市的园林中一定都有水池、流水等元素。

中菜烹饪的摆盘方式受国画影响甚深，因此在摆盘上多将成菜的主配料当作绘画的元素，并在盘中创作，让食者在品菜之余，得以欣赏一幅意境悠远的画。此鱼肴跳脱了传统的平面摆盘，选用少刺肉质细嫩的鳜鱼作原料，应用花盆作器皿，大胆的将立体的插花艺术同菜肴摆盘结合，形成独特艺术风格。

银杏鱼卷

色泽自然美观，质地细嫩鲜美

银杏树也称白果树、公孙树，是植物界的“活化石”，以2亿7千多万年前的原始样貌遍布在现代中国，银杏树所结的果实，俗称白果，也拥有极佳营养，列入中药材的行列，有润肺定喘、止滞浊的食补功效。白果搭配鱼卷，成菜美观大方，质地细嫩味美，白果有微毒，不能一次吃太多，且烹饪、食用前应取出白果的心。

原料

鲤鱼肉400克
银杏25克
熟火腿50克
冬笋75克
菜心150克
蛋清淀粉糊50克
特制奶汤400克
水淀粉30克

调味料

川盐3克（约1/2小匙）
料酒5毫升（约1小匙）
鸡粉3克（约1小匙）
胡椒粉1克（约1/4小匙）
姜葱汁20毫升（约1大匙1小匙）
化鸡油5毫升（约1小匙）
化猪油3毫升（约1/2小匙）
鲜高汤500毫升（约2杯）
特制奶汤100毫升（约1/2杯）
水淀粉30克（约2大匙）

烹制技法：卷，蒸，淋汁　**味型：**咸鲜味

制法

1. 将鲤鱼肉治净后，去皮取净鱼肉，片成厚约3毫米，长、宽约为8厘米×6厘米的片。
2. 将鱼片放入盆中用少许川盐约1/4小匙、料酒、姜葱汁腌渍约3分钟，待用。
3. 将火腿、冬笋分别切成长约5厘米，宽、厚各约2毫米的丝。
4. 将银杏去皮放入碗中，加清水至盖过银杏，上蒸笼以旺火蒸约20分钟。
5. 取已入味的鱼片平铺于盘上，放上火腿丝、冬笋丝卷成直径1.5厘米的卷，用蛋清淀粉糊封口粘牢。
6. 依次完成鱼卷后，放入盘内上蒸笼，旺火蒸约5分钟至熟透后取出。
7. 将步骤4蒸过的银杏通去银杏心，再放入鲜高汤中用鸡粉调味，上蒸笼蒸约5分钟至熟软，备用。
8. 将菜心洗净后入沸水锅中汆烫至熟，捞起沥水后，摆入盘内垫底。
9. 再将步骤6蒸好的鱼卷放在菜心上，用步骤7蒸软的银杏围四周。
10. 炒锅内放化猪油，以旺火烧熟，加入特制奶汤、川盐1/4小匙烧沸后，加入水淀粉勾成二流芡（半流体状的芡汁），滴入鸡油搅匀后，将奶汤汁淋在鱼卷上即成。

料理诀窍

1. 宜选用重1000克以上的大河鲤，鱼肉须去净骨、刺，以确保食用的口感与便利性。
2. 鱼卷应净量卷牢，封口应粘紧，避免蒸的过程中散开。
3. 蒸鱼卷时间要掌握好，一般蒸4～5分钟即可
4. 勾芡汁不能过于稠浓而影响口感与味道层次。
5. 应选用甜银杏果，苦银杏果不能入菜。

■银杏树为成都市的市树。成都市区现有银杏古树约有600多株，树龄最大的达500余年。郊区园林以都江堰市青城山古银杏树龄最长，相传为汉代张天师亲手栽植，已经有2000多年的树龄。

鸟语鱼花

鱼肉花细嫩鲜美，味酸甜咸鲜，成菜别具一格

此菜，集形、色、意、声、味、器之美于一体，使这款河鲜鱼肴达到了一种诗情画意的境界。选用河鳗鱼肉，剞成花刀，经爆炒成花形入盘，再将菜盘置于花篮中，花篮提把上挂有一个小鸟笼，拨开鸟鸣器，将花篮上桌，使人有种置身于大自然鸟语花香之中的愉悦感受。

原料

河鳗500克
泡红辣椒20克
窝笋花（窝笋刻的花）50克
姜片15克
蒜片10克
蛋清淀粉糊20克
花篮1个
鸟鸣器1个

调味料

川盐3克（约1/2小匙）
料酒15毫升（约1大匙）
胡椒粉2克（约1/2小匙）
白糖30克
鸡精2克（约1/2小匙）
香醋30毫升（约2大匙）
食用油75毫升（约1/3杯）
姜葱汁20毫升（约1大匙1小匙）
水淀粉15克（约1大匙）

烹制技法：炒

味型：荔枝味

制法

1. 将鳗鱼整理治净后去骨，用刀在鱼肉面剞成十字花刀，再改刀成小菱形状。
2. 将鳗鱼肉用料酒、姜葱汁、一半川盐码拌、腌渍约5分钟，再加入蛋清淀粉糊拌匀，备用。
3. 将泡红辣椒去籽，剪成花瓣形。窝笋花用少许盐水浸泡，备用。
4. 锅内放入食用油，用中火烧至四成熟，将鱼肉下入油中滑熟。
5. 接着倒出多余的油，维持中火，再下入姜片、蒜片、泡辣椒炒香。
6. 最后烹入川盐、胡椒粉、白糖、香醋、鸡精混合而成的滋汁，并以水淀粉兑成酸甜汁后，加入窝笋花略炒即可成菜装盘。
7. 将菜盘置于花篮中，加以点缀，拨起鸟鸣器即成。

料理诀窍

1. 若无河鳗，可选用刺少的河鲜鱼类，但必须记得去净骨、刺。
2. 剞花刀要均匀，深浅一致，不能剞穿鱼肉。
3. 蛋清淀粉糊不能用的过重，宜少。拌入蛋清淀粉糊的目的只是确保鱼肉的细嫩口感。
4. 鱼肉下锅时油温不可过高，同时应避免粘在一起。
5. 烹汁下锅快速，不宜久炒，否则香醋会因加热过久而失去酸香味。
6. 成菜后味汁不宜过多、过浓，否则菜品会失去应有的清爽。

■望江楼公园的竹林禅意。

■郫县农园景色。

冬瓜鳜鱼夹

晶莹剔透，白汁咸鲜，味美质嫩

鳜鱼一直以来多是全鱼成菜。但此菜只取鳜鱼肉，切片后镶入冬瓜片内，经过蒸熟，浇汁而成为一款鱼蔬合烹的鱼鲜佳肴，取代传统全鱼形式，但风味依旧。

烹制技法：蒸，淋汁　**味型**：咸鲜味

原料

鲜活鳜鱼1条500克
冬瓜400克
金华火腿100克
清汤200克
蛋清淀粉糊40克

调味料

川盐2克（约1/2小匙）
料酒5毫升（约1小匙）
胡椒粉1克（约1/4小匙）
鸡精2克（约1/2小匙）
化鸡油10毫升（约2小匙）
食用油20毫升（约1大匙1小匙）
高级清汤100毫升（约1/2杯）
水淀粉30克（约2大匙）

制法

1. 鳜鱼整理干净后，取净鱼肉，用刀切成厚约3毫米，长、宽约5厘米、3厘米的鱼片。
2. 将鱼片放入盆中，用川盐1/4小匙、料酒、蛋清淀粉糊码匀，静置约5分钟使其入味。
3. 冬瓜去皮，切成厚约3毫米，长、宽约5厘米、3厘米的大小，以两刀一断的方式切成夹片，备用。
4. 将金华火腿切成小于鱼片，厚约2毫米的薄片，备用。
5. 取冬瓜夹片入沸水锅中汆一水后捞出，并略压汆好的冬瓜夹片，以挤去多余的水分。
6. 各取一片鱼片和火腿片，都夹入冬瓜夹片内，成为冬瓜鳜鱼夹，摆入盘中。
7. 完成后入蒸笼旺火蒸约5分钟至熟，取出后翻扣于成菜用的盘中，备用。
8. 炒锅中放入清汤，用中火烧沸，调入川盐1/4小匙、胡椒粉、鸡精，转小火，下入水淀粉勾成玻璃芡（稀薄的芡汁），滴入鸡油、食用油成明油，推匀后浇在冬瓜鳜鱼夹上即成。

料理诀窍

1. 鳜鱼应选鲜活的，并去净鱼骨、鱼刺，才能确保鲜美、甜嫩的风味。
2. 腌渍鳜鱼片时切忌用盐过多，会盖去鱼肉的鲜甜味。
3. 鱼肉拌入蛋清淀粉糊后，适当加点食用油，可以避免相互粘连。
4. 冬瓜夹片不能切得太厚，汆烫时需要用沸水，才能确保成菜口感层次的细腻感。
5. 蒸制冬瓜鱼片的时间不可过长，以免鱼肉质地过老。
6. 勾玻璃芡汁不能用大火，须将炒锅端离火口进行。

开屏鲈鱼

形美自然，质地细嫩，味咸鲜略带酸辣

此菜根据孔雀开屏的寓意与形式创制，造型自然大方，色彩饱满，成菜后质、味、形俱佳，因此成为宴席上的常客，特别是喜庆寿宴，具有祝福之意，加上鱼肉细嫩，味道清爽，在宴席中有浓淡调和的作用。

原料

鲜活鲈鱼1条（约500克）
泡野山椒粒50克
菜心100克
红美人辣椒粒5克
蒜末10克
姜末10克
姜片5克
大葱段10克

调味料

川盐2克（约1/2小匙）
胡椒粉1克（约1/4小匙）
料酒10毫升（约2小匙）
鸡精5克（约1小匙）
食用油25毫升（约1大匙2小匙）
猪骨鲜高汤100毫升（约1/2杯）
猪网油25克
水淀粉15克（约1大匙）

烹制技法： 蒸，淋汁

味型： 山椒味（微酸辣）

制法

1. 将鲈鱼处理后整理治净，先剁下鱼头，再用刀垂直鱼的背脊处，每隔1厘米切一刀，不将鱼切断，保持鱼腹部相连。
2. 将切好的鲈鱼放入盆中，用料酒、川盐1/4小匙、一半姜片、一半葱段码拌腌渍约2分钟至入味。
3. 将已入味的鱼身摆于盘上成扇面形（孔雀开屏状），鱼头放中间。
4. 猪网油盖在鱼上，再放上姜片、大葱段，入蒸笼蒸5~6分钟至熟。
5. 将菜心下入中火煮沸的开水锅中汆一水，使其断生，捞起沥干。
6. 将蒸好的鲈鱼取出，去掉网油、姜片、葱段。再将汆烫过的菜心放在鱼头和鱼身之间。
7. 炒锅放入食用油，以中火烧至四成热，下姜末、蒜末、泡野山椒粒、红美人辣椒粒炒香。
8. 加入猪骨鲜高汤，调入川盐1/4小匙、胡椒粉、鸡精，勾入水淀粉成玻璃芡汁，淋入鱼上即成。

料理诀窍

1. 应在鱼身部分至少切10刀以上，才能形成开屏的造型。
2. 腌渍盐味不能过多，宁少勿多，腌渍2分钟即可。
3. 芡汁不可太稠浓，而使成菜失去清爽亮丽的感觉。

山椒泡鲫鱼

咸酸微辣，鱼肉细嫩爽口

四川泡菜是天下一绝，以乳酸味浓、口感脆爽、色泽鲜艳而闻名。在四川地区做泡菜的方法是家喻户晓，传统泡菜以时蔬为主，如今则是将众多荤原料也用于泡制。“泡鲫鱼”采用熟泡方法，将鲫鱼烹熟后再进行浸泡而成，是一款风味别致的河鲜烹饪菜式。

原料

鲜活鲫鱼4条（约500克）
蒜片10克
姜片25克
大葱段20克
红二荆条辣椒2根
窝笋条25克
鲜花椒2克

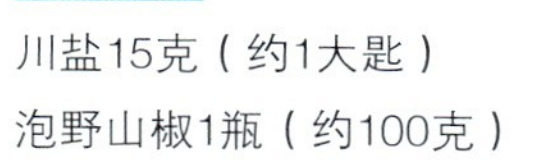

调味料

川盐15克（约1大匙）
泡野山椒1瓶（约100克）
料酒5毫升（约1小匙）
白醋3毫升（约1/2小匙）
矿泉水1000毫升（约4杯）

烹制技法： 泡（先蒸熟后泡制，也可生泡后再蒸制成菜）

味型： 酸辣味（山椒风味）

制法

1. 将鲜活鲫鱼去鳞整理干净后，用料酒、一半姜片、葱段码拌、腌渍约5分钟至入味。
2. 将已入味的鲫鱼入蒸笼旺火蒸约3分钟至熟，取出晾凉，备用。
3. 将整罐野山椒连枝和汤汁一起倒入盆中，加入矿泉水，放入川盐、白醋、鲜花椒搅匀后即兑成泡盐水。
4. 将鲫鱼、窝笋条、红二荆条辣椒、姜片、蒜片放入山椒盐水中浸泡3～4小时，即可取出食用。

料理诀窍

1. 活鲫鱼要放养在清水中1天，让其吐净污物。
2. 蒸鲫鱼时应用大火蒸，鲜味才能封在鱼肉中，但不能久蒸，久蒸肉就老了。
3. 泡制的山椒盐水需淹过鱼身，才能入味。
4. 泡制的山椒盐水不能重复使用。

■四川人三餐都离不了泡菜，即使是在江上的河鲜特色酒楼也一定要在船上泡上十几坛的泡菜，讲究随取随用，风味及口感才能保持在最佳状态。

凉粉鲫鱼

色泽红亮，味道麻辣，香气浓郁，凉粉爽滑，鱼肉细嫩

四川凉粉分为许多种，有米凉粉、豌豆凉粉（又分黄豌豆凉粉与白豌豆凉粉）、绿豆凉粉（又名白凉粉）、荞麦凉粉等，常以凉拌方式食用，是街井巷弄间最受欢迎的小吃。而以豌豆凉粉制成的凉粉鲫鱼为四川的传统名菜，是川菜烹制河鲜鱼肴的一款经典风味。做法是将凉菜的调味方法用于热菜烹制，使得成菜风味独特。

■就川菜而言，调味看似简单却极其深奥，不管冷、热菜，数十样的调料一展开就像天书，要正确无误地调理出美味没那么简单！

烹制技法： 蒸，氽，拌

味型： 麻辣味

制法

1. 将鲫鱼去鳞后整理治净，用料酒、川盐在鱼身上抹匀。
2. 把鲫鱼放在垫有猪网油的蒸盘上，再将猪网油包在鱼身上，放上姜片、大葱段、花椒，上蒸笼蒸约7分钟至熟。
3. 将蒸好的鲫鱼从蒸笼取出，去掉鱼身上的网油，装入盘中。
4. 凉粉用刀切成1.5厘米见方的小块，入旺火烧的沸水锅中氽一水（氽烫一下的意思），捞起沥去水分。
5. 将烫好的凉粉放入搅拌盆内，加入红油辣椒、豆豉泥、酱油、香油、蒜泥、白糖、花椒油、芽菜末、葱花、芹菜粒、鸡精拌匀。
6. 将拌匀入味的凉粉浇盖于鲫鱼周围即成。

料理诀窍

1. 鲫鱼尽可能选用鲜活的，才能尝到细嫩肉质。
2. 用猪网油把鱼包起来蒸，才能有足够的油脂使鱼肉滋润且鱼皮发亮。若无猪网油，可选用切成薄片的猪肥膘肉替代。
3. 凉粉刀工应切得大小均匀，不能过大或太小，一般切成1.5厘米的正方形块状，一来是使裹在其上的汤汁味道可以恰好展现凉粉风味，二来方便食用。
4. 氽凉粉后必须要沥干水分后再加入调味料，以免额外的水分影响口味的浓淡。

原料

鲜活鲫鱼3条（约400克）
白豌豆凉粉350克
宜宾芽菜末10克
芹菜粒20克
葱花20克
蒜泥15克
猪网油250克
生姜片15克
大葱段15克

调味料

川盐3克（约1/2小匙）
红油辣椒30毫升（约2大匙）
豆豉泥15克（约1大匙）
花椒油5毫升（约1小匙）
料酒5毫升（约1小匙）
酱油10毫升（约2小匙）
白糖3克（约1/2小匙）
鲜鸡精5克（约1.5小匙）
花椒1克（约1/4小匙）
香油5毫升（约1小匙）

辣子鱼

肉质干香爽口，麻辣香味浓郁

重庆在20世纪80年代出了一道名菜辣子鸡，源自歌乐山一带的路边小店，下料时大把辣椒、大把花椒，成菜粗犷豪放，深受不拘小节的重庆人所喜爱。这里借用辣子鸡的做法与调味，做成地道巴蜀民风食俗的辣子鱼，麻辣干香，香酥化渣，味道浓厚。

烹制技法：炸，炒　　味型：麻辣味

原料

鲜活鲈鱼1条（约400克）
大葱段25克
姜片20克
蒜片20克
朝天干辣椒100克
干花椒35克
淀粉20克

调味料

川盐3克（约1/2小匙）
料酒15毫升（约1大匙）
白糖10克（约2小匙）
鸡精3克（约1/2小匙）
胡椒粉1克（约1/4小匙）
香油2毫升（约1/2小匙）
食用油2000毫升（约8杯）

制法

1. 将鲈鱼整理治净后，用刀切成长约8厘米，宽、厚约1.5厘米的鱼条。
2. 将切好的鱼条放入盆中，用川盐1/4小匙、料酒、一半姜片、一半葱段码拌、腌渍约3分钟，再加入淀粉拌匀上浆。
3. 取炒锅倒入食用油，约七分满，旺火烧至七成热后，转中火，将码味上浆的鱼条下入油锅炸至定形上色后，油温控制在四成热，浸炸至外酥内嫩后，捞出沥油。
4. 将炸鱼的油倒出留作他用，锅内留约75毫升食用油，中火烧至四成热后，下朝天干辣椒、干花椒、姜片、蒜片、葱段炒香。
5. 最后放入鱼条，调入川盐1/4小匙、鸡精、白糖、胡椒粉炒匀至香，淋入香油即成。

料理诀窍

1. 鱼可连骨斩成条。
2. 拌入鱼条的淀粉不要太多，拌匀后应抖去多余的粉。
3. 炸的油温应七成热下锅，先高温定形上色，再低温炸透。
4. 炒干辣椒火候不可太大，中小火炒至辣椒酥香呈棕红色后再下花椒，以避免炒焦。

■四川是辣椒的生产大省，每年7～9月的辣椒旺季，市区常可见一般家庭自己晒制干辣椒，农村更是一片火红。

芙蓉菜羹鱼片

色泽自然美观，味清淡鱼细嫩

原料

净鳜鱼肉200克
青菜心200克
鸡蛋2个
蛋清淀粉糊30克

调味料

川盐2克（约1/2小匙）
料酒5毫升（约1小匙）
鸡精2克（约1/2小匙）
高级清汤400毫升（约1又2/3杯）
食用油45毫升（约3大匙）
水淀粉15克（约1大匙）

烹制技法：蒸，烩，汆　**味型**：咸鲜味

制法

1. 将净鳜鱼肉切成鱼片，用川盐、料酒拌匀，再拌入蛋清淀粉糊上浆，静置约3分钟使其入味。
2. 将青菜心洗净切细，备用。
3. 将鸡蛋打入碗中搅散，加入川盐1/4小匙及100毫升清汤搅拌均匀，倒入玻璃汤碗内，入蒸笼以中火蒸约8分钟至熟，取出即成鸡蛋羹（俗称水蛋或芙蓉蛋）。
4. 取炒锅倒入食用油，中火烧至五成热后，下入青菜丝炒熟，起锅后放入鸡蛋羹上。
5. 再将鱼片下入小火微沸的水中汆熟，放在青菜的中间。
6. 最后将300毫升清汤倒入锅中，用中火烧沸，加入川盐、鸡精调味，再用水淀粉勾成薄芡，浇在鱼片上即可。

料理诀窍

1. 必须选用鲜活鳜鱼，才能与鸡蛋羹的口感相衬。
2. 应将鱼片中的鱼骨、鱼刺及皮去净之后再切薄片，鱼肉的细嫩度才不会因此受到破坏。
3. 蒸水蛋，火候不要太大，否则会起蜂窝眼。掌握好时间，不宜过长，长了口感就不嫩。
4. 汆烫鱼片要用小火微沸的水，水要宽一点（多一点的意思），汆烫效果才好。

川菜中以清鲜为主、不带麻辣的菜品多爽口不腻，除了调剂口味外，为的就是解麻辣菜品的的厚重。此菜就是一道清鲜“清口菜”，采用蒸芙蓉水蛋、青菜羹和鳜鱼片相组合，成菜色调自然，不只清口，也“清眼”。

■竹椅、热水瓶加盖碗杯，是现代四川茶文化的三大元素。

芽菜碎末鱼

鱼肉细嫩化渣，咸鲜味浓香

常见的芽菜分咸、甜两种。甜芽菜产于四川的宜宾，宜宾古称叙府，因此又称叙府芽菜。咸芽菜则产于四川的南溪、泸州、永川。此菜品采用四川宜宾芽菜加上花生仁碎和鱼肉粒同烹，口感丰富，硬、脆、爽、嫩、滑兼备。

烹制技法：炒　**味型：**咸鲜味

原料

鲜乌鱼肉200克
宜宾碎米芽菜100克
油酥花生仁50克
青椒粒100克
淀粉30克

调味料

川盐1克（约1/4小匙）
料酒5毫升（约1小匙）
胡椒粉2克（约1/2小匙）
鲜鸡精1克（约1/4小匙）
白糖2克（约1/4小匙）
食用油40毫升（约2大匙2小匙）

制法

1. 将乌鱼肉去皮成净鱼肉，再切成豌豆大小的粒。
2. 将鱼肉粒放入盆中，用川盐、料酒、淀粉拌匀，静置约2分钟。
3. 将油酥花生仁压碎，备用。
4. 炒锅内放入食用油，以中火烧至四成熟，将鱼肉粒下入油内滑散。
5. 接着将滑散的鱼肉粒留在锅中，倒出多余的油，只留下约40毫升油。
6. 保持中火，下入碎米芽菜、青椒粒翻炒，调入胡椒粉、白糖、鸡精炒匀，起锅前加入碎花仁翻匀即成。

料理诀窍

1. 应选用刺少的鱼类烹制，并应取净鱼刺，以方便食用。
2. 炒锅必须先旺火高温炙好锅，接着转小火待温度降至适当的油温，再下鱼粒滑散，才能避免粘锅现象。
3. 此菜要控制好川盐的分量，因芽菜本身属于咸味重的咸菜类。

糖醋鱼“排骨”

甜酸可口，“排骨”酥软

这里将鱼肉做成猪排骨状，用土豆切块当骨头，并烹制成糖醋味，入口酸香甜嫩，而骨头——土豆块则是酥软带甜，一次吃到两种口感，让人回味无穷。

■四川经典四合院民居，虽不气派豪华，但绝对“巴适”！舒服！

烹制技法： 炸，熘

味型： 糖醋味（也可做成荔枝味、鱼香味）

原料

净乌鱼肉250克
土豆400克
姜葱汁25克
蛋清淀粉糊25克
淀粉20克
姜末10克
蒜末15克

调味料

川盐3克（约1/2小匙）
料酒10毫升（约2小匙）
鸡精2克（约1/2小匙）
糖色25克（约1大匙2小匙）
白糖20克（约1大匙1小匙）
香醋20毫升（约1大匙1小匙）
食用油75毫升（约1/3杯）
食用油2000毫升（约8杯）
清水100毫升（约1/2杯）
水淀粉15克（约1大匙）

制法

1. 将净乌鱼肉切成厚约2毫米，长、宽约15厘米×2厘米的鱼片。
2. 将鱼片放入盆中，用川盐1/4小匙、姜葱汁、料酒、蛋清淀粉糊拌匀，备用。
3. 土豆去皮切成厚约8毫米，长、宽约8厘米×1.7厘米的排骨条状。
4. 将土豆条下入中火煮沸的滚水锅中，汆烫约2分钟至熟，捞出沥干。
5. 取炒锅倒入食用油2000毫升，约七分满即可，旺火烧至五成热，转中火。
6. 将码好味的鱼片分别卷在汆熟的土豆条上，拍上干淀粉入油锅中，以五成油温炸至色泽金黄捞出。
7. 将油锅的油倒出留作他用，炒锅洗净擦干，放入食用油75毫升，以中火烧至四成热，将蒜末炒香。
8. 接着下入清水、川盐1/4小匙、白糖、糖色、鸡精调味，用水淀粉勾成浓稠芡汁。
9. 最后放入香醋，并立即将炸好的鱼排骨倒入锅中裹匀芡汁即成。

料理诀窍

1. 没有乌鱼时，可以选用其他品种，重点是选择刺少的鲜活鱼。
2. 要把鱼肉中的刺、骨及鱼皮去净，才不会扎口。
3. 裹卷要紧，炸制的油温以五成热较恰当，即能上色，又不易炸焦。
4. 糖醋芡汁，不可过清，太清了裹不上鱼排骨。
5. 香醋切忌过早放锅内，因香醋加热过久醋酸与醋香味都会散失。

锅巴鱼片

鱼肉鲜嫩，锅巴酥香，酸甜咸鲜味

川菜中有一系列久负盛名的风味菜肴，那就是集色、香、味、形、声于一体，给品尝者带来情趣的锅巴菜品，刚炸好还酥烫的锅巴，在送上餐桌后立即浇入热烫的汤汁，发出“滋”的声响，一时间香气四溢。这里用鲜鲇鱼肉片制成锅巴鱼片，口感细嫩，味道酥香，引人入胜。

烹制技法：炸，熘，淋汁　**味型：**荔枝味

原料

净鲜鲇鱼肉150克
干锅巴100克
冬笋片20克
番茄片20克
菜心30克
姜片5克
蒜片5克
葱段5克
蛋清淀粉糊30克

调味料

川盐3克（约1/2小匙）
料酒5毫升（约1小匙）
酱油15毫升（约1大匙）
白糖20克（约1大匙1小匙）
陈醋25毫升（约1大匙2小匙）
胡椒粉0.5克（约1/4小匙）
鸡精5克（约1小匙）
水淀粉35克（约2大匙1小匙）
猪骨鲜高汤350（原750）毫升（1.5杯）
食用油100毫升（约1/2杯）
食用油2500毫升（约10杯）

制法

1. 将净鲜鲇鱼肉去除鱼皮、鱼骨及鱼刺，片成厚约5毫米，长、宽约5厘米×3厘米的鱼片。
2. 将鱼片放入盆中，用川盐1/4小匙、半小匙料酒、蛋清淀粉糊拌匀。
3. 炒锅放入食用油100毫升，中火烧至三成热，先将鱼片用温油滑熟，捞起待用。
4. 再用中火烧至四成热，下入姜片、蒜片、葱段稍炒。
5. 接着放入冬笋、菜心、猪骨鲜高汤、酱油、料酒、川盐、白糖、胡椒粉、鸡精、陈醋、番茄片，煮沸后，下水淀粉勾成清二流芡的鱼片汁，起锅舀入盛器内备用。
6. 取炒锅倒入食用油2500毫升，约七分满，旺火烧至八成热，下锅巴炸至浮起且呈金黄色，捞起并摆入大盘内，在舀入少许热油在盘内，即刻上桌。
7. 上桌后将步骤5的鱼片汁淋在锅巴上，随着一声炸响，香气四溢，此菜即成。

料理诀窍

1. 须选用鲜活而刺少的鱼鲜作原料。
2. 选用体干质厚的锅巴，成菜后才不会因汤汁水分的渗入而立即软烂。
3. 炸制中要注意掌握好火候，炸的恰好的锅巴既不绵软，也不会焦糊。
4. 芡汁浓度要适当，不能过于浓稠而影响成菜美观与口感。

【川味龙门阵】

早期烧饭是用柴火，因此锅底常会有一层焦黄的饭，叫焦饭，广东称为锅焦，四川叫锅巴，山西又名锅渣。这种煮饭瑕疵所产生的附带小食品，却衍生出许多美味。现在煮饭的器具进步了，没有锅巴，反而要到市场上买。

■甑子（蒸米饭等的用具，略像木桶，有屉子而无底）饭在早期只有富贵人家才有机会尝到，现在许多以特色烹饪为招牌的酒楼、餐馆也都提供了。

球溪河鲇鱼

色泽红亮，味鲜香醇，鱼肉细嫩

四川资中球溪河一带盛产鲇鱼，加上位居早期成都到重庆的交通要道上，又善于烹制河鲇鱼，球溪河鲇鱼的名号就此传开，鱼质细嫩，色泽红亮，味道鲜香醇厚，香辣而不燥，可说是闻名巴蜀大地并成为无数河鲜鱼庄的当家招牌菜。

烹制技法： 炸、烧

味型： 家常味

原料

河鲇鱼1条（约500克）
芹菜节200克
泡姜末20克
姜末5克
大蒜瓣20克
蒜末5克
泡红辣椒75克
淀粉100克

调味料

川盐1克（约1/4小匙）
郫县豆瓣末40克（约2大匙2小匙）
胡椒粉1克（约1/4小匙）
白糖3克（约1/2小匙）
料酒5毫升（约1小匙）
鸡精2克（约1/2小匙）
化猪油50克（约3大匙）
猪骨鲜高汤750毫升（约3杯）
食用油2000毫升（约8杯）
水淀粉35克（约2大匙）

制法

1. 将河鲇鱼整理治净后，斩成鱼块。
2. 将鲇鱼块放入盆中，拌入料酒、川盐、淀粉码拌均匀，静置约3分钟使其入味。
3. 取炒锅倒入食用油，约七分满，旺火烧至六成热，将鱼块下锅炸至紧皮后，捞出沥油待用。
4. 将油锅中的油倒出留作他用，留少许油（约50毫升）在炒锅中，再加入化猪油，用中火烧至四成热，下郫县豆瓣末、姜末、蒜末炒香。
5. 再下泡辣椒、大蒜瓣、泡姜末炒至油成红色，加猪骨鲜高汤烧沸。
6. 接着下入炸好的鱼块，用白糖、胡椒粉、鸡精调味，转中火烧10分钟。烧鱼的时候，将芹菜节置于大盘内，备用。
7. 最后开大火，将烧好的鱼肉块的汤汁勾入水淀粉收汁推匀，再连同汤汁倒于芹菜上即成。

料理诀窍

1. 必须选用鲜活的河鲇鱼，才能展现鱼肉细嫩的要求。
2. 炸鱼块的时间不能太久，表面炸至紧皮即可捞出。
3. 如用混合油（菜籽油、化猪油、食用油各一份的比例混合即成）效果更好，会有动物油脂的脂香味，鱼肉也能更细嫩。
4. 掌握好烧制的火候，不能太大，用中小火烧，再大火收芡汁，才能突出汁浓厚油的质感。

■重庆长江边上鱼获越来越少，现在在市区的江边捕鱼其实只是图个乐趣而已，渔网上下数十次，连个小鱼都没有！

豆瓣鲜鱼

色泽红亮，鱼肉细嫩，味感丰富，回味悠长

此乃烹制河鲜菜的经典菜肴，主要以家常烧制方法，现如今也有采取“软烧”之法，就是鱼不经过油炸而直接烧成，可保持鱼肉更细嫩，但稍不慎会影响整鱼形体。传统做法一般不会有菜不成形的问题。

豆瓣鱼的主要调料为郫县豆瓣，辅以姜、葱、蒜、糖、醋，成菜色泽红亮，咸甜酸辣兼备，是一款典型的川式复合味鱼肴。

原料

活草鱼1条（约500克）
姜末15克
蒜末20克
香葱花20克

调味料

川盐2克（约1/2小匙）
郫县豆瓣末35克（约2大匙1小匙）
料酒5毫升（约1小匙）
酱油5毫升（约1小匙）
白糖20克（约1大匙1小匙）
陈醋20毫升（约1大匙1小匙）
猪骨鲜高汤750毫升（约3杯）
食用油2000毫升（约8杯）
水淀粉50克（约2大匙）

烹制技法：炸，烧（家常烧）

味型：鱼香味（也称豆瓣味）

制法

1. 鲜活草鱼处理治净后，在鱼身两面剞一字刀，用川盐1/4小匙、料酒腌渍码味约5分钟。
2. 取炒锅倒入食用油2000毫升，约七分满，旺火烧至七成热，将码好味的草鱼入油锅稍炸至表皮紧皮即可取出。
3. 将油锅中的油倒出留作他用，留少许油（约75毫升）在炒锅中，中火烧至四成热后，下入郫县豆瓣末、姜末、蒜末炒出香味。
4. 接着放入猪骨鲜高汤煮沸后，用川盐、酱油、白糖调味，并将炸好的草鱼下入汤汁中用中火烧。
5. 烧约5分钟至熟透入味后，勾入水淀粉收汁，再放入陈醋、香葱花推匀后起锅，盛入长盘即成。

料理诀窍

1. 可依个人喜好选用各种鱼类制作。
2. 剞刀根据整条鱼大小而定，一般每隔1厘米剞一刀，便于入味。
3. 炸鱼的油温须在七八成热时下锅，不能久炸，以免影响质感嫩度。
4. 烧鱼的火候控制在中火，不能太久，太久鱼肉会散不成形。
5. 收汁后起锅前才放入醋、葱花，略烧即可起锅。过早放入醋和葱花，易使其香气挥发，影响风味与口感。

■合江亭建于1200年前，位于府河与南河的交会口，当年从成都市南下往重庆方向的船只多是从这里出发。

陈皮鳅鱼

色泽红亮，肉质酥软，麻辣回味略甜，鲜香化渣

正宗陈皮是自宋朝就闻名的广东新会陈皮，以大红柑皮制作而成，但数量不足以应付现在的市场，所以现在市面多数的陈皮是用橘皮所制。陈皮味是川菜常用味型之一，其特点是陈皮芳香，麻辣味厚、略有回甜，用于烹制鳅鱼，成菜酥软、色泽红亮，麻辣回味略甜，是一道极佳的开胃菜。

烹制技法：炸收　**味型**：陈皮味

原料

净鲜鳅鱼（泥鳅）400克
干陈皮8克
干辣椒段10克
花椒3克
姜片15克
葱段30克
姜块20克

调味料

川盐3克（约1/2小匙）
鲜鸡精2克（约1/2小匙）
料酒20毫升（约1大匙1小匙）
白糖10克（约2小匙）
酱油15毫升（约1大匙）
红油40克（约2大匙2小匙）
食用油2500毫升（约10杯）
清水1000毫升（约4杯）

制法

1. 鲜鳅鱼处理成鳅鱼片并洗净，用川盐1/4小匙、料酒10毫升与拍破的姜块、葱段20克拌匀，腌渍约20分钟使其去腥入味。
2. 干陈皮用沸水泡发约20分钟后，洗净切成宽约2厘米的片，备用。
3. 炒锅放入食用油，约七分满，旺火烧至六成热，放入鳅鱼片炸至定形鱼皮收缩后，转小火续炸约8分钟至酥，捞出，备用。
4. 将炒锅的油倒出留作他用，锅内留约100毫升的余油，中火烧至四成热，放入干辣椒段炒至棕红色，再下花椒、陈皮炒香。
5. 加入清水，放姜片、葱段10克、料酒、川盐、白糖、酱油、鸡精以中火烧沸，下入炸好的鳅鱼片后，转小火烧。
6. 小火烧约15分钟至鳅鱼肉酥时，用中火烧至收汁亮油，起锅前加入红油即成。

料理诀窍

1. 选用鲜活鳅鱼片口感最佳，也可用带骨鳅鱼制作，但烧的时间就要更长。
2. 炸鳅鱼油温不宜过低，应在六七成热。先高温炸后转小火浸炸至酥，水汽将干时最佳。
3. 收汁期间，掌握好适宜的火候，不能粘锅或焦糊。最后鳅鱼起锅时应用竹筷夹起可避免鳅鱼片破碎。

■从超千米的自贡盐井“燊海井”到离不开生活的竹椅子，他们的关连性就是四川盛产的“竹”，因为古时钻井是靠竹子中空的特质，贯通后放入开凿井像水管一样将盐卤引流而出。

蛋皮鱼丝卷

色泽金黄，外酥香 ，内鲜嫩

蛋香味浓的蛋皮，搭配鲜嫩的鱼丝馅裹卷在一起，入油锅炸成金黄色，一口咬下，酥中带嫩，蛋香混合着鲜味，回味无穷。若想清淡，可在卷裹前将所有食材制熟，不经油炸，用蒸或当凉菜吃均可成为时尚鱼肴。

原料

鲈鱼肉200克
冬笋丝50克
香菇丝50克
胡萝卜丝50克
蛋清淀粉糊40克
鸡蛋皮10张

调味料

川盐2克（约1/2小匙）
料酒5毫升（约1小匙）
胡椒粉2克（约1/2小匙）
鸡精5克（约1小匙）
香油5毫升（约1小匙）
食用油50毫升（约1/4杯）
食用油1500毫升（约6杯）

鸡蛋皮制法

50克淀粉加入4个全鸡蛋液，搅打均匀成蛋糊，再加入清水200毫升稀释成蛋液糊。开中火将不粘锅烧至五成热，加少许油，放入约75克蛋液糊并轻轻摆动锅，使蛋液糊均匀摊开，厚薄一致。慢煎至锅中水汽将干蛋液熟透成蛋皮即成。

烹制技法： 卷、炸　　**味型：** 咸鲜味（也可配椒盐味碟或番茄酱等）

制法

1. 将鲈鱼肉去除鱼皮、鱼刺后，切成宽、厚各约3毫米，长约7厘米的鱼丝。
2. 将鱼丝放入盆中，拌入川盐1/4小匙、料酒、蛋清淀粉糊，码拌均匀。
3. 取炒锅下入食用油50毫升，用中火烧至三成热，下入码拌好的鱼丝滑散至熟。
4. 鱼丝留在锅中，滤去多余的油，接着下胡萝卜丝、冬笋丝、香菇丝、川盐、胡椒粉、鸡精以中火炒匀。
5. 起锅前滴入香油，晾凉后即成鱼肉丝馅。
6. 依序用鸡蛋皮将鱼丝卷裹成直径约2厘米粗的鸡蛋鱼丝卷，封口用蛋清淀粉糊粘牢，至全部卷好。
7. 取炒锅下入食用油1500毫升，约五分满，用中火烧至六成热，下入鸡蛋鱼丝卷炸至皮酥色泽金黄后捞出，改刀成段装盘即可。

料理诀窍

1. 拌鱼丝的蛋清淀粉糊不能过多，多了吃不到鱼味。
2. 滑炒的油温控制在三成热为宜，确保鱼的细嫩口感。
3. 应待鱼丝馅晾凉后再进行包卷，才不会有水汽留在鱼丝卷内，造成后续油炸时产生爆油。
4. 封口须粘牢，油炸时才不会散开。
5. 炸鱼卷油温不能过低，应在六成熟以上。
6. 装盘可选用糖醋生菜丝搭配，整体的感觉更清爽。

■雅安市[illegible]著名地标“青衣江廊桥”[illegible]在微雨淡雾中呈现出一幅活生生的泼墨山水画

刷把鳝丝

味咸鲜微辣香醇，质地脆嫩爽口

此菜将鳝鱼（俗称黄鳝）去骨切丝，烹制后同火腿丝、笋丝等捆成似刷锅的“刷把”形态，做个打油诗：“只见刷把锅中来去千百回，今朝筷箸齐下一扫空”，为饮食乐趣添上一笔。

烹制技法：汆、拌（淋汁）　味型：红油蒜泥味

原料

净鲜鳝鱼片250克
熟火腿丝75克
窝笋丝100克
葱叶25克
蒜泥25克

调味料

川盐2克（约1/2小匙）
鲜鸡精2克（约1/2小匙）
红油35毫升（约2大匙1小匙）
酱油20毫升（约1大匙1小匙）
白糖10克（约2小匙）
香油5毫升（约1小匙）
陈醋2毫升（约1/2小匙）
熟芝麻1克（约1/2小匙）

制法

1. 将窝笋丝加入川盐1/4小匙抓拌均匀，腌渍约5分钟，再用冷开水冲净，备用。
2. 将鳝鱼片洗净，下入中火烧的沸水锅内汆熟，捞出晾凉，切成宽约5毫米的丝，备用。
3. 再将葱叶下入中火烧的沸水中烫熟后捞起晾凉，撕成细线条状。
4. 用葱叶条分别将鳝丝、熟火腿丝、窝笋丝各数条捆成一束束的刷把形状，摆入盘中。
5. 取一碗，放入红油、川盐、蒜泥、酱油、白糖、鸡精、陈醋、香油、熟芝麻调成味汁，淋入鳝丝上即成（也可不淋，改配味碟上桌）。

料理诀窍

1. 须选用鲜活鳝鱼制作，成菜才有光泽，口感脆嫩。
2. 洗鳝鱼时用些川盐拌洗，再用清水冲，就能轻易洗去黏液。
3. 汆鳝鱼的沸水中可放入些许的姜、葱、花椒，强化去腥效果。
4. 捆丝成直径1.5厘米刷把形即可，过粗不便食用，太细就失去特色。
5. 味汁须食用时才浇入，以免窝笋丝出水影响成菜美感。

■悠闲知足的四川人，一杯盖碗茶，吟唱几首地方戏曲，自娱娱人。

川南名城—宜宾

历史沿革

宜宾古时为“僰人”聚居之地,金沙江与岷江交汇处于此，因此宜宾市以下才开始称为长江，故有“万里长江第一城”之称。宜宾市区一面靠山，三面环水，形势险要，为川南重镇。

宜宾境内有大小河流27条，岷江、金沙江在此汇入长江，自古以来便是四川水运连通中华南北的航运要道，其水产河鲜尤为丰盛，唐代诗人杜甫的名句：“蜀酒浓无敌，江鱼美可求”曾令多少人心向往之。民间也有到宜宾“吃三江河鲜，品五粮美酒”之说。宜宾丰富的水资源造就了宜宾三大特色：航运、美酒、河鲜。

资源与文化休闲

宜宾地区地形地貌多样化，气候变化相当明显，因而形成生物资源的三大特点。一是种类多，现已查明的树种就有1001种，竹类有58种，香料329种，农作物482种。二是珍贵品种多，树有红豆、桢楠、银杏；竹有楠竹、罗汉竹、方竹、人面竹等；畜禽有柳加猪、川南黄牛、宜宾白鹅；鱼有鲴鱼等。三是生长周期短，生态效益高，有利于养殖业和种植业的全面发展。在长江、金沙江水域中珍稀鱼种长吻鮠（江团）、圆口铜鱼、水鼻子等就通过人工大量繁殖。

宜宾是全国著名的名酒之乡。酿酒始于东汉，唐宋时期就已负盛名，杜甫、苏轼、黄庭坚等大文豪都有赞誉宜宾美酒的诗句。明代，宜宾酿出“杂粮酒”。1915年，宜宾“张万和”酒坊的“元曲酒”获巴拿马万国博览会金奖。1929年，“杂粮酒”更名为“五粮液”，至今“五粮液”及其系列酒已获得30多枚国际金牌。

宜宾同时也是历史文化名城，文物保护单位有9处，城郊西北3千米的旧州坝有建于北宋大观四年的旧州塔，塔高30米，完全无石头地基，全用土砖从凝结的鹅卵石上砌起，迄今无倾斜陷裂现象。

蜀南竹海位于宜宾地区长宁、江安两县毗连的连天山余脉，距宜宾市74千米。蜀南竹海原名万岭箐，山形椭圆，东西长约13千米，南北宽约6千米，全境28座岭峦，大小千余岭峰皆长满茂密的楠竹。竹丛铺天盖地，郁郁葱葱，面积达7万余亩，是国内外少有的大面积竹景。景区以县界划分为东西两处风景区，较有名的有仙寓洞、天皇寺、七彩飞瀑、忘忧谷、青龙湖、龙吟寺、还风湾和虎龙坪共8个景区。

德阳市 南充市 成都市 遂宁市 广安市 资阳市 眉山市 雅安市 内江市 乐山市 自贡市 泸州市 宜宾市 凉山州 攀枝花市

川南名城—泸州

历史沿革

泸州古为巴国的一部分。公元前11世纪曾是周天子的封地。

泸州有2000多年的历史，是中国国务院公布的第三批国家历史文化名城之一，有省级文物保护单位6处，地面文物有930多处，最为著名的有市郊玉蟾山明代大型摩崖造像、玉龙寺石刻浮雕，远郊有已辟为旅游区的原始森林。市内还有朱德业绩陈列馆。叙永、纳溪、合江、古蔺等县也有观赏价值高的名胜、古迹和风景。

但另一方面泸州市区在历史上曾多次毁于战火。最近的一次为1939年9月21日，在日本飞机的大轰炸中，泸州城全被夷为平地。自1970年以后，泸州已发展成为一个以化工、机械、酿酒工业为主，产业类型丰富、齐全的中等工业城市。

资源与文化休闲

泸州依傍长江，水陆交通便利。水陆交通网络四通八达，成为川（四川）、滇（云南）、黔（贵州）三省的交通枢纽和物资集散地。1980年以来，泸州市相继建立了日用工业品、农副土特产品、粮酒副食品贸易中心，恢复发展了400多个城乡的交易市场。

泸州水运便利，酿酒业发达，化工业基础雄厚，机械工业发展迅速。气候土壤条件优越，烤烟及果中上品桂圆、荔枝的产量很高。这些条件构成其独特的经济优势。但泸州在水产河鲜及养殖上的发展程度较之宜宾或其他川南城市，规模与产量相对较小，但在白酒的知名度上可就不输宜宾，是川南的“酒城”，“泸州老窖”的知名度甚而远胜过泸州本身。

川味河鲜家常味

Fresh Water Fish and Foods in Sichuan Cuisine

A journey of Chinese Cuisine for food lovers

相思鱼腩

色泽红亮，鱼肉细嫩，鱼香味浓郁

原料

花鲇鱼腩400克
香菜梗10克
香葱葱白15克
青甜椒5克
红甜椒5克
大葱15克
姜末15克
蒜末20克
鸡蛋清1个

调味料

川盐2克（约1/2小匙）
鲜鸡精10克（约1大匙）
白糖35克（约2大匙）
陈醋40毫升（约2大匙2小匙）
料酒10毫升（约2小匙）
郫县豆瓣10克（约2小匙）
泡椒蓉35克（约2大匙）
淀粉40克（约1/3杯）
香油15毫升（约1大匙）
食用油2000毫升（约八杯）（约耗50毫升）
猪骨高汤75毫升（约5大匙）
水淀粉30毫升（约2大匙）

制法

1. 将花鲇鱼腩治净切成二粗丝（长6～10厘米，粗约3毫米见方的丝），放入盆中，加入鸡蛋清、川盐1/4小匙、料酒、淀粉码拌均匀，静置约3分钟使其入味，待用。
2. 青、红甜椒与大葱切成二粗丝，香葱葱白切成碎末，郫县豆瓣剁细备用。
3. 取炒锅置于炉上，开旺火，放入食用油烧至三成热，下鱼丝并用手勺轻推滑散，鱼丝断生后捞起，并将油沥干。
4. 将锅中的油倒出，留下些许油，约2大匙的量，以中火烧至五成热，下郫县豆瓣末、泡椒蓉及姜末、蒜末炒香后加入猪骨高汤烧沸，再下川盐、鸡精、白糖和陈醋、香油调味略煮，接着用水淀粉收汁。
5. 火力不变，倒入步骤3滑好的鱼丝，加入香菜梗与青、红甜椒丝，以及大葱丝、香葱头推转翻匀，出锅成菜。

料理诀窍

1. 刀工处理的各种丝应粗细、长短均匀，以利于加热至熟的时间控制。
2. 注意鱼丝滑油时的温度控制，这是保持肉质细嫩、成形美观的关键所在。
3. 掌握好鱼香味组成的调料比例，比例恰当将使得鱼香味更浓。掌握基本比例调制后，再根据所用泡辣椒的含盐浓度进行川盐、白糖、陈醋的用量调整。泡辣椒的含盐浓度大就多加点糖、醋的量。反之，则多加川盐用量。

相思鱼腩是由传统川菜鱼香肉丝创新而来，取“香丝”的谐音“相思”作为菜名，也隐喻鱼香肉丝吃鱼不见鱼的川菜特有鱼香味型。鱼香味的特色在于姜、葱、蒜的气味浓郁，入口后回味略带甜酸且成菜色泽红亮。用鱼腩丝取代传统的肉丝，让鱼味更鲜，陈醋与泡椒的微酸也将鱼腩的鲜甜衬托得更有层次。在口感上鱼腩丝十分鲜嫩，使得此菜一入口是滑润爽口，却又酸、甜、鲜、香层次分明，再带点微辣，既开胃又下饭、下酒。

鱼香味型基本配方：

使用的调料为川盐3克、白糖35克、陈醋40克、泡辣椒末50克、姜末20克、蒜末25克、葱35克，掌握上面比例调制后，再依菜品需求与个人口味偏好进行部分用量调整。

酒香糯米鱼

酒香味浓，滋糯鲜美

八宝饭历史悠久，最早可追朔到周朝，其由来有一说是皇室犒赏或祭祀，取其丰富豪华之形式。另一说法是因粮食不足、物资匮乏，百姓凑了七八种米、麦、干果等煮成一锅杂粮粥饭才偶然发现的健康美味。而后借用佛教八种法器的统称“八宝”之名以求吉祥之意，也因此民间多在年节时食用。据说乾隆皇帝对八宝粥是情有独钟。

此菜是在八宝饭的甜糯基础上加进鲜味，搭配滋糯细嫩的鲇鱼肉，利用醪糟汁中的酒精成分除腥，通过蒸制成菜，融合了甜香味与河鲜味。

原料

河鲇鱼肉350克
糯米100克
红枣35克
枸杞子10克
醪糟75克

调味料

川盐2克（约1/2小匙）
鸡精10克（约1大匙）
白糖25克（约5小匙）
料酒20克（约1大匙1小匙）
化猪油40克（约3大匙）
清水200毫升（约3/4杯再多一点）
水淀粉35毫升（约2大匙）

制法

1. 糯米淘洗后沥水，直接放入开水锅中煮至八成熟，出锅沥干水后，加红枣20克、枸杞子6克、醪糟50克、白糖、化猪油拌匀待用。
2. 河鲇鱼肉洗净后斩成约1厘米×1.5厘米×6厘米左右粗长条，用川盐、鸡精、料酒，码味约3分钟后，呈放射状摆放于蒸碗内，填入糯米上笼大火蒸约20分钟，取出翻扣于盘中。
3. 取炒锅放入清水约200毫升、醪糟25克、枸杞子4克、红枣15克，旺火煮沸，转中火略烧后用水淀粉勾薄芡汁淋在步骤2的鱼上即成。

料理诀窍

1. 糯米先泡水再下锅煮时，时间要短一点，否则蒸制成菜后太软，不易成形。糯米洗过后就直接煮的话，煮时间就要长一点，蒸好的糯米饭带点硬度、弹性与黏性，易于成形。
2. 掌握好糯米制熟的程序、软硬度与时间。因为这将直接影响成菜的软硬口感，以及成菜的时间长短。
3. 应依分量大小控制入蒸笼蒸的时间，以糯米熟透和鱼肉刚断生为宜，否则成菜效果与口感不佳。
4. 下了醪糟汁后不宜收汁过浓，否则汤汁颜色将暗浊而不光亮，这会影响成菜美感。

【川味基本工】水淀粉与勾芡：

调制水淀粉的体积比例是1：1，例如清水1大匙，淀粉的量就是1大匙。若以重量计算则是1：2，如10克淀粉对20克水。使用水淀粉勾芡有所谓浓芡与薄芡之分，其重点不在于水淀粉的浓淡，在于勾芡时水淀粉的量。勾芡时应缓慢而稳定的以绕圈方式加入，同时以手勺搅拌汤汁；勾薄芡的水淀粉量要少，勾浓芡时量就要多，或是分次勾芡，直至达到所需的浓稠度。

香辣黄辣丁

麻辣鲜香味浓，细嫩爽口

川菜在中菜烹饪的武林中以擅调麻、辣著称。黄辣丁菜肴曾经风靡全成都，如泡椒黄辣丁、大蒜黄辣丁或是红辣的黄辣丁火锅等，口味上较为传统。而香辣黄辣丁为此热潮中的创新菜。将黄辣丁和最为大众所接受的家常味与香辣刺激的麻辣味结合，采用突出豆瓣味的家常烧法烧制入味后装盘，再炝以热油炒香的辣椒和花椒而成，入口麻、辣、鲜、香，回味细嫩、鲜甜，滋味无穷，让人停不下筷子！

制法

1. 将香葱、香芹切成4～6厘米长的段，铺于盘中待用。郫县豆瓣剁细成末，待用。
2. 将黄辣丁剪去背上及两侧鱼鳍上会刺人的硬骨，再去内脏、治净待用。
3. 取炒锅开旺火，放入35毫升油烧至四成热后，下泡椒、泡姜、郫县豆瓣末、姜末、一半蒜末炒香，并将原料炒至颜色油亮、饱满后，加入鲜高汤以旺火烧沸，转小火捞去料渣。
4. 用川盐、鸡精、白糖、胡椒粉、醪糟汁、料酒、陈醋等调味料调味后，下黄辣丁用小火烧5分钟，连同汤汁一起出锅盛入垫有香葱、香芹的盘中。
5. 另取一锅放入香油、食用油65毫升用中火烧至三成热后，下干花椒、蒜末 、干辣椒段炒香后，出锅浇在黄辣丁上，点缀香菜即可。

料理诀窍

1. 黄辣丁入锅烹制的时间要谨慎控制。时间过长，鱼的头、身易断裂分开，鱼肉易脱落分离，不易成形；时间过短，鱼的肉与骨在食用时无法分离，会造成食用时的不便。
2. 掌握干花椒，干辣椒的炒制程度，以辣椒由红色逐渐变深，干花椒、干辣椒转为酥脆，且麻辣香气四溢时出锅为佳，其香气风味会十分浓郁。但干花椒、干辣椒不能炒得焦黑、过火，否则香气会转为焦煳的臭味。

【河鲜采风】

吃黄辣丁！有学问！

是不是河鲜老饕，吃黄辣丁就见分晓！一般没吃过的人，总是将小小的黄辣丁夹到碗中，再慢慢挑着鱼肉吃，挑半天也塞不了牙缝，心里肯定是想着：推荐黄辣丁分明就是整人！

其实只要筷子夹住黄辣丁的鱼头，鱼身鱼尾都入口，之后用唇齿轻轻的抿着鱼身，筷子往外一拖，鱼肉与鱼骨自然分离（此法适合小黄辣丁），留在口中的就是满满的鲜甜，因黄辣丁只有一根鱼骨，没有鱼刺，你说成都人如何不爱它！

原料

小黄辣丁400克
香芹15克
香葱20克
泡椒末75克
泡姜末50克
郫县豆瓣15克
干花椒20克
干辣椒段75克
姜末20克
蒜末20克

调味料

川盐少许（约1/4小匙）
鸡精15克（约1大匙1小匙）
白糖3克（约1/2小匙）
胡椒粉少许（约1/4小匙）
料酒15毫升（约1大匙）
醪糟汁20毫升（约1大匙1小匙）
陈醋15毫升（约1大匙）
香油20毫升（约1大匙1小匙）
食用油100毫升（约1/2杯）

藿香黄沙鱼

入口藿香味浓郁，回味略带甜酸

藿香在川西坝子（指空地、平地、平原）是常见的植物，又称川藿香，味辛，性微温，能祛暑、化湿、和胃，夏季食用更能清热解暑、促进消化。经现代研究分析，藿香含有大量挥发油，可帮助肠胃抗菌、防腐、镇静，缓解肠胃不适症状。春夏时其叶细嫩，气味芳香，回味甘甜，在烧制鱼肴时，人们总习惯摘一撮新鲜藿香，切碎后放入菜中增加风味。在城市现代化之后，这样朴实的农家风味烹饪成了一种想念，后来，厨师们将之引进酒楼，推出一系列藿香佳肴，而藿香鱼肴更成经典。

原料

黄沙鱼1尾（约重600克）
藿香叶50克
泡萝卜粒25克
泡椒末75克
泡姜末50克
姜末15克
葱段15克
蒜末25克
香葱花20克
水淀粉40克（约2大匙2小匙）

调味料

川盐2克（约1/2小匙）
鸡精15克（约1大匙1小匙）
鲜高汤1000毫升（约4杯）
胡椒粉少许（约1/4小匙）
料酒20克（约1大匙1小匙）
陈醋40克（约2大匙1小匙）
白糖35克（约2大匙）
香油10克（约2小匙）
食用油50克（约1/4杯）

制法

1. 将黄沙鱼去腮、内脏后治净，在鱼身两侧剞一字形花刀，用一半姜末、葱、一半料酒、川盐1/4小匙码味约3分钟待用。藿香叶切碎备用。
2. 取炒锅开旺火，放入食用油烧至五成热，下泡萝卜、泡椒末、泡姜末、姜末、蒜末炒香后加入高汤，旺火烧沸再转小火。
3. 将码好味的黄沙鱼下锅，小火软烧8分钟后，用川盐、鸡精、胡椒粉、料酒、白糖、陈醋、香油调味。
4. 将黄沙鱼捞出装盘，以小火保持烧鱼的汤汁微沸，缓缓下入水淀粉勾芡，勾完芡后放入藿香碎叶、香葱花搅匀后浇在鱼上即成。

料理诀窍

1. 原材料入锅应先旺火爆香后以小火炒香，将红泡椒的颜色溶出，使油色红亮。否则成菜会有泡椒、泡姜等乳酸的生异味。若为了省时而急火短炒、旺火烧鱼，成菜后的菜品汤色易变混浊，发暗。
2. 一般烧鱼都会将鱼过油将外皮炸紧，也就是熟烧。但此菜的黄沙鱼肉质细嫩不宜过油锅，应用所谓的软烧，这样才能品尝出黄沙鱼肉特有的细嫩鲜美。
3. 鱼入锅后应转小火，保持微沸不腾。但要不时晃动炒锅，以防止鱼肉粘锅。
4. 鱼的烧制时间不宜过久，以免鱼肉煮烂又与骨分离，菜不成形。
5. 藿香可分两次入锅，第一次是调味，但藿香叶会变色，第二次是起锅前加入，可增添藿香味道的浓度，使成菜色泽碧绿而红亮。

红袍鱼丁

色泽红亮，麻辣爽口，冷热均可

把鱼丁先炸至酥香后，再回锅烧至收汁入味，称之为"炸收"。炸收菜在早期是为了能长期保存食物，现在可说是最能勾起思旧情怀的烹调方式。炸收过程中最重要的是将水分去除，再来才是味道，成菜酥软油润，香浓化渣。这里运用炸收方式成菜，烧制收汁的过程中巧妙施以时下最为人们喜爱的麻辣味。菜名则因红红的干辣椒被美誉为"红袍"，故而将其取名为红袍鱼丁。

原料

草鱼1尾（约重800克）
干花椒30克
干辣椒120克
姜片20克
大葱段20克
白芝麻10克

调味料

川盐2克（约1/2小匙）
鸡精20克（约1大匙2小匙）
醪糟汁15毫升（约1大匙）
料酒15毫升（约1大匙）
香油20毫升（约1大匙1小匙）
红油50毫升（约1/4杯）
花椒油20毫升（约1大匙1小匙）
食用油1000毫升（约4杯）
（约耗40毫升）
鲜高汤150毫升（约1/2杯又2大匙）

制法

1. 将草鱼处理治净后，取下鱼肉。草鱼的头和骨可保留另外做汤或菜。
2. 鱼肉斩成2厘米见方的丁，用一半姜片、一半葱段、川盐1/4小匙、料酒码味5分钟备用。
3. 炒锅中加入食用油，以旺火烧至六成热，下鱼丁炸至外表金黄上色后，转中小火将油温控制在四成热，浸炸至酥脆后出锅将油沥干。
4. 另取炒锅开中火，下红油、姜片、大葱段、干辣椒、干花椒炒香，加入鲜高汤以旺火烧沸。
5. 汤汁烧沸约1分钟后，下入鱼丁转小火，用川盐1/4小匙、鸡精、醪糟汁调味，慢烧至自然收干汤汁、亮油时，加入香油、花椒油推匀入味出锅。点缀熟白芝麻成菜。

料理诀窍

1. 鱼丁刀工处理应大小均匀，以确保油炸酥透的时间一致，成菜外型美观。
2. 炸鱼丁应先高温上色，后低油温浸炸至熟、酥、透。
3. 此菜是采炸收的方式，因此烧鱼丁的时候，加水不宜过多，忌汤汁过多而用芡粉勾芡收汁，会使成菜变得软绵不香。应自然收汁亮油才行，成菜口感才会糯香带酥。

大蒜烧河鲇

色泽红亮、蒜香浓郁、咸鲜微辣

大蒜烧鲇鱼是传统川菜，鱼肉细嫩、家常味浓。过去尤以成都三洞桥的“带江草堂邹鲇鱼”善烹此菜。1959年诗人郭沫若来此用餐后，深觉美味，诗兴泉涌留下歌咏的诗句。现今在巴蜀大地卖大蒜烧鲇鱼的河鲜馆很多，基本上都是选用养殖的鲇鱼。在这里我们选用质量更佳的河鲇，并搭配青、红美人椒增加鲜椒香，使这道菜带上川南小河帮菜的风味，蒜香浓郁，鲜辣爽口。

原料

河鲇鱼1尾
（约重1千克取中段400克）
大蒜瓣200克
剁细郫县豆瓣30克
泡椒末50克、泡姜末25克
姜末25克、蒜末25克
大葱段35克
青美人椒节30克
红美人椒节30克
淀粉75克

调味料

川盐3克（约1/2小匙）
鸡精20克（约1大匙2小匙）
料酒20毫升（约1大匙1小匙）
胡椒粉少许（约1/4小匙）
白糖3克（约1/2小匙）
香油20毫升（约1大匙1小匙）
食用油75毫升（约1/3杯）
猪骨高汤1000毫升（约4杯）

制法

1. 将河鲇去腮、内脏后处理治净，斩成大一字块状，用川盐、料酒、姜末、蒜末、淀粉码味上浆，备用。
2. 取炒锅，下入食用油至七分满，以中火烧至三成热，将已码味上粉鱼块下入油锅中滑油至表皮收紧微酥，约1分钟，出锅备用。
3. 倒出油锅中的油，留少许底油，开中火下大蒜、剁细郫县豆瓣，泡椒末、泡姜末炒香后加入猪骨高汤，旺火烧沸后捞去多余的料渣转小火。
4. 下入已过油的河鲇鱼肉，用鸡精、白糖、胡椒粉、香油调味，小火烧约5分钟入味后，下大葱段与青、红美人椒节后轻推至大葱、美人椒断生，出锅装盘即成。

料理诀窍

1. 鲇鱼肉刀工处理应均匀，这样不只成菜美观，而且易于控制熟度与烹煮时间，也容易入味均匀。
2. 鲇鱼肉入锅时温度不宜过高或在油锅中久滑，以免肉质过老。
3. 鲇鱼下入调料汤汁中应用小火烧，切记不可以旺火猛烧，不然汤色容易混浊或菜品不成形，而影响美观与食用时的口感。

【河鲜采风】带江草堂

位于三洞桥畔的带江草堂由邹瑞麟创于20世纪30年代，店名取自杜甫名句“每日江头尽醉归”之意境。1959年文学家郭沫若于此享用美食后写下了著名诗篇：

三洞桥边春水深，

带江草堂万花明。

烹鱼斟满延龄酒，

共祝东风万里程。

时至今日，带江草堂依旧，周边却是景物全非，三洞桥也仅剩地名！却已足以令人回味。

老豆腐烧仔鲇

传统家常风味，佐酒下饭皆宜

家常味的豆腐烧鱼在川内几乎家家户户都会制作，是一道名副其实的家常菜。在这里我们为使口感有更多变化而采用老豆腐与仔鲇鱼同烧，一个老嫩、一个细嫩，要把老豆腐烧至入味，柔软适口，而仔鲇不能烧散、烧烂。老豆腐先炸后烧可确保豆腐中的水分不会在烧制过程中流失，又能使老豆腐有一股干香气。仔鲇鱼在这算是软烧，成菜后鱼肉鲜美细嫩、咸鲜微辣，老豆腐味道浓郁、柔软适口。

原料

仔鲇鱼400克
老豆腐300克
剁细郫县豆瓣25克
泡椒末50克
姜末20克
蒜末25克
香葱段30克

调味料

川盐2克（约1/2小匙）
鸡精20克（约1大匙2小匙）
胡椒粉少许（约1/4小匙）
白糖3克（约1/2小匙）
料酒25毫升（约1大匙2小匙）
香油20毫升（约1大匙1小匙）
食用油50毫升（约1/4杯）
鲜高汤600克（约2.5杯）
水淀粉50克（约3大匙1小匙）

制法

1. 仔鲇鱼处理后去腮、内脏后并治净，用川盐1/4小匙、胡椒粉、料酒码味3分钟待用。
2. 老豆腐切成一字条状，入六成热的油锅中炸至表皮金黄，出锅沥油待用。
3. 炒锅下50克油，开旺火烧至四成热后下剁细郫县豆瓣、泡椒末、姜末、蒜末炒香加入高汤，旺火烧沸下仔鲇鱼烧开转小火。
4. 用川盐1/4小匙、鸡精、胡椒粉、白糖、香油调味后，再下炸好老豆腐同烧约3分钟，用水淀粉勾芡，下香葱花搅匀即可出锅。

料理诀窍

1. 仔鲇鱼最好软烧，但也可以选择过油滑再烧，风味稍有差异。软烧的鱼肉细嫩鲜美，过油后烧的鱼肉质干香滋糯，也可缩短烹调时间。
2. 豆腐先炸定形再入锅烧，可保持豆腐的形态并增加干香味，且不易在烹制中碎烂，从而影响美观。
3. 最后的勾芡不宜过重或过浓，成菜汤汁过度浓稠时，菜品的外形会令人感到不可口。

■豆腐可冷食、可热食，可拌、可炒，造型口感千变万化，从最简单的豆花饭、麻辣豆花到酒店中的高档菜，不论是主角或配角，豆腐的表现始终是最称职的！

渔溪麻辣鱼

麻辣味突出，风格独具

川内的资中县球溪河边有两个有名的小镇——球溪镇和渔溪镇，都以盛产鲇鱼闻名，渔溪镇里还有一个鲇鱼村，当地人也将鲇鱼取了个昵称，叫“鲇巴郎”！这两个镇善于烹调鲇鱼，80年代末起以一道麻辣鲇鱼闻名巴蜀。这道渔溪麻辣鱼就将麻辣鲇鱼的主料改为肉质更细嫩鲜美的花鲢鱼，以煳辣辣椒油突出花椒与辣椒的香味，最后加入花椒粉以使椒麻味鲜香浓郁，最后菜品虽然依旧是麻辣味浓，却多了煳辣与鲜香。

【川味基本工】收汁亮油：

川菜的专业术语“收汁亮油”，许多人误以为是出菜前再加大量的油到菜中，以增加菜品光泽度，造成油而腻！其实这是天大的误会。

所谓收汁亮油是指将成菜的汤汁烧煮至一定的浓稠度与温度后，汤汁与油脂产生乳化融合而使汤汁呈现出油亮的感觉，是不另外加油的。

菜品成菜出锅前才加油称之为“搭明油”，主要是增添香气之用，因此多以带香气的油脂来搭明油，如葱油、化鸡油、猪油、香油等。

■黄龙溪古镇的历史可溯及三国时代，距今已有1800余年，位于成都往重庆方向的水陆要地，在早期经由水路进出成都，这里是必须停留休息与补给的重镇。因此繁荣的极早，目前沿河的街上依旧保有大量的古建筑。

原料

花鲢鱼1尾（约重650克）
煳辣辣椒油75克（约1/3杯）
甘薯（红苕）粉50克（约1/3杯）
黄豆芽 40克
香葱花25克
鸡蛋清1个
剁细的郫县豆瓣35克
泡椒末50克
泡姜末30克
大蒜瓣50克
大葱段25克
姜末15克
蒜末20克

调味料

川盐2克（约1/2小匙）
鸡精15克（约1大匙1小匙）
白糖3克（约1/2小匙）
醪糟汁5毫升（约1小匙）
胡椒粉少许（约1/4小匙）
料酒20毫升（约1大匙1小匙）
陈醋10毫升（约2小匙）
花椒粉10克（约1大匙）
香油20毫升（约2大匙）
食用油2000毫升（约8又1/3杯）（约耗30毫升）
食用油50毫升（约1/4杯）
鲜高汤750毫升（约3杯）
甘薯水淀粉15克（约1大匙）

制法

1. 花鲢鱼处理后，去腮、内脏，治净，连骨带肉斩成粗条状，用川盐、料酒、鸡蛋清拌匀码味，拌入35克甘薯粉以同时上浆，码味约3分钟。
2. 将黄豆芽洗净，铺于盘中垫底备用。
3. 取炒锅并加入食用油至六分满，以旺火烧至四成热，将码好味的鲢鱼肉块下入油锅中，用手勺轻推滑散定形后出锅沥油，待用。
4. 将油倒出另作他用，炒锅洗净擦干后上炉开旺火，放入50毫升食用油烧至四成热后，下剁细的郫县豆瓣、泡椒末、泡姜末、大蒜瓣、大葱段、姜末、蒜末炒香之后，加入鲜高汤以中旺火烧沸。
5. 转小火保持汤汁微沸，下入滑过油的鲇鱼肉块推匀，烧5分钟，用煳辣辣椒油、鸡精、白糖、醪糟汁、胡椒粉、陈醋、香油调味，接着用甘薯水淀粉收汁亮油后，出锅盛入垫有黄豆芽的盘中，点缀香葱花、花椒粉即成。

料理诀窍

1. 选用甘薯粉做此道菜肴，其成菜口感会比使用淀粉更滋润、炽糯、滑口。
2. 掌握好煳辣辣椒油的炼制，使用其他类型的辣椒油就无法突出干辣椒特有的煳辣香，若用红油酱香味太浓无法突出鲢鱼的鲜味。
3. 花椒粉宜出锅前调入，过早入锅的话高温会将芳香成分挥发，同时将部分成分转换成苦味，会破坏鲢鱼肉的甜美风味。

炝锅河鲤鱼

外酥里嫩，麻辣鲜香爽口

炝锅鱼的传统做法是把鱼先炸得外表酥香而脆后，再入加了煳辣油的汤锅中烧至收汁亮油成菜，但这种做法有不足之处，主要在于酥脆的外表碰到调味汤汁，酥香度会降低而变得不足。此菜品中的“炸”要取得口感上的酥脆与味道上的鲜香，而“烧”是要使鱼肉入味。可将做法改为先烧入味后再炸制成菜，不仅烹饪过程变简单，而且当鱼炸的酥香而脆后，不会接触到水分，成菜的味道与口感更加香浓、有层次。

原料

长江鲤鱼1尾（约重650克）
红汤卤汁1锅
刀口辣椒末75克
花椒粉5克（约1.5小匙）
酥花生碎50克
香葱花35克
白芝麻20克
姜片10克
葱片15克

调味料

川盐3克（约1/2小匙）
鸡精20克（约2大匙）
料酒20毫升（约1大匙1小匙）
胡椒粉少许（约1/4小匙）
香油25毫升（约1大匙2小匙）
老油50毫升（约1/4杯）
食用油2000毫升（约8又1/3杯）（约耗30毫升）

制法

1. 将长江鲤鱼处理、去鳞、治净后，刨一字形花刀，用姜片、葱片、川盐、料酒、胡椒粉码味约5分钟待用。
2. 红汤卤汁入锅烧开后改小火保持微沸，下码好味的鲤鱼烧约6分钟至熟透，捞出沥水并擦干水分，避免油炸时产生油爆。
3. 炒锅中加入食用油以旺火烧至六成热时，从锅边将烧好擦干的河鲤鱼慢慢下入油锅，炸约2分钟至外表酥脆，出锅沥油、装盘。
4. 在鱼身上从头至尾均匀撒上花椒粉、刀口辣椒、白芝麻、酥花生碎、香葱花，再舀约3大匙的红汤卤汁，均匀淋上作为调味之用。
5. 将油锅中的油倒出，另作他用，炒锅洗净、擦干后上炉开旺火，再将老油、香油倒入，烧至四成热，均匀浇在鱼身上所撒满的香料调料上，炝出浓浓的香味即成。

料理诀窍

1. 控制好鲤鱼入锅烧的时间、火候的大小，以刚熟透、鱼肉不碎烂为宜。
2. 掌握炸鱼时的油温，应以六成热的高温速炸成菜，低油温鱼肉易烂而不成形、外表不酥脆。
3. 对于老油浇在刀口辣椒上的温度应好好掌握，过高易焦糊，使得色泽发黑、带焦味；油温过低，呛不出刀口辣椒的香气，辣而不香，口感就会变腻，且原本应该是香而温和的辣会变成燥辣。

■位于泸州的沱江、长江汇流口河岸风情。长江岸边上尽是平缓沙滩，是泸州人喝茶、休闲的最爱，沱江以岩岸为主，是休闲钓鱼的好去处。江堤上的散步路段树木茂密，形成一条绿色隧道。

酸菜山椒白甲

外酥里嫩，麻辣鲜香爽口

此菜是在重庆酸菜鱼的基础上，添加时下流行的湖南黄灯笼辣椒酱，成菜色泽金黄，再加上重用泡野山椒，使得酸辣味突出。

重庆酸菜鱼可说是重庆江湖菜的代表，带出了重庆江湖菜喜用泡菜的一大特色。关于酸菜鱼的来由，说法有多种，其一是重庆渔夫打渔、卖鱼后，将品相不好的与江边人家换泡酸菜，自个儿再就着剩下的鱼与酸菜一同煮了吃，结果香味四溢，吃成了名菜。另一说法是源自江津的邹鱼食店，其打着酸菜鲫鱼汤为招牌菜，获得食客好评，精益求精下，竟使酸菜鱼成为一种流行。

【河鲜采风】

重庆朝天门现在是长江上游搭游轮进入三峡旅游的起点。在以前公路交通与航空交通不发达的时代，朝天门也可说是四川的出入门户，因此其客货运的重要性极高。现则是成为观光与通勤的交通码头，商业运输则是移往长江南岸的鲁家沱及往下游走的涪陵区。因为早期的客货运对劳力的需求，使得朝天门码头也成为麻辣火锅的发源地之一，现在虽已无繁忙的货运景象，但位于江上的炫丽河鲜餐厅很适合前往赏江景、尝河鲜。

原料

长江白甲1尾（约重750克）
泡酸菜100克
泡野山椒50克
灯笼辣椒酱35克
泡椒段35克
香葱花20克
鸡蛋清1个
淀粉50克

调味料

川盐2克（约1/2小匙）
鸡精15克（约1大匙1小匙）
山椒水25毫升（约1大匙2小匙）
化鸡油75毫升（约1/3杯）
鲜高汤1000毫升（约4杯）

制法

1. 将长江白甲处理治净后，取下鱼肉，将鱼头、鱼骨斩成件。
2. 鱼肉片成厚约1.5毫米的大片，用川盐1/4小匙、鸡蛋清拌匀码味，拌入淀粉同时上浆，码味约3分钟待用。
3. 将泡酸菜的柄切成片，叶子另作其他用处，泡野山椒切成小段，备用。
4. 取炒锅开旺火，放入50毫升化鸡油烧至四成热后，下泡酸菜片、25克泡野山椒段、灯笼辣椒酱炒香，下鱼头、鱼骨煸炒后加入鲜高汤以旺火烧沸。
5. 烧沸约3分钟后转小火，用川盐、鸡精、山椒水调味，小火熬煮约5分钟，将汤料捞出垫于盘底。
6. 再将码好味的鱼片下入锅中，小火氽煮至断生，捞出盖在汤料上面，再灌入汤汁。
7. 用25毫升化鸡油将余下泡椒段炒香后，将油与泡椒段一起淋在鱼片上，点缀香葱花即成菜。

料理诀窍

1. 鱼片的刀工处理要均匀，以方便控制氽煮的熟度。
2. 鱼头、鱼骨先入锅熬制的目的是让鱼的鲜甜味尽可能的融入汤中，使成菜的汤更鲜美。
3. 酸菜、野山椒应爆香出自然的酸香味后，再加入高汤。
4. 此道菜肴是汤与菜兼有的菜品，所以配料的量相对应该多些，汤不宜过多。

川式沸腾鱼

红里透白，麻辣鲜香，成菜霸气

沸腾鱼是川菜中一道经典鱼肴，源于自贡的水煮牛肉。取其味浓、味厚之特点，集大麻大辣于一体，但除去浓稠、厚重的油汤，其汤汁香气扑鼻、味道厚实、清澈见底！这里通过大量、高温的特制热油，激得那红红的干辣椒、花椒在盛器里不停地沸腾、翻滚，展现鱼片细嫩爽口、辣而不燥、香辣味浓郁的川味风韵。

原料

草鱼1尾（约重750克）
黄豆芽200克
干花椒25克
干辣椒100克
鸡蛋清1个
淀粉50克
特制沸腾鱼专用油200毫升（约1杯）
香葱花20克
白芝麻20克

调味料

川盐5克（约1小匙）
鸡粉20克（约1大匙2小匙）
料酒15毫升（约1大匙）
香油25毫升（约1大匙2小匙）
鲜高汤750毫升（约3杯）

制法

1. 将草鱼处理、去鳞、治净后，取下鱼肉，将鱼骨、鱼头斩块分开置放。
2. 草鱼肉片成大薄片，用川盐1/2小匙、料酒、鸡蛋清拌匀码味，并拌入淀粉同时上浆，码味约3分钟备用。
3. 炒锅中加鲜高汤旺火烧沸，用川盐1/4小匙、鸡粉1大匙调味，下黄豆芽、鱼骨、鱼头等配料煮至断生捞出放入汤盘中垫底。
4. 把鱼片摆放于汤盘中的配料上，灌入步骤3的汤汁后，撒入川盐1/4小匙、鸡粉2小匙、香油，均匀铺上干辣椒、干花椒、白芝麻、香葱花。
5. 取干净炒锅下特制沸腾鱼专用油，用旺火烧至六成热，起锅，冲入铺满干辣椒、干花椒、鱼片等的汤盘中即成菜。食用前再捞净干辣椒和干花椒以方便食用。

料理诀窍

1. 熬制沸腾鱼专用油的配方比例、方法，决定此菜的出品风格。
2. 鱼片应漂水冲净，再码味，这样成菜后鱼肉才显得白嫩。
3. 掌握特制沸腾鱼专用油的温度，要达到六成热以上。油温低了将无法逼出干辣椒、干花椒、白芝麻、香葱花的香气，影响成菜的效果与风味；若油温过低，无法使草鱼肉片熟透，会产生卫生问题无法食用。油温也不能一味的高，太高了，会将花椒、辣椒炸糊而产生焦味，鱼片也会过熟，影响口感。

■重用辣椒与花椒是川菜的最大特色，其批发市场之大令人难以想象，漫步其中，迎面而来的是浓浓的花椒香、辣椒香与各式香料所混合成的特殊香气，而这味道就是成都味，就是川味。

锅贴鱼片

色泽鹅黄亮眼，细嫩酥香

锅贴的技法是把几种原料相互粘在一起，入锅以小火煎的形式成菜。煎时需不停晃动炒锅，使菜色表面酥香黄亮，内部细嫩鲜香。川式传统锅贴河鲜菜式有锅贴鱼饼、锅贴乌鱼、锅贴鱼片等。其中锅贴鱼饼制法较为不同，是用鱼糁加水及淀粉做成面糊，再与猪肥膘肉片及火腿片摊贴在一起，小火煎烙而成。这里在传统锅贴鱼片的烹饪手法中融合锅贴乌鱼搭配糖醋味生菜丝的方式，使菜品在鱼鲜、脂香之余可以解腻又清爽。

原料

草鱼1尾（约重900克）
猪肥膘肉300克
冬笋150克
火腿末75克
鸡蛋清2个
淀粉50克
糖醋味生菜丝1碟

调味料

川盐2克（约1/2小匙）
鸡精10克（约1大匙）
料酒15毫升（约1大匙）
香油20毫升（约1大匙1小匙）
食用油50毫升（约1/4杯）

制法

1. 将草鱼处理治净去除鱼的骨、头、皮后取其净肉，将净鱼肉片成长方形（长宽厚约6厘米×4厘米×0.3厘米）的薄片备用。
2. 猪肥膘肉用沸水煮熟后，捞起，放至完全冷却，再切成与鱼片同样大小的片状。
3. 冬笋切成鱼片一半大小的笋片，待用。鸡蛋清与淀粉调制成鸡蛋清糊，待用。
4. 将熟猪肥膘肉片平铺于砧板上，剞几个花刀，再均匀抹上鸡蛋清糊。
5. 在熟猪肥膘肉片的右边粘上一片冬笋片，左边粘上火腿末；在冬笋片、火腿末上，再抹上一层鸡蛋清糊，最后铺上鱼片成生坯。依续完成所有生坯。
6. 炒锅中放入50毫升食用油，以旺火烧炙炒锅并使油达七成热，让油均匀附着于锅面后，转小火将油倒出，锅中留些余油。
7. 依序将生坯的熟猪肥膘肉片的那一面朝下贴放入锅，先将肉片表皮煎至鹅黄色。
8. 接着在锅中淋入20毫升香油，再翻面煎有鱼片的那一面，以小火煎至熟透后出锅沥油。依序煎熟后，起锅装盘，搭配糖醋生菜味碟出菜即可。

料理诀窍

1. 刀工处理大小，厚薄一致，是保持菜肴成形美观的重点。
2. 生坯入锅贴时，应先旺火炙锅，炙好锅后锅中留油要少，锅贴时火力不宜过大，以中小火为原则是确保菜品色泽鹅黄亮眼最关键的一步。
3. 生坯入锅后不能用锅铲或手勺翻动，应不停晃锅，使生坯不致粘锅产生焦味。

■成都市中心的大慈寺自古就有“震旦第一丛林”的美誉，唐宋（公元618～1279年）时期以寺区涵盖九十六院、阁、殿、塔、厅堂、廊房共有八千五百二十四间而傲视神州。虽然现在已无当初的宏大规模，但其庄严肃穆的环境依旧令人震撼。也一直是成都市民的祈福、安心之处。

酸汤鱼鳔

入口软糯，风味独特

一条鱼只有1～2个鱼鳔，多数川菜馆无法累积足够的鱼鳔数量，而很少单独成菜。然而在鱼庄或是专卖河鲜的酒楼里，每天卖的鱼多，鱼鳔积累起来，数量多了就会觉得弃之可惜，于是开发鱼鳔单独做菜。在确定了鱼鳔制熟后的口感是软滑糯口且鲜之后，经过反覆尝试，再找出适合它的调料、味型与烹饪方式，成就了这道风味独特的酸汤鱼鳔。

原料

鲜河鲇鱼鳔400克
黄瓜片100克
汤粉条100克
野山椒50克
灯笼辣椒酱30克（约2大匙）
红小米辣椒圈25克
香葱花15克
泡酸菜50克
姜末10克
蒜末15克

调味料

川盐1克（约1/4小匙）
鸡精15克（约1大匙1小匙）
山椒水20毫升（约1大匙1小匙）
白醋25毫升（约1大匙2小匙）
香油25毫升（约1大匙2小匙）
食用油75毫升（约1/3杯）
鲜高汤500毫升（约2杯）

制法

1. 将鲜鱼鳔去除血丝，治净备用。
2. 泡酸菜切去叶子，将泡酸菜叶另作他用。柄改刀片成片，待用。
3. 将汤粉条放入热水中泡发约30分钟至透。
4. 将发好的汤粉条和黄瓜片下入旺火烧沸的开水锅中氽烫，约5秒至断生，捞起沥干后垫底，待用。
5. 取炒锅开中火，放入50毫升食用油烧至四成热后，下野山椒、灯笼辣椒酱、姜末、蒜末炒香，加入鲜高汤以旺火烧沸，转中火熬约10分钟后捞净料渣。
6. 下入鲜鱼鳔略加拌炒后，加入步骤5的汤汁，用川盐、鸡精、山椒水调味，倒入压力锅中，盖好压力锅的盖子，以中火加压快煮约3分钟，再调入白醋、香油出锅倒在汤钵中。
7. 取一干净炒锅开旺火将25毫升食用油烧至六成热，下入红小米辣椒圈爆香后，淋在汤钵中的鱼鳔上，撒上香葱花即成。

料理诀窍

1. 必须确保做好鲜鱼鳔的初加工处理，否则会有腥异味。
2. 压力锅加压快煮的时间不宜过长，不然成菜会不成形，若无压力锅，则于锅中以中小火煮约20分钟。
3. 料炒好后应多熬制一段时间，这样酸辣味会更加浓厚。

葱酥鱼条

色泽金黄，葱香味浓

这是一道传统凉菜中的炸收菜式。此菜要求成菜色泽黄亮、鱼肉酥香细嫩、葱香味浓厚，鱼条要炸至金黄需要高温，要外酥就要适当增加炸的时间，要细嫩炸的时间就不能过长。在所有火候的条件看似矛盾的情形下，要把握住达成要求的那一瞬间！葱香的萃取也要靠火候的掌控。相对之下，此菜的美味关键在炸，收的步骤只要确实收干汤汁水分即可。

原料

草鱼1条（约重800克）
大葱段100克
泡辣椒段35克
姜片15克

调味料

川盐3克（约1/2小匙）
鸡精15克（约1大匙1小匙）
糖色10克（约2小匙）
料酒20毫升（约1大匙1小匙）
香油20毫升（约1大匙1小匙）
葱油20克（约1大匙1小匙）
食用油1000毫升（约4杯）
（约耗25毫升）
鲜高汤300毫升（约1又1/4杯）

制法

1. 将草鱼处理治净后，去除鱼头和鱼骨取下鱼肉片，并去皮只取净肉，鱼头和鱼骨另作他用。
2. 净肉斩成大一字条，用川盐1/4小匙、一半料酒、一半姜片、葱段码拌均匀后置于一旁静置入味，约码味15分钟备用。
3. 取一炒锅放入食用油用大火烧至六成热后，下码好味的鱼条炸约5分钟，至外表酥黄，即可捞起，出锅沥干油。
4. 用干净的炒锅，开中火，灌入葱油，下葱段略炒后加姜片，再下入泡椒段炒香，并加入鲜高汤烧沸。
5. 放入炸好的鱼条之后转小火，用川盐、鸡精、糖色、料酒、香油调味，烧至汤汁收干，明亮油润即成。

料理诀窍

1. 掌握酥炸的油温在六成热，但炸制的时间还是要根据鱼条的大小、油温的高低、火候的大小来决定。
2. 加入鲜高汤的多少根据鱼条实际的量为准，原则上将炒锅中的鱼条稍整平，倒入鲜高汤以刚淹过鱼条为宜；过少的话烧的时间会不足，鱼条不易烧软，过多的话烧的时间过久，鱼条易烧得软烂。
3. 汤汁应以小火慢烧，令其自然收汁亮油，忌用淀粉勾芡收汁。用淀粉勾芡收汁，成菜会糊糊的又不入味，口感味道都不佳。

双味酥鱼排

外酥内嫩，风味由己

这道菜借鉴了西式烹饪中的酥炸技法，鱼肉片经腌味、挂糊、拍上面包粉炸制成菜，从20世纪90年代流行至今。面包粉经过油炸后的酥、脆、香，是传统中式菜肴中所少有的。成菜外酥里嫩的口感加上面包粉特有的奶油脆香味，隐约透出异国风味，但容易腻口，四川厨师就在味碟上作调整，以椒盐刺激味蕾，突显酥香感；使用酸甜清爽的糖醋生菜味碟来去油解腻，更让人回味。

原料

草鱼1尾（约重800克）
面包粉200克
鸡蛋2个
淀粉50克
姜15克
葱20克
椒盐味碟1小碟
糖醋生菜味碟1小碟

调味料

川盐2克（约1/2小匙）
鸡精10克（约1大匙）
料酒20毫升（约1大匙1小匙）
食用油1000毫升（约4杯）（约耗50毫升）

制法

1. 将姜切片，葱切节备用。淀粉放入深盘中加入鸡蛋拌匀即成全蛋淀粉糊备用。面包粉倒入平盘中备用。
2. 将草鱼处理治净后，取下鱼肉去除鱼皮只用净鱼肉。将净鱼肉片成厚4毫米的大片状，用川盐、鸡精、料酒、姜片、葱段码拌均匀后置于一旁静置入味，约码味3分钟待用。
3. 将码好味的鱼片上的料渣去除干净，沾匀全蛋淀粉糊，再放入面包粉中裹匀面包粉，逐一沾裹完即成鱼排生坯。
4. 炒锅中加入七分满的食用油，以中火烧至四成热，下鱼排生坯，炸至外酥内熟后出锅沥干油。
5. 装盘时将鱼排改刀，切成适当的块状装盘，配以椒盐味碟和糖醋生菜味碟即成。

料理诀窍

1. 掌握全蛋淀粉糊的调制浓度，过稠鱼排的糊较厚，影响口感，可适量加点水调整。过稀的全蛋淀粉糊裹不上面包粉，影响成菜形状，可适量加点淀粉调整。
2. 炸鱼排的油温不宜过高，否则容易炸至焦煳，成菜色泽会发黑。

味碟制法

1. 椒盐味碟

川盐1克、鸡粉2克、花椒粉0.2克、胡椒粉0.1克，调和拌匀即成。

2. 糖醋生菜味碟

圆白菜（莲花白）切细丝100克、川盐1克、白糖35克（约2大匙1小匙）、白醋15毫升（约1大匙）、香油10（约2小匙），调和拌匀即成。

【河鲜采风】

雅安荥经县的砂锅雅鱼，料理与调味方式极为单纯，只用了大葱、姜片与清水，却是至鲜无比。看似简单，其中却蕴含了雅安千年雅鱼文化的精华。因为调入了千百年的荥经砂锅工艺、雅鱼与女娲补天的千年神话，形成雅安三雅之一的雅鱼传奇。

纸包金华鱼

外酥里香，口味清淡

金华火腿最早的起源记录在南宋，源于浙江的金华和义乌地区，且必须用称之为“两头乌”的猪制作，腌制的咸猪腿芳香浓郁、咸鲜适口。曾进贡给宋高宗，因肉色火红，自此被称为“金华火腿”，历经数百年的味蕾考验，至今已驰名中外。川菜发挥广纳各地精华为己用的特点，取金华火腿的多层次浓郁芳香衬出江团的鲜甜，搭配脆口、清鲜的蔬菜，即使是入油锅炸制成菜，仍保持清爽又富于口感变化，回味鲜美，外酥里清香。

原料

江团1尾（取净鱼肉约300克）
威化纸20张
金华火腿丝50克
胡萝卜丝75克
窝笋丝75克、面包粉150克
鸡蛋清2个、淀粉35克
姜10克、葱15克

调味料

川盐1克（约1/4小匙）
料酒15毫升（约1大匙）
香油10毫升（约2小匙）
食用油1000毫升（约4杯）
（约耗50毫升）

制法

1. 取一汤锅，加水至七分满后旺火煮沸，转中火分别将金华火腿丝、胡萝卜丝、窝笋丝入沸水氽烫至断生，捞起后沥干水分放凉。
2. 将江团处理治净，去除鱼头和鱼骨取下鱼肉并去皮，只取净肉。面包粉倒入平盘中备用。
3. 将净鱼肉切成丝，放入搅拌盆中用川盐、料酒、香油码拌均匀，加入淀粉码拌上浆，码味约2分钟。
4. 再加入放凉的金华火腿丝、胡萝卜丝、窝笋丝搅拌成带黏性的馅料。威化纸平铺，放上鱼肉馅包裹成长方形，接着沾匀鸡蛋清，裹上一层面包粉后就成为纸包鱼生坯。
5. 取炒锅开中火，放入七分满的食用油烧至三成热后，下入纸包鱼生坯入油锅炸至熟透金黄、外酥内嫩，捞出锅沥油装盘即成。

料理诀窍

1. 金华火腿丝需先氽烫，除了要烫熟外，更重要是氽烫以去除多余的盐分，否则成菜的咸味会过重。
2. 油温不宜过高，控制在三至四成的油温以免炸得焦糊，而影响成菜的色泽、香气与口感。

■重庆人民大礼堂建于1951年，于1954年完工，现为重庆市的代表性建筑，也是中国最宏伟的礼堂建筑之一，曾被评为“亚洲二十世纪十大经典建筑”。建筑名师梁思成指出重庆人民大礼堂为“二十世纪五十年代中国古典建筑划时代的典型作品”。1987年，英国皇家建筑学会和伦敦大学编写的《世界建筑史》中，首次收录了中国1949年后的43项工程，其中重庆市人民大礼堂位列第二位。

豆豉鲫鱼

豆豉味浓郁，冷热均可食用

以豆豉入鱼肴是重庆永川名菜，以清香为主，不带辣，略带回甜，腴而不肥，入口滋润。永川豆豉鱼分三种风味，有豆豉鲫鱼、豆豉酥鱼、豆豉瓦块鱼。豆豉鲫鱼：用油略炸再烧，以鲜、嫩见长。豆豉酥鱼：先炸后蒸，之后再炸，使鲫鱼的刺、肉皆酥。豆豉瓦块鱼：用大鱼切块后烹饪，讲究刀工，鱼块匀称，重点是炸干点以突显干香味。这里结合葱酥鲫鱼的调味与烹饪方式，用泡辣椒增加微微的酸辣味，再把鲫鱼炸的稍干后加豆豉慢烧收汁而成，口感鲜嫩多了点酥。一般作为凉菜，食用前加热风味更佳。

原料

鲫鱼4条（约重500克）
永川豆豉300克
泡辣椒末25克
姜片15克
大葱段20克

调味料

川盐1克（约1/4小匙）
鸡精15克（约1大匙1小匙）
白糖2克（约1/2小匙）
香油15毫升（约1大匙）
料酒20毫升（约1大匙1小匙）
食用油1000毫升（约4杯）（约耗25毫升）
食用油20毫升（约1大匙1小匙）
鲜高汤200毫升（约4/5杯）

制法

1. 将鲫鱼去鳞治净，剞一字花刀，用川盐、料酒、姜片、葱段码拌均匀后置于一旁静置入味，约码味15分钟。
2. 取一炒锅放入食用油用大火烧至六成热后，除去鲫鱼上码味的料渣，擦干水分再下油锅炸至外表金黄酥脆、鱼肉熟透，捞出沥干，待用。
3. 将油倒出另作他用，炒锅洗净擦干，放入20毫升食用油，开旺火后下入泡椒末炒香，接着再下永川豆豉炒香后，加入鲜高汤以中大火烧沸。
4. 接着转小火再下入炸好的鲫鱼，加入鸡精、白糖、香油调味，慢烧至汁干亮油，出锅装盘即成。

料理诀窍

1. 鲫鱼入油锅炸时，要尽量避免相互粘连，确保成菜美观。若是有粘连的鱼，则待其炸至定形、酥脆后，轻轻搅动也会自然分开，但成菜外观会受影响。
2. 此菜强调豆豉的香气，务必炒香才能展现特色风味，制作时可以将炒香的豆豉一半用来入锅炸收，另一半用来出菜装盘时加入，突出豆豉味。
3. 炸收豆豉鲫鱼时应慢火烧，让其自然收汁亮油，切记不要用淀粉勾芡收汁。勾芡收汁会造成鲫鱼入味不足，口感软绵，失去炸酥鲫鱼所要的酥脆感与酥香味。

【川味龙门阵】

四川的传统小吃“绞绞糖”是用麦芽糖调味后制成的，是许多成都人的儿时回忆。以前物资不发达，难得吃到零食，偶尔有贩子挑着箩筐，沿路叫卖“绞绞糖”，常惹得孩子们口水都快滴下来，好不容易向父母要了零钱，只见那贩子拿着两根竹棒，将麦芽糖绞在竹棒上，绞啊绞的，等待的过程总是漫长，总觉得绞不完似的。现在市区已经难得见到，要到市郊古镇才有机会回味一下儿时的甜蜜记忆。

鱼香酥小鱼

入口酥脆化渣，口味酸甜，佐酒尤佳

小河镖鱼在成都称为猫猫鱼或是猫儿鱼，早期成都鱼产丰富，大鱼多是带回家精细烹饪，小鱼多拿来喂猫，因此才有猫猫鱼或是猫儿鱼的别名。但好尝鲜的四川人将其酥炸成菜，发现非常酥香味美，自此猫猫鱼就上了餐桌。这里使用川菜中特有鱼香味提味增鲜，鱼香味也是少数可同时应用于冷热菜式的味型。炸酥的小鱼儿浸泡入冷菜用的鱼香味汁，已无水分的小鱼吸饱鱼香味汁，吃起来酥香化渣，回味酸甜，适合下酒。

【川味龙门阵】

虽说四川人好享逸，但发奋起来却是什么也挡不住。一辆脚踏车，挂得上去的就能载着到处卖；而推车就像变形金刚，除了摆着卖以外，用火、用水的也都能顺应功能需求变成各式各样的形式，也就是煎、煮、炒、炸、烤样样行。当然还有最基本的，一根扁担、两个箩筐，挑得走的就卖得动。那副拼劲还真令人钦佩！

制法

1. 将小河镖鱼处理治净后，用川盐、料酒、姜片、一半葱段码拌均匀，静置一旁入味，约码味15分钟。
2. 取炒锅倒入食用油至约七分满，开大火烧至六成热后，将码好味的小河镖鱼入油锅炸至酥脆出锅沥油待用。
3. 倒出油，锅底留约500毫升食用油，开中火烧至四成热后，先下泡椒末，泡姜末、姜末、蒜末、大葱段炒香，并炒至颜色油亮、饱满后下白糖、陈醋、香油调味出锅，舀入汤锅中静置，泡6小时即成鱼香味汁泡椒油。
4. 捞净鱼香味汁泡椒油中的料渣，将炸至酥脆的小河镖鱼放入油汁中，泡上3小时，出菜时捞出装盘即成。

料理诀窍

1. 此菜的小河膘鱼不能选用过大的鱼，以每条约15克重为宜，以避免鱼太大炸不酥及鱼大小不一造成酥透程度不一的现象。
2. 炒鱼香味汁的泡椒油时，切记不要加入鲜高汤或任何有水分的调料，水分会使已炸至酥脆的鱼变软、不酥脆，甚至发绵。所以最后加入陈醋的量要慎重控制，陈醋的量应确保味汁有足够的酸味又能在静置冷却的过程中将水分挥发掉。对于油的用量原则上应多，若制好的泡椒油的量无法淹过鱼，酥鱼就无法入味一致。
3. 泡酥鱼时，只取鱼香味汁的泡椒油，且必须去净料渣，成菜才显得清爽、入口无渣。

原料

小河镖鱼200克
姜末15克
蒜末25克
大葱段20克
泡姜末25克
泡椒末50克
姜片10克
香葱花10克

调味料

川盐2克（约1/2小匙）
鸡精10克（约1大匙）
料酒25毫升（约1大匙2小匙）
白糖35克（约2大匙1小匙）
陈醋40毫升（约2大匙2小匙）
香油20毫升（约1大匙1小匙）
食用油2000毫升（约8又1/4杯）
（约耗100毫升）

嫩姜烧青波

嫩姜味浓，鲜辣清香适口

嫩姜辛辣开胃又解腥增鲜，不像老姜那样呛，直接吃就很美味。在四川最有名的是乐山的犍为县嫩姜，质地细嫩无渣，微辛微辣带甘甜。在川南的自贡地区喜欢用嫩姜与小米辣椒搭配做菜，辛辣加鲜辣是十足开胃。这里以嫩姜来烹鱼可充分展现鱼鲜的鲜甜，加上小米辣椒的刺激鲜辣味，让平凡的味道变得缤纷。

原料

青波1尾（约重600克）
嫩姜丝150克
泡椒末50克
泡姜末25克
姜末10克
蒜末20克
新鲜青花椒25克
鸡蛋清1个
淀粉35克
黄瓜条50克
青小米辣椒圈25克
红小米辣椒圈25克
香葱花20克

调味料

川盐1克（约1/4小匙）
鸡精15克（约1大匙1小匙）
香油20毫升（约1大匙1小匙）
料酒20毫升（约1大匙1小匙）
鲜高汤500毫升（约2杯）
食用油50毫升（约1/4杯）

制法

1. 将青波鱼处理治净后，取下鱼肉，将鱼头及鱼骨斩成大件。
2. 将鱼肉片成厚约3毫米的鱼片，用川盐1/8小匙、鸡蛋清、淀粉、料酒码拌均匀静置入味，约码味3分钟。
3. 取炒锅放入食用油，旺火烧至四成热，转中火后下新鲜青花椒、泡椒末、泡姜末、姜末、蒜末炒香，并且炒至原料颜色油亮、饱满后，加入鲜高汤以大火烧沸再转小火。
4. 接着下入鱼骨、鱼头入锅煮透后，用川盐、鸡精、香油调味再下码好味的鱼片和青、红小米辣椒圈及一半嫩姜丝小火慢烧至熟。
5. 起锅前再下另一半姜丝，略拌后出锅盛入垫有黄瓜条的汤碗中，再撒上香葱花即成。

料理诀窍

1. 嫩姜丝应分2次下锅，先下一半烧出嫩姜味，并使整体的汤汁味道相融合；临出锅时再下另一半嫩姜丝，以带出嫩姜特有的清鲜味。
2. 成菜的汤料不宜过多，泡椒、泡姜应炒香再加入鲜高汤，成菜汤汁的香气、味道才会丰富。

【川味龙门阵】

宽窄巷子的老茶铺子，虽然已经不在，但那令人回味的飞刀艺人、深藏不露的茶铺子老板始终印象深刻，是茶好喝吗？好像不是。是老板、茶客与那个时空及文化积累的综合呈现。坐下来，不分亲疏，摆上一回，你我的隔阂就不见了！这就是成都人的茶文化，喝口茶、凡事好说！

竹香菜

面疙瘩烧泥鳅

菜与面点的搭配，吃法新颖，家常味厚

这是一盘地地道道的四川江湖菜，将面团搓制成与泥鳅一样的长条面疙瘩，再与泥鳅同烧，成菜家常味浓，滑嫩爽口，面疙瘩滑，泥鳅也滑，一入口才知道吃的是哪一种，巧妙的为食用过程增添乐趣。四川江湖菜在川菜中是创新的代表，相对于所谓馆派的菜品，做起菜来豪气十足、勇于突破，是流行于市井民间的乡土菜、家常菜，少了一大堆的条条框框，只要对味了就是好菜，因此也成了川菜厨师在研究创新烹饪的重要参考与源头。

■成都望江楼、九眼桥一带的锦江边上，有着舒适的河岸步道，漫步其间，伴着薄雾细雨，颇有诗意。

原料

去骨泥鳅300克
面粉200克
鸡蛋1个
十三香少许
郫县豆瓣末35克
泡椒末40克
泡姜末25克
姜末10克
蒜末15克
姜片10克
葱段15克
芹菜段20克
香葱花10克

调味料

川盐3克（约1/2小匙）
鸡精10克（约1大匙）
胡椒粉少许（约1/4小匙）
白糖2克（约1/2小匙）
料酒20毫升（约1大匙1小匙）
香油15毫升（约1大匙）
老油50克（约3大匙1小匙）
水50毫升（约3大匙1小匙）
解高汤1000毫升（约4杯）

制法

1. 面粉加鸡蛋、川盐1克、水50毫升和匀揉成带筋性的面团，静置约15分钟醒面。
2. 将去骨泥鳅洗净，用姜片、葱段、料酒、川盐1克码拌均匀后静置入味，约码味5分钟。
3. 取汤锅加入清水至七分满，烧沸后转中火，将码好味的泥鳅入沸水锅中氽烫一下，约10秒即可。出锅沥水待用。
4. 将醒好的面团搓制成长条形像泥鳅状，入沸水锅中煮熟捞出。
5. 炒锅中放入老油，用中火烧至四成热，下郫县豆瓣末、泡椒末、泡姜末、姜末、蒜末、十三香炒香并炒至原料颜色油亮、饱满。
6. 之后加入鲜高汤以旺火烧沸，熬约5分钟后沥净料渣转小火，下泥鳅和面疙瘩，加入川盐1克、鸡精、白糖、胡椒粉、香油调味，煮至熟透、入味，盛入垫有芹菜段的汤钵内，撒上香葱花即成。

料理诀窍

1. 面疙瘩的生坯大小须一致，面团须揉搓至筋性出来，面团才上劲，成菜口感才不会发绵。
2. 泥鳅去骨的刀工技巧要求较高，可于购买时请鱼贩代为去骨。此菜选择泥鳅去骨后烹制，是要使食用的口感更加细嫩、入味，也与面疙瘩的口感互相呼应。
3. 汤料制作后捞净料渣可让成菜食用时更方便，也与泥鳅及面疙瘩的滑嫩感呼应，而感到成菜的精致与细腻，给食用过程带来趣味，也使人体会到厨师考虑食用者感受的用心，而使菜品层次提高。

【川味基本工】醒面：

醒面是指将和匀揉搓好的面团，静置一段时间后，使面粉团因揉搓所产生的筋性稳定，有助于加工的便利性与口感的优化。

石锅三角峰

色泽碧绿，细嫩清香，味浓爽口

在2000年前后，四川各地的川菜馆，将色泽红艳的红小米辣椒捧上了天。借用孔子的语气：无红小米辣，不食。这两年却是青小米辣椒的鲜绿令人眼睛一亮。青小米辣椒与红小米辣椒除了颜色不一样外，风味上也十分不同，红是成熟的火辣鲜香，青是嫩青的甜辣靓香。因此用青辣椒做菜，不仅鲜辣味十足，而且色泽碧绿。这道石锅三角峰，利用大量新鲜青花椒、青海椒、藿香叶成菜，一眼望去青翠碧绿，“鲜”味从味觉延伸至视觉。而烧热的石锅有着良好的保温效果，使得成菜的清新、鲜香风味可以持续较长时间。

原料

三角峰（学名光泽黄颡鱼，非黄辣丁）500克
新鲜花椒75克
青二荆条辣椒75克
姜片15克
蒜片20克
泡野山椒段30克
灯笼椒酱25克
藿香叶20克

调味料

川盐2克（约1/2小匙）
料酒15毫升（约1大匙）
鸡精15克（约1大匙1小匙）
山椒水20毫升（约1大匙1小匙）
藤椒油25毫升（约1大匙2小匙）
化鸡油35毫升（约2大匙1小匙）
食用油50毫升（约1/4杯）
鲜高汤750毫升（约3杯）

制法

1. 将三角峰处理后去除鱼鳃、内脏，洗净待用。青二荆条辣椒切段，待用。
2. 炒锅开中火烧，下入化鸡油烧至四成热，放入姜片、蒜片爆香，再下泡野山椒段、灯笼辣椒酱炒香，之后加入鲜高汤旺火烧沸后，转文火熬15分钟。
3. 汤汁熬好后，捞去料渣，加入川盐、料酒、鸡精、山椒水、藤椒油调味。下三角峰后转中小火，烧至微沸即出锅，倒入石锅内。
4. 炒锅洗净后，旺火烧干，倒入50毫升食用油烧至四成热转中火，下新鲜花椒、青二荆条段辣椒炒香，淋盖在石锅中的三角峰鱼料上。
5. 将装了三角峰鱼料的石锅上炉以中火烧沸后离火，撒上藿香叶即可上桌。

料理诀窍

1. 汤料在炒制、熬煮完成后须去净料渣，使成菜净爽，也可避免三角峰细嫩的口感因料渣而被破坏。
2. 此菜品因采用具有储热功能的石锅，所以三角峰入石锅后不宜久煮，易将肉煮烂。一般而言煮至七成熟为宜，因石锅会散发出大量的余热将鱼煮至熟透，所以石锅中的鱼及汤料煮沸后即可起锅，鱼在这时就约莫是七成熟。
3. 花椒、青二荆条辣椒在炒制时应尽可能在短时间内使其断生并炒出鲜香气，以保持其碧绿的本色，取其鲜香味以衬托三角峰的鲜、嫩。

折耳根鱼片

色泽红亮，制法简单，吃法新颖

折耳根的正式名字为鱼腥草，以每年春季上市的最嫩，口感、风味俱佳，食之具有开胃健脾，促进消化的功效。四川以外的地方多使用折耳根的根茎部，川人则多爱嫩茎连同嫩叶一起食用，最有名的菜当属凉拌折耳根，原是农家菜，酸甜中带着一股辛香气，当然有人说是腥羶气。现在进了酒楼，是川人的最爱。这里把它与鱼片结合，改用红油味汁调味，取其原始辛香气的味道，将鱼的鲜味加入高山野溪的自然气息，口感滑脆、酸香带辣，是最富春、夏气息的鱼肴。

原料

江团1尾（取肉300克）
折耳根250克
姜片15克
葱段20克
淀粉35克
鸡蛋清1个
香葱花10克
白熟芝麻5克

调味料

川盐2克（约1/2小匙）
酱油2毫升（约1/2小匙）
陈醋5毫升（约1小匙）
白糖3克（约1/2小匙）
鸡精15克（约4小匙）
料酒20毫升（约1大匙1小匙）
香油20毫升（约1大匙1小匙）
红油50毫升（约3大匙1小匙）

制法

1. 将江团除去内脏及腮后洗净，再用热水烫洗鱼皮外表的黏液。
2. 将鱼肉取下，鱼头、鱼骨切成大件后另作他用。
3. 鱼肉片成约3毫米厚的鱼片，再用刀背拍打成大片状后用川盐1/4小匙、淀粉、鸡蛋清码拌均匀后静置入味，约码味3分钟，备用。
4. 折耳根检选后洗干净，垫于盘底待用。
5. 炒锅中加入750毫升清水，用川盐1/4小匙、鸡精2小匙、料酒调味后旺火烧沸。
6. 转小火，下入码好味的鱼片小火煮至断生熟透，捞起出锅后沥水，晾凉后铺盖在折耳根上待用。
7. 取酱油、陈醋、白糖、鸡精2小匙、香油、红油拌匀，调制成红油味汁淋在鱼片上，撒上白芝麻、香葱花即成。

料理诀窍

1. 折耳根可以选叶和根一起的，这样菜肴的口感丰富分量也较足。
2. 掌握红油味型的调制，突出应有的入口微辣、回味微甜的风味。

【川味龙门阵】

茶是四川人的生命，因为喝茶已不只是物质上的喝茶，四川人早就将喝茶提升到精神层面，是精神上的食粮。因此四川人爱用盖碗杯喝茶，省去了繁琐的功夫茶仪式，可以在茶铺子里更专注于精神层面的对话，又不至于口干舌燥。一个人时，有茶水的陪伴，也不会觉得生活索然无味，那股清香是足以与深层的那个自己对话。虚虚实实，再摆个龙门阵，人生夫复何求！

水煮金丝鱼

麻辣味浓，细嫩鲜香

水煮牛肉是川南小河帮菜中一道具有代表性的传统菜，源自川南盐都自贡，南宋时就有此菜，由盐井工人所创。此菜借鉴了水煮牛肉的做法，将麻、辣、鲜、香、烫的特色套在鱼片的细嫩鲜美上，鱼肉入口烫、嫩、滑，随后麻辣鲜香一块上来，味道浓厚。

原料

金丝鱼500克
黄豆芽50克
蒜苗段35克
香芹段35克
刀口辣椒末50克
郫县豆瓣30克
泡椒末20克
泡姜末20克
姜末15克
蒜末20克
香葱花15克
水淀粉50克（约1/4杯）

调味料

川盐1克（约1/4小匙）
鸡精15克（约1大匙1小匙）
料酒10毫升（约2小匙）
白糖2克（约1/2小匙）
香油20毫升（约1大匙1小匙）
食用油75毫升（约1/3杯）
鲜高汤500毫升（约2杯）

制法

1. 将金丝鱼处理治净后待用。
2. 黄豆芽、蒜苗段、香芹段入炒锅，以旺火炒至断生后，垫于盘底待用。
3. 炒锅加入35克食用油，大火烧至四成热后下郫县豆瓣末煵炒至香，再下入泡椒末、泡姜末、姜末、蒜末继续炒香至颜色油亮、饱满。
4. 接着加入鲜高汤以中大火烧沸，用川盐、鸡精、料酒、白糖调味后转小火下金丝鱼，烧约5分钟至入味、熟透。
5. 起锅前用水淀粉收汁后装盘，接着加入刀口辣椒末、香葱花、香油。
6. 再取干净炒锅，加入40克食用油，旺火烧至五成热后，浇于已装盘之成菜上的刀口辣椒末、香葱花上即成。

料理诀窍

1. 下金丝鱼后应小火慢烧，因金丝鱼的肉质极为细嫩，沸汤滚煮会将鱼肉滚散，所以煮时务必以小火慢煮，熟透程度以鱼肉恰能脱骨为宜。而此烧煮技巧与原则也适用于其他肉质细嫩的鱼种。
2. 掌握最后浇上之热油的温度和用量，油温过高、过多，成菜中的辣椒、葱花及部分调料易焦糊变色，使成菜带苦味又带油腻感；油温过低或过少，将激不出辣椒、葱花的香气，也易有油腻感。

【川味龙门阵】

李庄古镇，有1460多年的历史。在第二次世界大战时，因战争的动乱而闻名全世界，在当时李庄这个不足3000人的小镇挤进了国立同济大学、中央研究院、中央博物院、中国营造学社、金陵大学、文科研究所等十几所高等学府、研究单位迁驻，其中包括梁思成、林徽音、傅斯年、李济、童作宾、梁思永、童第周等大批学者、研究人员和学生共一万一千多人全聚集在李庄。因为学术机构的进驻，全世界各地只要想与进驻李庄的机构或人员接洽，只要在邮件上写上“中国李庄”的大名就可顺利寄达四川李庄这个独特的小镇。

荷叶粉蒸鱼

荷叶清香，椒麻味浓厚

此道河鲜菜以宜宾的黄沙鱼为主原料，借鉴川式粉蒸肉的调味与荷叶蒸肉的做法，用荷叶卷裹食材再蒸，食之清香，入口烂糯，回味麻香。在川菜中粉蒸类型的菜品又称为火工菜，因为有些菜品，如川式粉蒸肉要蒸到烂就要2～3小时，耗时极长。虽然鱼鲜的蒸制时间不需这么长，但也要20分钟上下，相较于一般鱼肴算是耗时的。

原料

黄沙鱼1尾（约重800克）

鲜荷叶1张

五香蒸肉米粉200克

火腿丁25克

花椒粉2克

香葱花10克

姜末10克

调味料

川盐2克（约1/2小匙）

鸡精15克（约1大匙1小匙）

糖色10克（约2小匙）

料酒10毫升（约2小匙）

香油20毫升（约1大匙1小匙）

豆瓣老油75毫升（约1/3杯）

制法

1. 将黄沙鱼处理治净后，取下净肉后切成2厘米见方的鱼丁。
2. 将鱼丁放入搅拌盆中，加入蒸肉米粉、火腿丁、花椒粉、香葱花、姜末，用川盐、糖色、料酒、鸡精、香油、豆瓣老油调味后拌匀待用。
3. 取鲜荷叶入沸水锅中烫一下后，切成边长12厘米的正方形平铺于平盘上，取适量鱼丁码拌好包起，卷裹成5厘米×3厘米×2厘米的小长方块成生坯待用。
4. 将荷叶鱼丁卷生坯入蒸笼旺火蒸20分钟，取出装盘即成。

料理诀窍

1. 鲜荷叶改刀切成小块，须入沸水锅中烫一下，让其回软，生坯才容易包卷整齐。
2. 荷叶鱼的生坯须大小整齐、均匀，成菜才能美观。
3. 荷叶鱼的鱼丁调味时不要太重，因蒸制后鱼丁容易脱水，会使得成菜的味过大、过重，影响口感与味道层次。

【川味龙门阵】

文殊坊以川西的街道院落建筑为主体，展现老成都人文历史的特色，再加上一墙之隔的文殊院的禅文化，可完整体验四川文化。文殊坊包含成都会馆和成都庙街两大部分。成都会馆为清末时期的木质建筑，通过修建以进行保护。成都庙街与成都会馆一街之隔，成都庙街主要以休闲与体验旅游为主。

铝箔纸咸菜鱼

家常鲜辣味浓郁，香气扑鼻

此鱼肴利用铝箔纸将烧好的鱼连汤带汁包裹整齐，放在烧烫的铁板上，铝箔纸里的汤汁转变为蒸汽，整个铝箔纸包就会鼓胀，形似一颗气球，所以许多饕客都戏称此菜为气球鱼。鱼肉入味且顺滑，划开铝纸，一股浓浓鱼香爆发开来，直扑口鼻。

原料

武昌鱼1尾（约重600克）
冬菜尖50克
五花肉丁75克
青美人辣椒圈50克
红小米辣椒段35克
泡姜丁30克
大蒜丁30克
香葱花15克
豆豉20克
姜片15克
大葱段20克

调味料

川盐2克（约1/2小匙）
白糖2克（约1/2小匙）
香油20毫升（约1大匙1小匙）
料酒20毫升（约1大匙1小匙）
鸡精15克（约1大匙1小匙）
老油50毫升（约3大匙1小匙）
鲜高汤100毫升（约1/2杯）
食用油2000毫升（约8又1/3杯）
（约耗50毫升）

器具

铁板盘含隔热盘一组
铝箔纸1张（约30厘米×75厘米）

制法

1. 将武昌鱼去鳞治净后，在鱼身两侧剞一字花刀，用川盐、一半料酒、姜片、葱段码拌均匀后静置入味，约码味3分钟待用。
2. 在炒锅中加入食用油，以旺火烧至六成热后，将码好味的武昌鱼下入油锅炸至外皮转硬、紧皮定形后即可捞起，出锅沥油待用。
3. 另起炉火，以旺火将铁板盘烧至热烫，待用。
4. 将油倒出另作他用，在炒锅中下入老油50克，中火烧至四成热，下五花肉丁、泡姜丁、大蒜丁后，改用小火爆香。
5. 接着加入冬菜尖、青美人椒圈、红小米辣椒段、豆豉炒香，加入鲜高汤烧沸。
6. 下入炸好的武昌鱼，加入白糖、香油、鸡精、料酒调味，转小火慢烧至汤汁收干、鱼肉熟透。
7. 出锅后盛入对折的铝箔纸内包扎好，放在烧得热烫的铁板内上桌，食用时用小刀剖开铝箔纸即可。

料理诀窍

1. 武昌鱼可以炸得略久一点、老一点，烹调完成后的口感会更干香。
2. 此菜调味应略为偏淡，因在密闭的铝箔纸袋中，热烫铁板对汤汁的持续加热会转为蒸汽，使得铝箔纸袋中的压力增加，而产生类似压力锅的烹煮效果，会使鱼肉更加入味。
3. 注意铝箔纸要包扎整齐、牢固，以免受热的蒸汽外泄影响菜品的形状和风味。

【川味龙门阵】

川菜的一个最大特色就是源自民间，菜品的影响是由下而上，也就是大众菜、家常菜品影响小餐馆的流行，小餐馆的流行带动高档餐馆的菜品创新，与其他菜系的那种由上而下的演变全然不同，也因此川菜常被称之为渗透力最强的菜系！在味型之余，亲和力也是川菜菜品最巨大的特色，可以是大宴，也可以是随意的小菜，经过无数的家庭与餐饮市场的琢磨后才能成为川菜的正式代表。

香辣炬泥鳅

麻辣味浓，入口酥香化渣

香辣炬泥鳅的成菜近似于火锅，汤、油都多，吃法也相近，但其麻辣中带着鲜、香、嫩、滑的特殊风味，在蓉城的餐饮市场形成一股潮流，很多人还以此作主打菜品开起特色餐馆。说起这香辣炬泥鳅应该是改良自两道江胡菜，也可说是融合两者之长，一是来自宜宾的鲜辣的川南风味泥鳅，一是源自成都东门，口感炬软香麻的炬泥鳅。

原料

泥鳅300克
青美人辣椒50克
红美人辣椒50克
干花椒3克
干辣椒段25克
酥花生10克
熟白芝麻2克
芹菜段15克
香菜5克
淀粉50克
香辣酱25克
红汤750毫升

调味料

川盐2克（约1/2小匙）
料酒20毫升（约1大匙1小匙）
鸡精15克（约1大匙1小匙）
老油75克（约5大匙）
香油20毫升（约1大匙1小匙）
食用油2000毫升（约8又1/3杯）（约耗40毫升）

制法

1. 将泥鳅去头、内脏治净。
2. 压力锅中放入红汤大火烧沸，转中火，下入治净的泥鳅，加入川盐、料酒、一半鸡精调好味，盖上压力锅盖，以中火压煮约3分钟后捞出泥鳅，沥净水分。
3. 将青、红美人辣椒去籽后切成长3厘米、宽1厘米的段，备用。
4. 炒锅中加入食用油，以旺火烧至七成热，将煮熟的泥鳅均匀裹上干淀粉投入油锅内，炸定形后转中火，将油温控制在四成热，炸至酥脆，出锅沥油。
5. 将油倒出另作他用，再下入老油，中火烧至四成热，放入干花椒、干辣椒段和青、红美人椒段煸香。
6. 接着调入香辣酱炒匀后下入炸酥的泥鳅，加入鸡精、香油调好味，放入酥花生、熟白芝麻、芹菜段翻匀出锅装盘，点缀香菜即成。

料理诀窍

1. 泥鳅应只去头、内脏，其脊骨不用去除，才能保持形态完美。
2. 用压力锅煮泥鳅，应保持成形完整而不烂，入口脱骨。若无压力锅可取炒锅用小火煮，但时间需较久，约需25分钟才能达到相当的口感。
3. 炸制后的泥鳅不宜在锅内翻炒过久，否则会碎不成形。

■位于蜀南竹海的农家、水田，因地处川南，多山多丘陵，所以多是以梯田的形式耕作。

牙签鳗鱼

风味独特，酥香爽口

这道菜品将鳗鱼丁用竹扦串起来，大伙用手取食，撩起最原始“吃”的愉悦感，所以提供“食用乐趣”就成了这道菜在味觉之外最想要带给食客的创意点。以此法成菜既方便食用又符合西式派对、宴会对菜品要小分量又能随手取食的要求。此菜入口酥香、孜然芳香味扑鼻、五彩斑斓，令人垂涎。

原料

青鳝鱼（鳗鱼）1尾
（约重500克）
大青甜椒50克
大红甜椒50克
洋葱25克
刀口辣椒末35克
孜然粉25克
香葱花20克
鸡蛋1个
淀粉50克
白芝麻15克

调味料

川盐2克（约1/2小匙）
料酒15毫升（约1大匙）
香油20毫升（约1大匙1小匙）
食用油2000毫升（约8又1/3杯）
白糖2克（约1/2小匙）
鸡精10克（约1大匙）

制法

1. 将青鳝鱼处理治净后，斩成约2厘米见方的丁。用川盐1/4小匙、料酒加上鸡蛋液码拌均匀，并加入淀粉码拌上浆后静置入味，约码味5分钟。
2. 大青椒、大红椒、洋葱治净后分别切成细粒待用。
3. 将码好味的鱼丁，用牙签每2小块穿成一小串。
4. 取炒锅开旺火，放入食用油烧至五成热，下牙签鱼丁入锅炸至上色，转小火，油温控制在三成热，继续浸炸至酥脆，捞起沥油。
5. 将油倒出，但留少许油在锅底，下入青椒、红椒、洋葱粒、刀口辣椒末、孜然粉以中火炒香。
6. 接着用川盐、鸡精、白糖、香油调好味后，下入炸好的牙签鱼翻匀，撒上香葱花、白芝麻即成。

料理诀窍

1. 鱼丁刀工的大小应均匀一致，成菜美观，也易于控制油炸时间。
2. 蛋糊不宜挂得太重，薄薄地沾上一层即可。蛋糊太厚会影响酥脆口感。
3. 油的温度不宜过高，长时间炸制，否则将影响色泽和口感。酥炸的过程一般是先高油温急炸上色后，转小火降油温浸炸至酥透。
4. 刀口辣椒不宜在锅内久炒，以免颜色发黑而影响成菜的色泽搭配，并失去刀口辣椒的特有风味。味道过大、过重，将影响口感与味道层次。

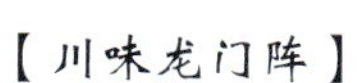

【川味龙门阵】

成都的商业区春熙路，有一个“锦华馆”的名字，但其不是会馆，也不是高级场所，而是一条巷子，因为巷口的华丽与高挑，使得许多不知情的人总是对其有着美丽的遐想。“锦华馆巷”建于1914年，全长100多米，连接春熙路北段与正科甲巷，以中西合壁的建筑特色为人所注目。其金色穹隆顶的过街在灯光照射下充满异国风味！街上还有建于1910年的“基督教青年会所”、太平天国翼王石达开纪念碑。这条短短的街巷早期是蜀绣与刺线交易地，街名为取繁华似锦之意为名。

太安鱼

色泽红亮，麻辣鲜香，味浓味重

太安是重庆潼南县的一座古镇，是老成渝公路的交通要道，此镇以鳊鱼名闻天下，外表偏青黑且特别鲜美，曾经成为贡鱼，太安也因善于烹制鱼肴而创制了太安鳊鱼，以麻辣风味见长、味道浓厚。后来因交通发达，鳊鱼产量不足而改用鲢鱼、草鱼作主料，风味不减，依旧保有麻、辣、烫，细、嫩、鲜的特色。这里干红辣椒改为糍粑辣椒，使麻辣风味更鲜明，口感更细致。

原料

草鱼1尾（约重800克）
糍粑辣椒75克
郫县豆瓣末35克
花椒粉5克
姜末15克
蒜末20克
芹菜末20克
香葱花15克
干花椒3克
干辣椒段10克
淀粉50克
鸡蛋1个

调味料

川盐3克（约1/2小匙）
料酒15毫升（约1大匙）
鸡精15克（约1大匙1小匙）
白糖3克（约1/2小匙）
香油10毫升（约2小匙）
菜籽油2000毫升（约8又1/3杯）
鲜高汤600毫升（约2.5杯）
水淀粉50克（约1/4杯）

制法

1. 将草鱼处理治净后剁成块，用川盐1/4小匙、料酒、鸡蛋码拌均匀，同时加入淀粉码拌上浆后静置入味，约码味3分钟待用。
2. 取炒锅倒入菜籽油至约七分满，用旺火烧至五成热后，下码好入味的鱼块，炸熟后捞出沥油。
3. 将油倒出，留少许油在锅底烧至四成热，下糍粑辣椒炒至颜色油亮、饱满，至香气窜出。
4. 接着下郫县豆瓣末、姜末、蒜末、干花椒、干辣椒段继续炒香。
5. 最后加入鲜高汤用川盐、鸡精、白糖调味后，旺火烧沸。
6. 再转小火，下入炸好的鱼块慢㸆约5分钟，调入花椒粉、香油，用淀粉收汁出锅装盘，撒上一层芹菜末和香葱花即成。

料理诀窍

1. 制作糍粑辣椒时，不要制得过细，入锅后火力要控制好，以小火为原则，确保炒香，加汤后，汤色应红亮有光泽。
2. 成菜风味需体现料下得重而有层次且麻辣风味突出。但记得料下得重并不等于是咸味重。
3. 烧鱼时应用小火慢慢㸆，火力大汤汁易混浊，失去成菜在色泽方面的表现特点。

尖椒鲜鱼

鱼肉细嫩鲜美，鲜辣味厚重

川南自贡一带对鲜辣味有独特偏好，对小米椒的使用是又猛又重，有些风味菜肴是川南以外都难接受的，入口就是鲜辣味直冲，麻、香只起调味与增加层次的作用。就川菜而言，川西偏好麻、辣、香的和谐，以成都为代表；川东是重麻、重味，以重庆为代表。此菜是以小米辣的鲜辣和泡姜的辛辣味相搭配，充分展现川南风情，减少小米辣的用量，呈现的风味依旧浓郁而独特。

原料

花鲢鱼1尾（约重750克）
泡姜丝50克
青小米辣椒圈25克
红小米辣椒圈50克
泡辣椒末25克
香葱花20克
水淀粉50克（约1/4杯）

调味料

川盐2克（约1/2小匙）
鸡精15克（约1大匙1小匙）
白糖3克（约1/2小匙）
陈醋15克
香油20毫升（约1大匙 1小匙）
食用油50毫升（约1/4杯）
鲜高汤125毫升（约1/2杯）
红汤1锅（约5000毫升）

制法

1. 将花鲢鱼处理洗净，在鱼身两侧剞一字花刀。
2. 将红汤锅旺火烧沸后，把处理好的花鲢鱼下入汤锅内，转小火。
3. 接着用川盐1/4小匙、一半鸡精调味，小火慢烧至熟透。将鱼捞起并沥去汤汁后装盘。
4. 炒锅下入食用油，以中火烧至四成热，放泡姜丝、泡辣椒末炒香。
5. 加入鲜高汤烧沸后，用川盐、鸡精、白糖、陈醋、香油调味，再下青、红小米辣椒圈和香葱花推匀，用水淀粉收汁后浇在鱼上即成。

料理诀窍

1. 鱼肉在剞花刀时应深浅、大小一致，以便于烹制时间的掌握。
2. 烧鱼用的红汤咸味应调重些，下鱼之后火力宜小，烧的时间才足够，以确保鱼肉入味、成形完整、鱼肉也更细嫩。
3. 控制泡姜丝、泡辣椒的含盐量，此菜要同时突出姜的鲜味，若泡姜丝、泡辣椒其含盐量过高时可将泡姜丝的量减少，并用嫩姜丝补足所需的量。不过泡姜风味会变得较淡。

川式瓦片鱼

麻辣味飘香，简单易做

川菜的根是平民百姓的家中小厨房，其他菜系中那种仕官豪绅的气息不容易在川菜中看到。换个方式说：川菜是一个最具家乡味的菜系，有妈妈的味道。川式瓦片鱼就是一个鲜明的例子，有一次临时在农家用餐，乡间的调料简单，农家热情的买来一条鱼，就着简单的调料，结合简单的烹饪工艺，做了一道麻辣味的家常鱼肴，带着飘逸的香气，有如乡间缕缕清风，令人回味再三。

原料

花鲢鱼1尾（约重800克）
干花椒50克
干辣椒段150克
姜末20克
蒜末25克
鸡蛋1个
红苕（甘薯）粉50克
香菜段20克
大葱段25克

调味料

川盐3克（约1/2小匙）
香油20毫升（约1大匙1小匙）
白糖3克（约1/2小匙）
陈醋5毫升（约1小匙）
鸡精20克（约1大匙2小匙）
菜籽油100毫升（约1/2杯）
料酒20毫升（约1大匙1小匙）
鲜高汤600毫升（约2.5杯）
菜籽油2000毫升（约8又1/3杯）

制法

1. 将花鲢鱼处理治净后，鱼肉剞成条状，用川盐1/4小匙、料酒、鸡蛋码拌均匀，再拌入红苕粉以达到上浆的效果，静置入味，码味约3分钟。
2. 炒锅中倒入菜籽油2000毫升至约七分满，以旺火烧至五成热，下入码好味的鱼条炸至定形后，转小火，保持在三成油温，继续炸至酥透，出锅沥油备用。
3. 将油倒出另作他用并洗净炒锅，上炉用中火将炒锅烧热放入50毫升菜籽油烧至四成热，先下一半的姜末、蒜末、大葱段爆香，再下一半的干花椒、干辣椒段炒香出味。
4. 香辛料炒香后，加入鲜高汤以旺火烧沸，用川盐、白糖、鸡精、陈醋调味，转小火熬煮约5分钟，沥净料渣。
5. 下入炸酥的鱼条，以小火烧约3分钟至入味，即可出锅盛盘。
6. 再取炒锅开中火，放入50毫升菜籽油烧至四成热后，放入另一半的干花椒、干辣椒段、姜末、蒜末爆香，淋入瓦片鱼，点缀香菜即成。

料理诀窍

1. 干花椒、干辣椒分两次入锅炒香，可以使味更浓、层次更分明。
2. 熬汤汁的料渣在熬出味后，必须全数捞净，以方便食用，并使成菜清爽，引人食欲。
3. 此菜下料必须要重，否则成菜风味不浓，层次也不鲜明。

■成都的自行车数量是出了名的多，上下班时间马路上放眼望去，尽是自行车长流，或许是位于川西平原，一马平川，自行车骑来不费力吧！

大千干烧鱼

色泽红亮，入口干香家常味浓

著名的艺术家张大千先生是四川内江人，也是一位美食家。他不但爱吃而且擅烹，留下许多脍炙人口的好菜，如家常味的大千蟹肉、大千鸡块，咸鲜味的大千圆子汤等。而大千干烧鱼更是知名，特色在于色泽红亮、醇香味浓、香辣鲜嫩。原做法是以泡辣椒取得酸香味再以醪糟汁中和辣味，这里改用没有辣味的碎米芽菜取代，更添醇香气息。

原料

河鲤鱼600克
猪五花肉150克
碎米芽菜25克
姜末10克
蒜末10克
郫县豆瓣25克
青毛豆10克
胡萝卜10克
香葱花10克
香油20毫升（约1大匙1小匙）
姜片、葱段各25克

调味料

川盐3克（约1/2小匙）
鸡精10克（约1大匙）
料酒15毫升（约1大匙）
白糖3克（约1/2小匙）
陈醋10毫升（约2小匙）
食用油50毫升（约1/4杯）
鲜高汤750毫升（约3杯）
食用油2000毫升（约8又1/3杯）

制法

1. 将河鲤鱼处理洗净后剞一字形花刀，用姜片、葱段、川盐1/4小匙、一半料酒码拌均匀后静置入味，码味约3分钟。
2. 炒锅倒入食用油2000毫升至约七分满，旺火烧至六成热，下入河鲤鱼炸至定形后，转小火浸炸到外皮酥脆后出锅。
3. 五花肉切成小丁；郫县豆瓣切成末。
4. 将油倒出留作他用，炒锅洗净，旺火烧热后，下入食用油50毫升及五花肉丁，将五花肉丁炒香。
5. 加郫县豆瓣末、碎米芽菜、姜末、蒜末煸香。
6. 加入鲜高汤，以中火烧沸后转小火，用川盐、鸡精、料酒、白糖、陈醋调味，接着下青毛豆、胡萝卜丁略烧。
7. 最后下炸得酥透的河鲤鱼，小火慢烧至熟透入味，汤汁自然收干时，淋香油加葱花出锅即成。

料理诀窍

1. 鱼要炸干一点，慢烧成菜后鱼肉才能吸饱汤汁，确保入味又能有酥香味。
2. 此菜收汁时要将汤汁慢烧至水分自然散尽收干，汤汁浓稠亮油，不能用水淀粉收汁，否则鱼肉入不了味，成菜的味道就会鱼归鱼，汁归汁。
3. 烧鱼时火力要小，这样烧的鱼才入味，香气足又能保持鱼形完整。但要不停地晃锅以免焦糊巴锅，影响菜肴风味。

【河鲜采风】

一代大师张大千的食谱手稿（图Ⓐ），收藏于成都郫县的川菜博物馆，该博物馆完整收藏川菜文物资料，同时将博物馆营造出南方的翠绿诗意，加上可体验的互动演示餐厅，营造一个完整的眼、耳、鼻、舌、身五感川菜体验。

五香鱼丁

吃法新颖，做工细腻，口味分明

将鱼肉切成丁状再炸收是四川十分常用的烹调方式，常见的有家常鱼丁、翡翠鱼丁、荔枝鱼丁等。因鱼鲜的炸收菜含水量极少，可以摆放较长时间而不失软酥鲜香，早期没有冰箱，炸收有储存上的优势。但现代却因炸收程序较费时、费工，一般家庭反而少做，多半要在酒楼才能回味。这里我们在五香鱼丁的五香咸鲜味上搭配的是西式香酥薯条，入口干香滋糯回甜，色泽黄亮。

原料

草鱼肉200克
薯条75克
姜片20克
葱段20克

调味料

川盐2克（约1/2小匙）
料酒15毫升（约1大匙）
鸡精15克（约1大匙1小匙）
白糖3克（约1/2小匙）
五香粉5克（约2小匙）
花椒粉1克（约1/2小匙）
调味花椒盐2克（约1/2小匙）
香油20毫升（约1大匙 1小匙）
食用油75毫升（约1/3杯）
鲜高汤500毫升（约2杯）

制法

1. 将草鱼肉切成丁（2厘米见方），放入盆中。
2. 把一半姜片、一半葱段、料酒、五香粉1/4小匙加入盆中与鱼肉丁码拌均匀后静置入味，约码味15分钟，待用。
3. 炒锅倒入食用油至七分满，以旺火将油锅烧至五成热，下入薯条炸上色后，转小火以三成油温续炸至酥，起锅沥油，拌入调味花椒盐，备用。
4. 再将油锅烧至六成热，将码好味的鱼肉丁下入油锅中炸至定形、上色后，转小火，使油温降低至约三成热，继续炸至外酥内嫩后沥油出锅，备用。
5. 将油倒出留作他用，炒锅洗净加入鲜高汤、姜片、葱段，中火烧沸后，下炸好的鱼丁，再用川盐、鸡精、五香粉、白糖、花椒粉调味。
6. 将食材推匀后，用小火慢烧轻拌至汁水收干即可，起锅前淋入香油。搭配步骤3的酥脆薯条盛盘即成。

料理诀窍

1. 鱼肉的刀工应大小均匀，成菜才能展现精致感。
2. 采慢烧自然收汁亮油，可使成菜的鱼丁干香、入味。
3. 掌握好入锅的油温高低，鱼丁和薯条要高温炸上色后低温浸炸至酥，这样成菜的酥香味与口感才能兼顾，也不易炸焦。

干煸鳝丝

麻辣干香，佐酒佳品

利用川菜独有而具地方特色的烹调技法“干煸”，将鳝丝煸至脆酥而软，因为鳝鱼外层有一层黏膜经过煸炒后会结成薄薄的脆硬壳，而这口感只有在成菜后短短几分钟内存在，这也说明了中国人喜爱趁热吃的偏好，因为一道美食的最佳状态通常是在刚出锅的瞬间。在这道菜中您会尝到干煸菜的最大特色——入口干香，同时麻辣味浓厚、回味持久。

制法

1. 将鳝鱼处理后去除鳝鱼骨及其内脏，并洗净切成丝。
2. 将鳝鱼丝用川盐1/4小匙、料酒码拌均匀后静置入味，约码味3分钟。
3. 在炒锅中倒入食用油至约七分满，用旺火将油烧至五成热。
4. 接着下入鳝鱼丝炸约2分钟，至鳝鱼丝微干、外皮带脆，随即捞起出锅沥油。
5. 将油倒出留作他用，但留少许油约50毫升在锅底，以小火烧至三成热，下入郫县豆瓣末、干辣椒丝、姜丝略煸后，再下鳝鱼丝煸香。
6. 加入川盐1/4小匙、鸡精、料酒、白糖翻匀，再下香油、陈醋吊出酸香味，最后加入花椒粉、辣椒粉、葱丝、芹菜丝翻匀炒香即可出锅。

料理诀窍

1. 鳝鱼丝不要切的过细，炸时也不要炸到全干。不然会变成干硬，除嚼不动外还会扎口、顶嘴。
2. 因食材都切成丝状，所以煸时火力要小，否则容易焦掉。

原料

鳝鱼250克
干辣椒丝10克
姜丝15克
葱丝15克

调味料

川盐2克（约1/2小匙）
鸡精15克（约1大匙1小匙）
料酒20毫升（约1大匙1小匙）
香油15毫升（约1大匙）
白糖3克（约1/2小匙）
陈醋5毫升（约1小匙）
花椒粉5克（约1大匙）
辣椒粉20克（约2大匙）
食用油2000毫升（约8杯）

水豆豉烧黄辣丁

入口嫩滑、家常味浓

水豆豉是四川蜀乡农家户户都会做的一种咸菜，用黄豆与盐、剁椒、辣椒粉、花椒粉等食材一起煮制后发酵而成。最早使用水豆豉当调料的是成都南门一带的餐馆，现在已是川菜中独特的调味品之一。一开始多用在凉拌菜，取其咸鲜微辣的豆香风味，此味广为大众所接受后，热菜也开始加入这一股风味别具的潮流，现已成为带有鲜明乡土气息的新一派典范味型。

原料

黄辣丁400克
水豆豉100克
腌菜50克
泡辣椒末50克
姜末15克
蒜末15克
水淀粉50克（约3大匙）
西蓝花50克
香葱花15克

调味料

川盐2克（约1/2小匙）
鸡精15克（约1大匙1小匙）
白糖2克（约1/2小匙）
料酒15毫升（约1大匙）
香油15毫升（约1大匙）
陈醋5毫升（约1小匙）
鲜高汤500毫升（约2杯）
食用油50毫升（约1/4杯）

制法

1. 黄辣丁去腮、内脏洗净备用。腌菜切末，备用。
2. 西蓝花切成小块状，用沸水煮熟备用。
3. 炒锅用中火烧热，下食用油烧至四成热，放入泡辣椒末、姜末、蒜末、腌菜、水豆豉炒香。
4. 于炒香的调料中加入鲜高汤以中火烧沸，用川盐、料酒、鸡精、白糖、陈醋、香油调味。
5. 转小火后再放入黄辣丁，慢烧约5分钟至熟透入味后，用水淀粉勾芡收汁装盘，撒入香葱花，搭配烫好的西蓝花即成。

料理诀窍

1. 黄辣丁背鳍上的刺带微毒，处理时应先将刺剪去，避免刺伤。
2. 烧黄辣丁时应小火慢烧，一来确保烧的时间足以入味，二来避免黄辣丁的肉被滚散不成形。

■洛带古镇是具有浓厚客家移民特色的古镇，豆豉的制作是一大特色，常见的有干豆豉与罐装的水豆豉。

糖醋脆皮鱼

色泽红亮、糖醋味浓，外酥内嫩

糖醋味的菜品南北都有，主要在于各地醋的酿制原料与方法不同，而形成不同的地方风味。在四川，此菜要呈现入口甜酸味浓郁、姜葱蒜风味俱全，这里除了运用醋以外更添加了西式的番茄酱，增添清新的果酸味，又能增色，成菜口感外皮酥脆，鱼肉细嫩芳香，酸甜宜人。

原料

草鱼1尾（约重650克）
鸡蛋2个
淀粉150克
姜片20克
葱段20克

调味料

川盐2克（约1/2小匙）
料酒20毫升（约1大匙1小匙）
番茄酱75克（约1/3杯）
白糖125克（约1/2杯）
大红浙醋100毫升（约2/5杯）
清水150毫升（约2/3杯）
水淀粉50克（约3大匙）
食用油2500毫升（约10杯）

制法

1. 将草鱼处理、去鳞、洗净后，剞牡丹花刀，用姜片、葱段、川盐、料酒码拌均匀后静置入味，约码味5分钟。
2. 将鸡蛋打入盆中，加入淀粉调成全蛋糊备用。
3. 炒锅倒入食用油至约七分满，用旺火烧热，同时将码好味的草鱼放入全蛋糊中，抓住鱼尾，以拖拉的方式使全蛋糊均匀裹在鱼的每个角落，确保拖匀。
4. 油锅烧至六成热时，将拖匀全蛋糊的草鱼提在油锅上浇淋热油，使蛋糊定形，再下入油锅炸，转小火，以四成油温浸炸至熟。
5. 接着再转中火，待油温升高后，将草鱼炸至外表酥脆、呈美味的金黄色即可出锅，沥干油后装盘。
6. 将油倒出留作他用，但在锅中留下约50毫升的油，用中火烧至四成热，下番茄酱炒香并炒至颜色油亮、饱满。
7. 再加入150毫升清水、白糖，待汤汁烧沸、糖溶后，再下大红浙醋调味，最后用水淀粉收汁亮油，浇淋在炸好的草鱼上即成。

料理诀窍

1. 草鱼个头不宜太大，油量也应多些，否则下锅不好炸，也易焦锅。
2. 炸时应抓住鱼尾，使草鱼尾上头下，但先不入锅，用手勺或汤勺舀热油浇淋在鱼身上，使鱼身的蛋糊受热定形然后再下锅浸炸至熟，以确保蛋糊不会粘锅底，产生巴锅的情形而破坏鱼形。
3. 番茄酱一定要炒到红亮，成菜色泽才漂亮。
4. 制作糖醋味的菜品时，糖、醋用量的基本比例是1:1，也就是几毫升的醋就搭配几克的糖，才能彰显浓郁而调和的味道与层次。

【川味龙门阵】

画糖人在早期成都一带称之为“糖饼”，是一种工艺糖类点心，一般都会在画糖的铁板旁设一转盘，其上画有各式图案，有简单的也有复杂的造型，通过转盘再为画糖增添参与的趣味性。

菊花全鱼

酥香爽口，回味悠长

此菜延续传统川菜中糖醋味型之菊花鱼的处理工艺和味道，但在成菜摆盘上以全鱼呈现，调味上因使用陈醋所以味汁的色泽没那么红亮，可是入口后，伴着外酥里嫩的口感，与以陈酿醋营造的“酸香味”，显得风味更为醇厚而回味悠长。菊花鱼造型讨喜，因此主要菜系都有类似菜品，其中徽菜、苏菜是蒸制而成，鲁菜、闽菜的制法则与川式极为相似。

制法

1. 将草鱼处理、去鳞、洗净后，去除鱼骨，取下两侧鱼肉及完整的鱼头和鱼尾。
2. 将鱼肉切成6厘米×6厘米的鱼块，在鱼块的肉面剞十字花刀，用川盐1/4小匙、一半料酒码拌均匀后静置入味，约码味5分钟。
3. 炒锅中放入七分满的食用油约2000毫升，以旺火烧至六成热时，先将鱼头均匀拍上干淀粉后入油锅，再将鱼尾和花刀鱼块均匀拍上干淀粉后入油锅，炸至定形、上色。
4. 接着转小火，以四成油温继续炸至外酥内嫩时出锅装盘。
5. 将油倒出留作他用，洗净后用中火将炒锅烧干，再下食用油75毫升以中火烧至四成热。
6. 放入姜末、蒜末炒香，再加入清水100毫升烧沸。
7. 调入川盐、料酒、鸡精、白糖、陈醋、香油，拌匀后，用水淀粉勾芡收汁，下香葱花略拌，出锅浇在鱼上即成。

料理诀窍

1. 鱼基本上选大一点的，鱼块够大，炸出的花瓣成形才美观。鱼小了，花瓣翻不开，成形不佳。
2. 炸鱼时油温要高，先炸定形，使鱼皮因受热紧缩，花瓣丝才能如扇子状展开。再转小火慢炸，成菜后才酥。

原料

草鱼1尾（约重800克）
淀粉250克
姜末20克
蒜末25克
香葱花25克
水淀粉50毫升（约3大匙1小匙）

调味料

川盐3克（约1/2小匙）
料酒15毫升（约1大匙）
鸡精10克（约1大匙）
白糖50克
陈醋45克
香油15毫升（约1大匙）
食用油75毫升（约1/3杯）
食用油2000毫升（约8又1/3杯）
清水100毫升（约2/5杯）

【川味龙门阵】

在四川地区，每到接近过年的时候，到处都可见到香肠、酱肉、腊肉、风干肉半成品晾在窗户或坝子上或自制的木架上风干，人们也都沈浸在过节的欢乐气氛中。这其中就属腊肉最能放，于早期还在烧柴火的时代，将腊肉挂在灶边，经年烟熏火烤的，放上个两三年都没问题，甚至是越陈越香，这时腊肉就变成了老腊肉，虽不适合直接吃，但拿来熬汤却有如金华火腿般的效果，甚至在其复杂的香气与特殊风味中可以尝到时间的风韵。

麻辣酥泥鳅

麻辣酥香，入口化渣

四川水资源丰富，泥鳅的分布广又普遍，因此乡间农家一直将泥鳅当作是家常食材。在泥鳅盛产的季节，太多了常吃不完，于是就炸酥以后调入厚重的调料作为一种保存方式，既可冷吃，也可以热食。这里我们一样将食材炸至酥香后，拌炒上麻辣味而成菜，但调味较轻，不像传统做法那么重，使成菜风味细致又不失乡间田园风情。

原料

泥鳅500克
姜片25克
葱段30克

调味料

川盐3克（约1/2小匙）
料酒20毫升（约1大匙1小匙）
鸡精15克（约1大匙1小匙）
白糖3克（约1/2小匙）
醪糟汁10毫升（约2小匙）
香油20毫升（约1大匙 1小匙）
红油75毫升（约1/3杯）
辣椒粉50克（约5大匙）
花椒粉10克（约2大匙）
白芝麻20克（约2大匙）
食用油2500毫升（约10杯）

制法

1. 将泥鳅去头、内脏，处理洗净后置于盆中。
2. 治净的泥鳅加入川盐1/4小匙、姜片、葱段、料酒10毫升码拌均匀后静置入味，约码味8分钟。
3. 炒锅中放入食用油至约七分满，旺火烧至六成热，将码好味的泥鳅下入油锅中炸至定形后，转小火，以四成油温炸至酥脆，出锅沥油。
4. 将油留下约50毫升，以小火烧到四成热，下辣椒粉 、花椒粉炒香，加入炸酥的泥鳅略拌。
5. 再下川盐1/4小匙、料酒10毫升、鸡精、白糖、醪糟汁、香油、红油调味翻匀，收干汤汁，撒入白芝麻即成。

料理诀窍

1. 泥鳅处理后务必先用调料码拌入味，否则最后的翻炒时间短加上水分少，不易入味。
2. 炸泥鳅要达到酥透的口感，油温要先高后低，先定形、上色后再慢慢浸炸至整条泥鳅酥脆出锅。
3. 炒粉状香料时原则上火力要小，以此菜而言就能避免辣椒粉和花椒粉焦锅变味。

■雅安上里古镇悠闲田园风光里天真的孩童。

豆花鱼片

麻辣鲜香浓郁，细嫩顺滑爽口

顺滑的豆花配上细嫩的鱼片，让鱼的鲜甜风味在内酯豆花的豆香衬托下，显得清新，有了嫩、滑的对比，鱼片的口感变得丰富而有层次，搭配麻辣味型酥脆的馅料，整体风味不只丰富，更是细腻，使得各种味在唇齿间回荡。

原料

草鱼1尾（约重600克）
嫩豆腐（内酯豆花）1盒
鸡蛋清1个
油酥黄豆30克
大头菜粒20克
馓子35克
香葱花10克
辣椒粉40克
花椒粉3克
郫县豆瓣末35克
火锅底料25克
姜末15克
蒜末20克
淀粉35克

调味料

川盐2克（约1/2小匙）
鸡精15克（约1大匙1小匙）
料酒20毫升（约1大匙1小匙）
白糖3克（约1/2小匙）
陈醋15克（约1大匙）
香油20毫升（约1大匙 1小匙）
食用油50毫升（约1/4杯）
解高汤750毫升（约3杯）

制法

1. 将鱼处理洗净后，取下鱼肉。将鱼肉片成薄片。
2. 将鱼肉片放入盆中，用川盐1/4小匙、料酒10毫升、鸡蛋清码拌均匀，加入淀粉码拌上浆后静置入味，约码味3分钟。
3. 将嫩豆腐改刀切成约2厘米见方的丁状，备用。
4. 取炒锅开旺火，放入25毫升食用油烧至四成热后，下郫县豆瓣末、火锅底料、姜末、蒜末炒香，加入鲜高汤以旺火烧沸后，滤净料渣。
5. 汤汁以小火保持微沸，加入嫩豆腐丁烧透、入味，捞出垫于盘底。
6. 接着下鱼片，并用川盐、鸡精、料酒、白糖调味推匀。
7. 最后下陈醋、香油调味，再用淀粉勾芡收汁后盖在豆花上。
8. 于盘中的鱼片上撒入花椒粉、辣椒粉后，取干净的炒锅中下入25毫升食用油，以旺火烧至五成热，再将热油浇在花椒粉、辣椒粉上。
9. 最后加入油酥黄豆、大头菜粒、馓子、香葱花即成。

料理诀窍

1. 鱼片刀工应厚薄均匀，码味上浆时淀粉的量可斟酌增减，上浆要足够但不宜过厚，以免细嫩滑爽的口感变味。
2. 掌握好最后浇淋的食用油之油温不要过高，以免将辣椒、花椒炸的焦糊、变味。

■目前四川地区的农村，依旧维持着传统，将丰收后的部分稻米及玉米晾干、风干，以作为下一季的育苗种子，特别是在屋前挂满金黄玉米，一片澄亮的金黄色也象征着年年丰收的好兆头。

米凉粉烧鱼

细嫩滑烫，家常味浓

米凉粉是将米泡软后，磨制成米浆，煮沸后以石灰水做凝固剂，凝结而成。米凉粉是农民的最爱，吃上一碗，凉爽止渴又充饥，因此成为热门的小吃，在酒楼中常当作开胃凉菜。话说在一次过节串门中，大摆龙门阵之际，一个不注意将米凉粉当成豆腐倒在烧鱼的锅中，没想到好友们极为赞赏说：从不知道米凉粉做成热菜这么好吃。后来创出这道米凉粉烧鱼，又凉又烧，让人觉得充满惊喜又趣味十足。

原料

河鲇鱼肉300克
米凉粉200克
郫县豆瓣末35克
泡辣椒末25克
姜末20克
蒜末25克
辣椒粉35克
香葱花15克
香芹末15克
鸡蛋清1个

调味料

川盐2克（约1/2小匙）
鸡精15克（约1大匙1小匙）
料酒20毫升（约1大匙1小匙）
白糖2克（约1/2小匙）
陈醋10毫升（约2小匙）
香油20毫升（约1大匙 1 小匙）
淀粉35克（约3大匙）
食用油50毫升（约1/4杯）
食用油2000毫升（约8杯）
水淀粉30克（约2大匙）
鲜高汤500毫升（约2杯）

【川味龙门阵】

洛带最出名的就是凉粉，一个凉粉可以调出十来种不同的风味。虽都是酸、甜、苦、辣、咸、麻、香的组合，但在调料的组合比例控制下，可以尝到酸中带辣、辣中带酸、先麻后辣、先辣后麻、先甜后辣、先辣后甜、先麻再辣后回甜、先甜后麻再回辣、甜香中带微辣等，实在不可思议。

制法

1. 将鱼肉切成2厘米见方的丁，用川盐1/4小匙、鸡蛋清、料酒10毫升、码拌均匀，加入淀粉码拌上浆后静置入味，约码味3分钟。
2. 取炒锅倒入食用油2000毫升至约六分满，开中火烧到四成热，将码好味的鱼丁下入油锅中滑油约2分钟至断生，备用。
3. 米凉粉切成2厘米见方的丁，入煮沸的盐水锅中汆烫备用。
4. 将滑鱼丁的油倒出留作他用，锅中下入50毫升食用油以中火烧至四成热，下郫县豆瓣末、泡辣椒末、姜末、蒜末、辣椒粉炒香，并将原料炒至颜色油亮、饱满。
5. 接着加入鲜高汤以旺火烧沸后转小火，加入鱼丁、米凉粉，用川盐、鸡精、料酒、白糖、陈醋、香油调味。
6. 最后下香葱花、香芹末并用水淀粉勾芡收汁即成。

料理诀窍

1. 主辅料的刀工成形不宜太大，以确保成菜的嫩度和烹制时间。
2. 米凉粉需要先经过盐水汆烫，既可缩短烹调时间也能更入味。盐水一般的比例为1000毫升水加3克盐。

鲜熘鱼片

色泽搭配分明，咸鲜细嫩可口

这是一道讲究刀工、火候及油温的传统菜式，因为乌鱼肉特别细嫩，所以选择“鲜熘”，又称滑熘的技法，确保细嫩质地不被破坏。为保持鱼的细嫩感，在取净肉时应谨慎，避免有鱼刺留在鱼肉中；片鱼片时应一气呵成，避免鱼肉纤维的拉扯，最后滑油时因油量不大所以油温控制就成了关键，确保掌控上述技巧，就可以烹饪出色泽洁白细嫩而滑爽的菜品。

原料

乌鱼1尾（约重600克）
冬笋片25克
番茄片1个
香菇片15克
菜心10克
鸡蛋清1个
淀粉50克
姜葱汁15克

调味料

川盐3克（约1/2小匙）
鸡精15克（约1大匙1小匙）
料酒20毫升（约1大匙1小匙）
化猪油40克（约3大匙）
葱油15毫升（约1大匙）
鲜高汤300毫升（约1又1/4杯）
水淀粉30克（约2大匙）

制法

1. 将乌鱼处理、治净，去除鱼皮、鱼骨后取下净肉片，将净肉片成3毫米厚的鱼片，再以肉槌将鱼片打成薄片。
2. 将薄鱼片加入姜葱汁、川盐1/4小匙、料酒、鸡蛋清码拌均匀，加入淀粉码拌上浆，静置入味，约码味3分钟。
3. 取炒锅加入清水至五分满，旺火烧沸后，将冬笋片、香菇片、菜心入沸水锅中汆烫约10秒至断生，捞起后沥去水分，备用。
4. 在干净炒锅中放入化猪油，用中火烧至三成热，下入码好味的薄鱼片滑散后出锅沥油。
5. 将炒锅洗净，倒入鲜高汤，用旺火烧沸，以川盐1/4小匙、鸡精调味后，加入鱼片、冬笋片、香菇片、菜心、番茄片推匀，用水淀粉勾芡、收汁亮油即成。

料理诀窍

1. 鱼片的刀工厚薄要均匀，上浆不宜过重，否则淀粉滑滑、粉粉的口感会盖掉鱼片应有的鲜嫩感。
2. 滑油时的油温控制相对于炸的程序是较低的，一般多以三成油温来滑散食材，使其断生并对食材的鲜嫩口感与原味作最大程度的保留，若油温过高会使肉质变老、发绵。

【川味龙门阵】

在四川，包子都做得相对小，主要取其面皮与内馅的入口比例。而使用的蒸笼也较小，所蒸的数量约莫一人吃刚好，也可以确保每一笼都是热腾腾的、最美味的。对有些地方来说，四川包子只算是小包子，但对四川人而言美味才最重要！

泡椒烧老虎鱼

泡椒家常味浓，回味悠长

川菜中的泡椒品种繁多，有泡野山椒、二荆条红泡辣椒、子弹头泡辣椒、墨西哥泡辣椒等。此菜选用呈鸡心状、外形讨喜、辣味足、色泽红亮的子弹头泡辣椒，入口微辣，酸香浓郁、色泽红亮。这道菜源于20世纪90年代末风靡全国的泡椒墨鱼仔、泡椒牛蛙等菜品，在其家常味厚、脆嫩鲜美的风味基础上创新，用子弹头泡辣椒替代二荆条泡辣椒，加进泡椒油。加上嫩而鲜、俗称老虎鱼的高原鳅，成为家常味浓、细嫩鲜美、再三回味的新菜品。

原料

老虎鱼600克
西芹50克
子弹头泡辣椒75克
泡姜末25克
姜末15克
蒜末20克
水淀粉50毫升（约3大匙1小匙）

调味料

川盐2克（约1/2小匙）
鸡精20克（约1大匙2小匙）
醪糟汁20毫升（约1大匙1小匙）
白糖3克（约1/2小匙）
胡椒粉少许（约1/4小匙）
香油15毫升（约1大匙）
泡椒油75毫升（约1/3杯）
鲜高汤500毫升（约2杯）

制法

1. 将老虎鱼去内脏，处理治净后，待用。
2. 西芹去筋后，切成菱形块。
3. 炒锅放入泡椒油75毫升，开旺火烧至三成热，下子弹头泡辣椒、泡姜末、姜末、蒜末炒香后加鲜高汤烧沸。
4. 转小火保持汤汁微沸，下老虎鱼烧约3分钟，再加入西芹烧至断生。
5. 用川盐、鸡精、醪糟汁、白糖、胡椒粉、香油调味，接着缓缓下入水淀粉收汁亮油，出锅装盘即成。

料理诀窍

1. 掌握泡椒油的熬制方法，泡椒老油的好与坏，直接影响泡椒菜肴的品质。
2. 下鱼后烧制的时间在熟透入味的前提下，尽可能缩短烧制时间，鱼才能成形完整。

【河鲜采风】

四川传统泡辣椒是选取色泽鲜艷、肉质厚实的二荆条辣椒，连同井盐、花椒、上等白糖和白酒去泡制，最重要的是要放入数尾鲜活的鲫鱼一起泡，用一个洗净又够重的卵石压住，避免鲫鱼在坛子里乱蹦，蹦死的鲫鱼会让盐水产生腐臭味，泡出来的辣椒也就坏了。泡得好的辣椒带有鱼香的酸脆风味，因此四川人又将泡辣椒称之为“鱼辣子”。

松鼠鳜鱼

色泽红亮，外酥内软，甜酸味浓厚

松鼠鳜鱼是苏帮菜的传统菜式，源自苏州松鹤楼，传说在乾隆下江南时初尝此美味，大为惊艳，并在之后下江南时，多次指名品尝，自此名闻天下。因其成菜外形极似松鼠，加上汤汁淋在炸得酥香的鱼上会发出“滋、滋”的声音而得名。松鼠鳜鱼到了四川，依旧穿上色泽红亮的外衣，入口甜酸，但不似苏帮菜甜味明显，鱼肉拍上干淀粉以取代面糊，使鱼肉外更酥里更嫩。

原料

鳜鱼1尾（约重800克）
干淀粉100克

调味料

川盐2克（约1/2小匙）
料酒10毫升（约2小匙）
姜葱汁15克（约1大匙）
番茄酱75克（约5大匙）
白糖50克（约3大匙1小匙）
大红浙醋35毫升（约2大匙1小匙）
食用油2500毫升（约10杯）
食用油50毫升（约3大匙1小匙）
清水75毫升（约1/3杯）
水淀粉50克（约1/4杯）

制法

1. 将鳜鱼处理后去腮，再从口部取出内脏后治净。取下鱼头，接着从背脊处下刀取出脊骨、鱼刺。
2. 在两侧鱼肉上剞十字花刀，用川盐、料酒、姜葱汁码味3分钟备用。
3. 码味码好后在鱼头、剞了花刀的鱼肉上拍匀干淀粉，待用。
4. 炒锅中下食用油2500毫升至约七分满，旺火烧至五成热，下鱼头炸至定形后，转中火以四成油温浸炸至酥香、熟透，捞出装盘。
5. 再开旺火将油烧至五成热，下鱼肉炸至定形后，转中小火以三成油温浸炸至酥香、熟透，出锅沥净油装盘。
6. 将油倒出留作他用，洗净炒锅，再下食用油50毫升以中火烧至四成热，下入番茄酱炒香且颜色红亮后加入清水75毫升，放白糖以中火熬化。
7. 最后下大红浙醋调味，再用水淀粉勾芡，浇在鱼身上即成菜。

料理诀窍

1. 处理鱼的时候，应从鱼口处取内脏，一般是用钳子或筷子一双从鱼嘴穿入到腹部底，转搅后即可将内脏取出来。依此法可保持鱼腹完整不破裂。方便特殊刀工处理，且造型美观。
2. 掌握刀工的粗细均匀，深浅一致，是保持成菜美观的关键。鱼尾应和鱼身相连，不宜断开，也是方便炸制成形的重要条件。
3. 严格控制油温，先高油温炸至定形后转小火浸炸至熟，是保持外酥内嫩的关键。

【川味龙门阵】

陕西会馆建于清康熙二年，现位于热闹的陕西街蓉城饭店内。原本是暂居四川的陕西人作为祭祀先贤、聚会议事营商、提供借宿的地方。嘉庆二年整修过一次。现存的形式与规模乃光绪十一年由陕籍四川布政司提议，由成都33家陕人商号集资重建。整个建筑凝重端庄，古朴而有气势，其主体建筑为重檐歇山顶式。会馆门匾“陕西会馆”四个字，为于右任所书。

现在主建筑部分改作画廊，以往作为住宿用的几栋建筑，风韵十足，现成为西方人最喜爱的度假住宿地点，在前廊设有茶馆，因为被蓉城饭店所包围，置身其中，闹中取静，恍若隔世。

川南名城—自贡

历史沿革

今日自贡行政区域是由古时的荣州与江阳部分产盐区组成。自贡称谓源于自流井和贡井两地名称的合称。东汉章帝时期，自贡地区已有井盐生产。周武帝划出江阳县(今泸州)西北部，以富世盐井为中心，设置络原郡，又因江阳县大公井盛产井盐而设公井镇（即今贡井）。唐武德公井镇升为公井县，现在的自流井地区为当时的唐公井县所辖。

明代时井盐的生产就有相当规模，分别在富顺县、公井镇设盐课司。井盐生产于清代咸丰，同治年间发展到鼎盛时期。1835年左右，在大坟堡地区开凿燊海井，深1001.42米，是世界上第一口超千米的深井。1892年，杨家冲地区首次发现岩盐，灌水推汲。清雍正八年，富顺县、荣县分别在自流井和贡井设分县，派驻县丞管理盐务。1937年抗日战争爆发后，两湖、西南、西北七省区的食盐均需自贡盐场供应。1939年正式成立自贡市，直属省政府管辖。1978年荣县划归自贡市，1983年3月，富顺县划归自贡市，形成现在全市四区两县格局，市人民政府在市中心自流井。

资源与文化休闲

自贡市的植物资源中，栽培作物有粮食作物、经济作物和其他作物三大类、798个品种（系）。粮食作物主要栽培稻、麦、玉米、甘薯、豆类。经济主要栽培茶树、甘蔗、油、麻、菜、棉、药、桑等。有产量居全省第二位的油茶9万余亩，有珍贵的松木、红豆木等资源。

全市可供养鱼的水面89.48万亩，鱼类资源品种64类，人工水面饲养鲤、鲫、鲢、鳙、草鱼等品种，地方珍

贵品种有红鲤、镜鲤、岩鲤、团头鲂、白甲、青鳝、白鳝和中华倒刺鲃（又名青竹鲤）、竹柏鲤、红脸青竹等。

自贡是国家级历史文化名城，有独特的文物资源，如自贡盐业历史博物馆地处市中心区，馆址西秦会馆是国家级重点文物保护单位。西秦会馆设计精巧，结构复杂，为四川建筑艺术珍品，始建于清乾隆元年，历时16年竣工，是当时陕籍盐商合资修建的同乡会馆。馆内楼台殿阁，有众多木雕、石雕、泥塑、彩绘。自贡盐业历史博物馆陈列的“井盐生产技术发展史”，再现了2000多年来四川井盐生产技术的演化和变革。展出的钻井、治井、打捞工具及现代化采卤自动化、制盐真空化的情景，是千年盐都的缩影。自贡盐业历史博物馆在国际博协第13届年会上，被列为中国有代表性的7个专业博物馆之一。

其次是自贡恐龙博物馆，自贡市自1915年以来先后发现恐龙化石点70多处。20世纪70年代初，大山铺发现恐龙化石群窟，拥有动物化石数以万计。1986年开放的自贡恐龙博物馆就建造在大山铺恐龙化石现场。展出大小不等、形态各异的恐龙及共生动物骨架，有身长20米的草食性峨眉龙，还有目前世界上发现时代最早的原始性剑龙。自贡恐龙博物馆是世界上三大恐龙博物馆之一（另两个在美国和加拿大）。

文化资源方面有自贡灯会，唐宋以来自贡民间就有新年赏灯习俗，清代发展为各种灯会、灯节。1964年起自贡市政府举办1949年后的首届灯会，把传统工艺与现代程式控制技术相结合，很有民间趣味性，中外民间传说、文学典故皆以大型灯组展现。

另一方面自贡在清代以来就是川剧“资阳河”流派的一条重要支脉，因盐业发达而带来川剧的繁荣，曾造就了以“川剧大王”张德成为代表的一批著名川剧表演艺术家。特别是剧作家魏明伦以“一年一戏、一戏一招”蜚声中外。10多年来，自贡川剧团创作演出了《易胆大》《四姑娘》《巴山秀才》《岁岁重阳》《潘金莲》《夕阳祈山》《柳青娘》《中国公主杜兰朵》等优秀剧码。

川味河鲜飨宴

Fresh Water Fish and Foods in Sichuan Cuisine

A journey of Chinese Cuisine for food lovers

粗粮鱼

色泽碧绿，清香味美

现代有太多精致饮食，美食除创意外，营养的丰富性再度被重视。而此菜就在这样的前提下，将鱼通过码味、蒸制以确保鱼肉的鲜、嫩、甜及基本底味，铺上炒香、口感甜糯的综合粗粮，淋上味道鲜爽的青辣椒酱汁，将粗粮的清新与鲤鱼的鲜美相融和，而成了一道结合传统健康食材又有时尚创意的新菜品。

制法

1. 河鲤鱼处理好并洗净后，切去鱼头并从鱼的背部取掉脊骨，在空的背部向腹部划相连的花刀，呈一字条状（长4～6厘米、宽1.5厘米的鱼条）。
2. 将切好的鱼肉放入盆中用老姜末、料酒、川盐1/2匙码味备用。
3. 红甜椒、青甜椒切成0.5厘米见方的颗粒状，荞麦面条用约80℃的开水涨发约30分钟至透，备用。
4. 把荞麦面条置于盘中垫底，将码好味的鱼摆放其上，入蒸笼大火蒸约6分钟。
5. 青辣椒去蒂、籽并切块，放入果汁机，加进美极鲜、香醋、香油绞成蓉汁后再调入川盐1/4匙，接着倒入汤锅中用旺火加热并略拌，1～2分钟至将沸时关火，即成调味酱汁。
6. 另取炒锅上炉开旺火，放入食用油50毫升烧至六成热后下入鲜玉米粒、新鲜青毛豆、红甜椒粒、青甜椒粒炒香后用川盐1/4匙、鸡精调味，加入酥花生仁搅匀后盛起备用。
7. 取出步骤4蒸好的鱼并浇上步骤5的青辣椒蓉酱汁，再淋上步骤6炒香的粗粮在鱼身上，点缀香葱花即成。

料理诀窍

1. 鱼肉剞花刀的大小应均匀，否则影响成形美观。同时不利于烹调时间的控制。也即花刀太大，蒸的时间过长，容易将鱼肉蒸老；花刀小了，容易把鱼蒸烂；而花刀大小不均匀时，鱼的熟度及嫩度不好掌握。
2. 对于鲜鱼入蒸笼的蒸制时间应该严格控制，中途不能关火、缺水、蒸汽中断，否则鱼的鲜甜味会流失；另外就是蒸得过久肉质易老，将使得成菜的肉质口感发绵，没了鲜嫩感；过短的话，鱼肉未能熟透，不利于健康。
3. 掌握鱼肉加川盐、料酒的腌制，务必使鱼肉有足够的底味，但须注意青辣椒蓉汁盐味的咸度，应该与鱼肉底味的咸度互相调补，避免成菜整体过咸或过淡。
4. 青辣椒蓉汁应绞细，呈无颗粒的泥状，否则会影响成菜色泽与鱼肉的口感。

【川味基本工】码味

烹调前用调料（川盐、料酒、胡椒粉、姜片、葱段等）以腌渍方式或混和拌入的方式调味，以使调料的味道可确实附着或渗入食材，形成基本味。

■四川多样丰富的蔬果，是料理者与饕客的天堂。

原料

河鲤鱼1尾（约重600克）
荞麦面条75克
鲜玉米粒（或罐头玉米粒）50克
酥花生仁35克
新鲜青毛豆50克
红甜椒50 克
青甜椒50 克
青辣椒30克
香葱花25克
老姜末20克

调味料

川盐5克（约1小匙）
鸡精10克（约1大匙）
美极鲜5克（约1/2大匙）
香醋15毫升（约1大匙）
料酒50毫升（约3大匙1小匙）
香油25毫升（约5小匙）
食用油50毫升（约3大匙1小匙）

香椿酸辣鱼

酸辣清香开胃，色泽洁白细嫩

香椿芽总在初春之际冒出鲜香来，常见的菜色有香椿煎蛋、椿芽拌蚕豆等，却少有人将其与鲜美的河鱼相搭配。香椿芽的香气会窜味，因此适量运用是关键，此菜采用凉拌的方式，将制熟的鲜嫩乌鱼片淋上酸辣味汁后，即刻上桌，就能在鱼片的鲜味被盖住前，得以品尝到，使此菜有春天的清鲜与河鲜的鲜、嫩、甜，加上酸辣味，口感、味道层次丰富，足以使味蕾苏醒。

原料

乌鱼1尾（约重800克，只取用净鱼肉约250克）
香椿芽150克
红小米辣椒35克
泡野山椒20克
香葱花5克

调味料

川盐2克（约1/2小匙）
鸡精15克（约1大匙1小匙）
陈醋50毫升（约1/4杯）
豉油20毫升（约1大匙1小匙）
美极鲜15克（约1大匙1小匙）
山椒水15毫升（约1大匙）
鸡蛋清1个
料酒20毫升（约1大匙1小匙）
淀粉35克（约1/4杯）

制法

1. 将处理、洗净的乌鱼去除鱼骨、鳍翅及鱼皮，取其净鱼肉后洗净。
2. 将鱼肉片成薄片，再用川盐1/4小匙、鸡蛋清、料酒10毫升码味均匀，同时拌入淀粉以同时上浆，静置约3分钟使其入味，待用。
3. 锅中放入750毫升水以旺火烧沸，下泡野山椒、红小米辣椒、川盐、鸡精、陈醋、豉油、美极鲜、一半山椒水后转中火熬煮8分钟，沥去料渣后即成酸辣味汁。
4. 取一汤锅加入约六分满的水，以旺火烧沸，接着将香椿芽入沸水锅中汆烫3～5秒后，捞起并沥去水分，垫于盘底备用。
5. 另取一锅放入1升清水用旺火烧沸，下川盐、料酒、山椒水调味转小火，将鱼片逐一入锅汆至断生。出锅装入垫有香椿芽的盘中。
6. 淋入酸辣味汁即成。可点缀香葱花、红小米辣圈成菜。

料理诀窍

1. 鱼片应厚薄均匀、大小一致，上浆不宜过重，否则影响成菜的口感，无法展现鱼片的细嫩。
2. 香椿芽随取随用，熟后不宜久放，否则香椿芽的气味就会不够浓。
3. 掌握酸辣味汁的熬制程序、比例后即可事先烹制较多的量，在烹饪时随取随用。

【川味基本工】上浆

指在食材外表裹上一层带水分的淀粉，常用的有面粉、淀粉、甘薯粉与玉米粉。上浆时若食材本身水分较足，可直接拌入干的淀粉，利用食材的水分湿润淀粉成面糊。除此之外，应先将淀粉对好适当的水，调好面糊再将食材放入沾裹均匀，确保上浆。

■在传统市场中常有农民远从市郊，将当天清晨摘采的新鲜蔬菜放到箩筐中，再带上一杆秤，就挑着到城里卖，这也是四川人爱上传统市场买菜的原因。

豉椒蒸青波

豉椒味浓厚，肉质细嫩鲜美

豆豉是川菜中的重要调味料，以黄豆为原料，先蒸煮再发酵，具有回甘而独特的酱香味，广为各式烹饪、菜品所运用，可炒、烧、蒸等。这里选用来自重庆西部的永川豆豉，青波鱼肉质鲜美、细嫩，搭配永川豆豉的独特清香与回甜的美味进行蒸制，异香扑鼻，可将青波鱼的鲜、甜完美呈现与诠释，而永川豆豉入口化渣的口感更可确保成菜后鱼肉细嫩的口感。

原料

青波1尾（约重600克）
永川豆豉 150克
青、红小米辣椒圈50克
郫县豆瓣末25克
香葱花20克
老姜片15克
大葱25克

调味料

川盐2克（约1/2小匙）
鸡精15克（约1大匙1小匙）
料酒20克（约1大匙1小匙）
胡椒粉少许（约1/4小匙）
白糖3克（约1/2小匙）
香油15克（约1大匙）
食用油50克（约1/2杯）

制法

1. 将鱼去鳞、腮、内脏处理治净后，从腹腔内背脊骨的两侧剞刀，用老姜片、大葱、川盐、料酒、胡椒粉码味约3分钟，入味后置于盘上备用。
2. 取炒锅下50克油以旺火烧至四成热，下永川豆豉、郫县豆瓣、青红小米辣圈爆香，调入鸡精、白糖、香油后淋在码好味的鱼上，入蒸笼旺火蒸8分钟，取出后去掉部分料渣。
3. 将蒸熟的青波鱼撒上香葱花成菜。

料理诀窍

1. 应在青波鱼身肉质较厚的位置剞花刀，以便烹调入味、熟透，缩短烹调时间。
2. 豆豉和郫县豆瓣（剁细）应炒至酥香，这样烹制后才能完全展现豆豉和郫县豆瓣的浓香味。
3. 掌握将鱼入蒸笼的蒸制时间，过久肉质发柴（口感干硬的意思）而绵老失去柔嫩感，过短鱼肉无法熟透、不利于健康。
4. 去掉部分蒸鱼料渣，可让成菜外观更清爽，也方便食用。

【川味龙门阵】

永川豆豉诞生于明末的兵荒马乱中。明崇祯十七年，重庆西部永川县城北面跳石河一带开小饭馆的崔氏，蒸黄豆过年，黄豆才刚蒸熟，就听闻农民军张献忠的军队将从跳石河路过，因流言说军队四处掠夺，崔氏慌忙中将蒸熟的黄豆倒于墙角柴草中就匆忙逃难。过几天部队走后，崔氏一回到家，就闻到柴草中飘来扑鼻香气，拨开一看，香气是由长毛霉的黄豆传出。于是就将黄豆洗去毛霉，拌盐巴吃，味道还不错。后来将剩下的用坛子储藏起来，结果毛霉黄豆的颜色变得深黑油亮，其味更香。于是就拿来做菜，过往的食客都赞不绝口。从此，“崔豆豉”名声远扬。跳石河，也被人称为豆豉河。

肥肠烧胭脂

色泽红亮，麻、辣、鲜、香、爽突出，川味浓厚

此菜借鉴水煮牛肉的烹饪技法与调味，将主材料换成了胭脂鱼与卤肥肠合烹成菜，成菜入口除了有麻、辣、香的基本特点外，还多了鲜味及口感上滑、嫩的特点。鲜味是鲜鱼才有的特点，也是此菜品在传统中创新的一个关键，可是鱼的鲜嫩口感在麻、辣、香的浓烈口味中却显得欲振乏力，营造不出层次，因此加了卤肥肠，借用卤肥肠的爽滑、筋道弥补只用鱼鲜口感上的不足。

原料

胭脂鱼1尾（约重600克，人工养殖）
卤肥肠100克
窝笋片75克
剁细郫县豆瓣35克
泡椒末30克
泡姜末20克
姜末15克
蒜末20克
刀口辣椒末25克
花椒粉5克
香葱花25克

调味料

川盐3克（约1/2小匙）
鸡精15克（约1大匙1小匙）
胡椒粉少许（约1/4小匙）
白糖3克（约1/2小匙）
料酒20毫升（约1大匙1小匙）
鸡蛋清1个
淀粉35克（约1/4杯）
香油35毫升（约1小匙）
鲜高汤800毫升（约3又1/4杯）
食用油75毫升（约1/3杯）

制法

1. 将胭脂鱼处理治净，取下鱼肉。头、骨剁成块，用川盐1克、料酒10毫升、鸡蛋清拌匀码味，同时拌入淀粉以达到上浆的效果，码味约3分钟备用。
2. 窝笋片用川盐2克码味后垫于汤碗底部待用。
3. 取炒锅开旺火，放入35毫升食用油烧至四成热后，下剁细的郫县豆瓣、泡椒末、泡姜末、姜末、蒜末炒香，加入鲜高汤以旺火烧沸，沥去料渣转小火，先下鱼骨、头、卤肥肠(切成滚刀块)烧3分钟后，再下鱼片。
4. 利用烧鱼的时间，另取一锅下入40毫升食用油、香油35毫升，以旺火烧至五成热待用。
5. 烧好的鱼出锅前用鸡精、白糖、料酒、胡椒粉调味，盛入装有窝笋片的汤碗内，撒上花椒粉、刀口辣椒、香葱花。淋上步骤4的热油，激出花椒粉、刀口辣椒、香葱花的香气即成菜。

料理诀窍

1. 掌握好刀口辣椒的制作方式与味道。这道菜肴是水煮系列的典范，刀口辣椒起着辣味浓厚、风味地道的主导因素。
2. 掌握好最后一道工序，淋热油的温度应在五成热，过低激不出花椒粉、刀口辣椒、香葱花香味，过高易使花椒粉、刀口辣椒焦糊，影响香气、口感和色泽。
3. 烧制时，鱼肉与鱼的头、骨不能同时入锅，这样鱼肉片的老嫩不易控制。

【川味龙门阵】

西秦会馆位于自贡市区内，清乾隆元年（公元1736年）由陕西的盐商合资兴建，至道光7～9年（公元1827～1829年）进行了一次大规模的扩建。因为该会馆主祀武圣关帝君，所以当地人又称其为武圣宫。

从整座会馆的各种建筑形式与雕刻装饰不难想象当时陕西盐商富甲一方的豪奢，现在的西秦会馆已改为自贡井盐博物馆。

灌汤鳜鱼

成菜清淡素雅，老少皆宜

以土鸡高汤的鲜烘托鳜鱼的美，成菜汤鲜味美、鱼肉细嫩，加上飘儿白添加清鲜味、番茄的微酸抑制鸡高汤所带来的厚重感，使得此汤菜清鲜、爽口不腻，荤素的适当搭配更使此菜品营养丰富。此菜的上菜方式也与众不同，采当桌灌汤的方式。上桌前将汤与鱼片分开盛装，上桌后再将滚烫黄亮的土鸡汤徐徐灌入鱼片中，顿时热气腾腾，可增加就餐时的热烈气氛。

原料

鳜鱼1尾（约重600克）
飘儿白（上海青，梗肥大叶少的油菜）75克
土鸡高汤1000毫升
鸡蛋清1个
番茄1/2个

调味料

川盐3克（约1/2小匙）
鸡精20克（约1大匙2小匙）
鸡汁15克（约1大匙）
化鸡油50毫升（约3大匙）
料酒25毫升（约1大匙2小匙）
胡椒粉少许（约1/4小匙）
鸡高汤500毫升（约2杯）
清土鸡高汤500毫升（约2杯）
淀粉50克（约1/3杯）

制法

1. 将鳜鱼处理后去鳞、去内脏治净，将鱼肉取下，鱼头、鱼骨放一边。
2. 将鱼肉片成厚约1毫米的大薄片，用川盐（另取）、料酒、胡椒粉（另取）、鸡蛋清拌匀码味，同时拌入淀粉以达到上浆的效果，码味约3分钟待用。
3. 炒锅中加入清水至五成满，旺火烧沸，飘儿白清洗整理后入锅氽透。
4. 番茄氽烫数秒至外皮绷开后捞出并撕去外皮，切成荷叶片状备用。
5. 炒锅加入鸡高汤500克旺火烧沸，先用一半的川盐、鸡精、鸡汁调入味。转中小火，先下鱼头、鱼骨煮至断生，捞出垫于盛器底层。
6. 再把鱼片放入以小火保持微沸的鸡汤中，滑至断生捞出铺盖在步骤5的上面，点缀飘儿白，番茄片后，另取清土鸡高汤500克烧沸，用余下的另一半川盐、鸡精、鸡汁调味，再加入胡椒粉、化鸡油略煮后灌入鱼肉中即成。

料理诀窍

1. 此道菜用的汤料，一定要选用农家放养的老土母鸡，配以山泉水清炖而成，汤色黄亮，口味鲜美。
2. 鱼肉的刀工处理应薄而大，且均匀，才能通过短时间加热烹调而保有滑嫩口感，又能入味。
3. 汤味应以清淡为主，切忌过咸、过浓而压抑了菜品的鲜味。

【河鲜采风】

宜宾位处三江汇流处，因三江的环境特色不同，因此河鲜种类特别丰富，通常渔船回来时都是满载而归，而且是各式各样的鱼种，从水密子、白甲到江团等不下几十种。

韭香钵钵鱼

成菜碧绿，鱼肉洁白而细嫩，鲜辣清香

内江市旧称汉安，地处川中偏南的沱江边，当地人喜食鱼且善烹鱼，尤其喜欢用小米辣椒和韭菜与鱼同烹，并用乡土气息较浓的土陶钵作为盛器，成菜粗犷大气，鱼肉鲜香细嫩。而此菜就是由此演变而来。内江别称甜城，是蔗糖主要产地。而此菜肴的重点就在乡土风味中，带出内江的甜城风情。这里不用糖，而是利用少量的乙基麦芽酚带出悠长的甜香，似有若无，体现甜城美味的风情。

原料

青波鱼1尾（约重600克）
小韭菜末75克
青小米辣椒圈50克
红小米辣椒圈50克
鸡蛋清1个
乙基麦芽酚3克（约1/2小匙）

调味料

川盐5克（约1小匙）
鸡精20克（约1大匙2小匙）
鸡粉10克（约1大匙）
鸡汁5克（约1小匙）
山椒水20毫升（约1大匙1小匙）
葱油50毫升（约2大匙2小匙）
清水750毫升（约3杯）
淀粉35克（约1/4杯）

制法

1. 将青波鱼去腮、鳞、内脏处理治净后，剔去鱼头、鱼骨只取鱼肉。
2. 鱼肉片成厚约1.5毫米的大片，用川盐1/4小匙、淀粉、鸡蛋清拌匀码味，同时拌入淀粉以达到上浆的效果，码味约3分钟待用。
3. 炒锅中放入750毫升水用旺火烧沸，下青小米辣椒圈、红小米辣椒圈（40克）、乙基麦芽酚1/4小匙、山椒水熬出味后，沥去料渣。
4. 炉火转小火保持汤汁微沸，先下鱼头、鱼骨煮3～5分钟至断生，再放鱼片煮至熟透，用川盐、鸡精、鸡粉、鸡汁、乙基麦芽酚1/4小匙调味后出锅盛入汤钵内，撒上小韭菜末，点缀红小米椒圈。
5. 再取一炒锅旺火烧热后转中火，下入葱油烧至四成热，将烧热的葱油浇于小韭菜末、红小米椒圈上即成。

料理诀窍

1. 鱼片的处理应厚薄均匀，上浆的粉不宜过厚，太厚会盖掉鱼肉本身的鲜味。
2. 烹饪时避免过度加热小米椒与小韭菜，才能突出小米椒的鲜辣味、小韭菜的清香。
3. 煮鱼的汤汁应宽些（水量多些的意思），火力不宜太大，以免过度沸腾而把鱼肉冲碎。

川菜基本功

乙基麦芽酚是一种带有芬芳甜香气的白色结晶状粉末，具有焦糖甜味，十分容易溶解在水中，但是容易和铁起化学作用而生成铬合物，故溶液不宜长期与铁器接触，应保存在玻璃或塑料容器中。具提香作用，也可不用。

泡豇豆烧黄辣丁

色泽红亮，泡菜家常味浓

豇豆易于栽种，爱做泡菜的四川人就取绿豇豆泡制，脆爽外带酸香十分开胃。四川江湖菜中，擅用泡菜烹制佳肴，代表菜如酸菜鱼、泡椒牛蛙等。这道菜重用泡豇豆与黄辣丁同烧，最特别的地方就是品尝黄辣丁的鲜嫩之余，忽然一个脆爽口感与浓浓的酸香蹦出来，那种口感与味道的趣味令人着迷。

原料

黄辣丁500克
泡豇豆100克
泡椒末50克
泡姜末25克
姜末25克
蒜末25克
藿香叶碎30克
香葱花15克

调味料

川盐2克（约1/2小匙）
鸡精15克（约1大匙1小匙）
白糖30克（约2大匙）
陈醋40毫升（约2大匙2小匙）
胡椒粉少许（约1/4小匙）
料酒20毫升（约1大匙1小匙）
香油20毫升（约1大匙1小匙）
水淀粉50克（约1/4杯）
食用油50毫升（约1/4杯）
高汤800毫升（约3又1/3杯）

制法

1. 将黄辣丁处理治净备用。
2. 取炒锅开中火，放50毫升食用油烧至四成热后，下泡豇豆、泡椒末、泡姜末、姜末、蒜末炒香，之后加入鲜高汤以旺火烧沸。
3. 转小火再下黄辣丁慢烧约5分钟，用川盐、鸡精、白糖、陈醋、胡椒粉、料酒、香油调味后，先把黄辣丁拣出摆盘。
4. 接着用水淀粉将汤汁勾芡、收汁，起锅前放入藿香叶碎、香葱花推匀，舀出浇在鱼上即成。

【川味龙门阵】

豇豆常见的有两种：一是拿来做泡菜的绿豇豆，质地硬脆；一是拿来炒制成菜的长豇豆，质地松软。在香港常将长豇豆切段，来与牛肉丝或猪肉丝一起炒，而这样的菜式又被戏称为“乱棒打死牛魔王”或“乱棒打死猪八戒”。

料理诀窍

1. 泡豇豆的用量比泡椒大，主要突出天然的乳酸味，以衬托出黄辣丁肉质的鲜甜特色。
2. 黄辣丁入锅烧制的时间不宜过长，刚好熟透为佳，烧制得过久会使鱼肉脱骨分离，容易散不成形。

乡村烧翘壳

家常味重，细嫩爽口，烹法简易操作

鱼香味型的豆瓣鲜鱼在巴蜀大地家喻户晓，风味咸鲜微辣，回味甜酸。这道乡村烧翘壳，便是在豆瓣鲜鱼的做法上演变而来。翘壳鱼肉质细嫩、刺少、无腥味，但出水后肉质会快速变质，故选用此鱼更需重视新鲜。为保有翘壳鱼的细腻口感，在烧法上采用不炸的软烧法，风味上通过增加带香气的原料及调料的比例变化以取得家常味之外更多的香气和余韵。

原料

翘壳鱼1尾（约重800克）
剁细郫县豆瓣35克
泡椒末30克
泡姜末20克
姜末15克
蒜末25克
芹菜末20克
香葱花35克
姜片15克、葱段20克

调味料

川盐3克（约1/2小匙）
鸡精15克（约1大匙1小匙）
白糖35克（约2大匙1小匙）
陈醋45毫升（约3大匙）
料酒20毫升（约1大匙1小匙）
香油20毫升（约1大匙1小匙）
水淀粉50克（约1/4杯）
食用油75毫升（约1/3杯）
鲜高汤1000毫升（约4杯）

制法

1. 将翘壳鱼去鳞、内脏，治净后，剞十字花刀，用川盐、料酒10毫升、姜片、葱段码拌均匀，静置约5分钟，使其入味，待用。
2. 炒锅中下入75毫升食用油，以旺火烧至六成热时，下剁细的郫县豆瓣、泡椒末、泡姜末、姜末、蒜末炒香，加入鲜高汤以旺火烧沸。
3. 下入码好味的翘壳鱼，转小火慢烧约6分钟至熟透，用川盐、鸡精、白糖、陈醋、料酒、香油调味后，先将鱼捞出装盘。
4. 用水淀粉勾芡收汁，出锅前下芹菜末、香葱花搅匀，舀出淋在鱼上即可。

料理诀窍

1. 鱼剞花刀时不能剞得太深，鱼肉容易烧到脱落，使得鱼烧熟后不成形。
2. 鱼入锅后火力过大，烧的时间过久也容易将鱼烧烂而不成形，影响美观。
3. 此菜在勾芡收汁时，相对于传统的豆瓣鲜鱼要薄一点，不宜太浓，否则影响成菜美观，太浓时滋汁的味道容易过厚而掩盖鱼的鲜味。

【川味龙门阵】

三星堆遗址位于中国四川广汉城南兴镇鸭子河畔，在成都北边约40千米处。在1929年为农民所发现。于1997年在三星堆遗址的东北边成立三星堆博物馆。三星堆遗址的发现，推翻了长期以来历史学界对巴蜀文化的认识，有些地方甚至完全需要重新探讨与研究。

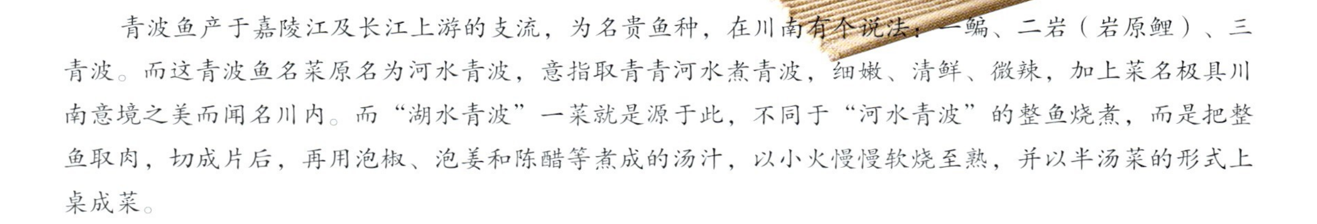

湖水青波

入口微酸微辣，醒酒开胃

青波鱼产于嘉陵江及长江上游的支流，为名贵鱼种，在川南有个说法：一鳊、二岩（岩原鲤）、三青波。而这青波鱼名菜原名为河水青波，意指取青青河水煮青波，细嫩、清鲜、微辣，加上菜名极具川南意境之美而闻名川内。而“湖水青波”一菜就是源于此，不同于“河水青波”的整鱼烧煮，而是把整鱼取肉，切成片后，再用泡椒、泡姜和陈醋等煮成的汤汁，以小火慢慢软烧至熟，并以半汤菜的形式上桌成菜。

原料

青波鱼1尾（约重600克）
泡椒末40克
泡姜末55克
姜末25克
蒜末15克
香芹段15克
香葱段20克
淀粉35克
鸡蛋清1个
青花椒粉3克

调味料

川盐2克（约1/2小匙）
鸡精15克（约1大匙1小匙）
胡椒粉少许（约1/4小匙）
料酒20毫升（约1大匙1小匙）
陈醋30毫升（约2大匙）
食用油50毫升（约1/4杯）
鲜高汤750毫升（约3杯）

制法

1. 青波鱼处理治净，取下鱼肉，鱼头、鱼骨备用。
2. 鱼肉片成片，用川盐1/4小匙、料酒10毫升、鸡蛋清拌匀码味，并拌入淀粉以同时上浆，码味约3分钟待用。
3. 取炒锅开旺火，放入50毫升食用油烧至四成热后，下泡椒末、泡姜末、姜末、蒜末炒香，加入鲜高汤后转中火烧沸。
4. 汤汁烧沸后转小火，先下鱼头、鱼骨，再下鱼片软烧5分钟至刚好断生、熟透。
5. 用川盐、鸡精、胡椒粉、料酒、陈醋调味后下香芹段、香葱段、花椒粉轻轻搅匀即成菜。

料理诀窍

1. 鱼片的刀工处理应厚薄、大小均匀，便于烹制、入味。
2. 掌握醋的入锅时间和投入量！过多汤味太酸，影响成菜味道的平衡，过少不能显现醋的酸香味。而太早将醋入锅，醋的香气与酸味会因加热过久而挥发，过短的话醋的香气与酸味无法与其他食材、调料相融合也会使成菜的味道失去平衡。
3. 香芹、香葱入锅不宜久煮，久煮的话将会丧失其特有的清香和碧绿色泽。

【川味龙门阵】

相传薛涛不仅美丽更是天资聪颖且精通音律，且薛涛也算是发明家，创制薛涛笺的独特工法传世。薛涛（公元768—832年）是谁？她是唐代女诗人也是名妓，因文采显赫曾被提议担任“校书”一职，最后因其为女性而否决，但女校书一名却自此传开。原籍长安（今陕西西安）人。因为父亲薛郧曾在蜀地作官而移居成都，与当时许多文人，如元稹、白居易、牛僧孺、段文昌、张籍、令狐楚、刘禹锡、张祜有往来，特别是与元稹交情最深。其住处即在现今成都的望江楼公园内，保有薛涛井并设立薛涛纪念馆。

番茄炖江鲫

红、白色泽鲜明，汤鲜鱼肉细嫩

在过去，人们习惯把鲫鱼与萝卜丝、豆腐或是酸菜、泡萝卜等同炖、同煮，而如今，厨师们爱把鲫鱼与鲜番茄一同炖，而且番茄加热后会生成对健康十分有益的茄红素。也或许是用番茄炖出的鱼汤，其果酸香味有别于泡菜的乳酸香味，带有一种自然的清新感，与鲫鱼的鲜有着新的契合，鲜番茄烧开的汤汁汤色红亮，调味煮鱼，鱼肉依然洁白细嫩，在视觉上也是一种飨宴。

原料

长江大鲫鱼（江鲫的俗称）

1尾（约重600克）

番茄500克

番茄酱100克

淀粉50克

鸡蛋清1个

鲍鱼菇25克

鸡腿菇20克

滑子菇15克

调味料

川盐2克（约1/2小匙）

料酒20毫升（约1大匙1小匙）

鸡精15克（约1大匙1小匙）

鸡粉10克（约1大匙）

白糖3克（约1/2小匙）

大红浙醋15毫升（约1大匙）

化鸡油75毫升（约1/3杯）

高汤800毫升（约3又1/3杯）

制法

1. 将大鲫鱼处理治净后，取下鱼肉，鱼头、鱼骨分别剁成大块备用。
2. 鲫鱼肉片成厚约1.5厘米的片状，用川盐1/4小匙、鸡蛋清、料酒码味，同时加入淀粉抓拌上浆，码味约3分钟待用。
3. 番茄底部先用刀将皮划十字，再用沸水略烫数秒，取出后去皮切成大块，待用。鲍鱼菇、鸡腿菇、滑菇入开水锅汆烫3～5秒，捞出沥干待用。
4. 取炒锅开中火，放入化鸡油烧至三成热后，下番茄块、番茄酱炒香，并炒至颜色油亮、饱满。
5. 加入高汤并下入鱼头、鱼骨旺火烧沸后转小火烧至断生，再下鲍鱼菇、鸡腿菇、滑子菇和码好味的鱼片。
6. 用川盐、鸡精、鸡粉、白糖、大红浙醋调味，小火煮至原料熟透入味后出锅即成。

料理诀窍

1. 番茄应先去皮，以免成菜后番茄皮剥离影响成菜的美观和口感。
2. 应小火慢慢将番茄块与番茄酱炒至完全溶解，炒出其特有的果酸香味，这是保持汤味鲜美的关键。
3. 熬汤先旺火再小火，以免汤汁强力沸腾把鱼肉冲碎不成形，且能避免汤汁焦锅影响成菜味道。

【川味龙门阵】

永陵博物馆是五代时期前蜀（公元907～925年）皇帝王建的陵墓，在王建执政期间，前蜀国成为当时社会最稳定的国家。王建的棺木置于中室棺床上，棺床的东、西、南三面石壁上刻有乐伎24人，分别演奏琵琶、笙、鼓、筝等乐器，是目前中国唯一完整的唐朝宫廷乐队形象。博物馆内也设有茶园，是成都相当知名的品茶胜地。

双色剁椒鱼头

成菜大气，剁椒味浓，细嫩芳香

清雍正时期，文人黄宗宪路经湖南一个小村庄，借住在农家，农家以河鱼招待，取鱼肉煮汤，而鱼头则是铺上剁碎的辣椒后同蒸，黄宗宪尝过之后觉得异常鲜美。回家后，他告诉家厨并加以改良，于是有了今天的剁椒鱼头。此菜源于湖南剁椒鱼头，利用湖南式的泡辣椒，结合泡野山椒、小米辣椒的鲜辣味，铺于鱼头上入笼蒸制，口感细嫩鲜美、味道清香、辣气十足。

原料

胖头鱼鱼头1个（约重900克）
红剁辣椒100克
青酱辣椒100克
泡野山椒水75毫升
青小米辣椒圈75克
红小米辣椒圈75克
姜片20克
大葱段25克
香葱花25克

调味料

川盐5克（约1小匙）
鸡精25克（约2大匙）
蚝油50克（约3大匙）
胡椒粉少许（约1/4小匙）
白糖2克（约1/2小匙）
料酒50毫升（约1/4杯）
葱油50毫升（约1/4杯）
化鸡油50毫升（约1/4杯）

制法

1. 将鱼头去腮治净剖成两半，用野山椒水，青小米椒圈、红小米椒圈、姜片、葱段、川盐1/2小匙、鸡精1大匙、蚝油、料酒、胡椒粉、白糖码味2小时待用。
2. 将红剁辣椒剁成细末，加一半化鸡油将红剁辣椒细末用中㸆干水汽，调入川盐1/4小匙、鸡精1/2小匙出锅待用。
3. 将青酱辣椒剁成细末，用另一半化鸡油将青酱辣椒细末用中㸆干水汽，调入川盐1/4小匙、鸡精1/2小匙出锅待用。
4. 将鱼头上的码味料渣去净后，将两个一半的鱼头并排装盘，把红剁辣椒末和青酱辣椒末分别铺满在鱼头上，一半鱼头铺红剁辣椒末，另一半铺青酱辣椒末。
5. 将铺好双色酱椒末的鱼头放入蒸笼，旺火蒸8分钟后取出，撒上香葱花、青红小米辣圈（另取）。
6. 取干净炒锅，用中火将葱油烧至五成热，再浇在菜品上即成。

料理诀窍

1. 鱼头治净后盐味应码重一点，使各种香辛料完全渗透其中，这样可以去腥增香，成菜的风味更浓郁。
2. 剁椒和酱椒应剁细，先挤干水分，再入锅㸆炒至干香，这样蒸出的辣椒味会更香一些。
3. 掌握鱼头的蒸制时间，应一气成菜，蒸的途中不要中断或降低火力，否则鱼肉的细嫩度达不到要求。

■四川地区在辣椒盛产的季节，传统市场中多半会有专门卖辣椒的人，他们同时也代为大量制作剁辣椒，使用特制的剁刀，一根铁杆焊上了五把刀以增加效率。

像生松果鱼

造型美观，外酥里嫩

这道菜最初多用作为比赛菜，因吃鱼不见鱼，有鱼香无鱼形，造型又可随意变化。也因为制作的弹性大，很快就流行开来，但常见的问题是鱼蓉的鲜度不足且口感层次单一。这里只切取鲜鱼肉制成鱼蓉，裹入马蹄丁增加口感，再沾裹馒头丁，最后油炸而成，成菜具有外表酥脆、内层细嫩鲜美的特点，因其外形及色泽像似松果而得名。

■改造后的宽窄巷子，在既有的传统建筑结构上融入了现代的建筑元素，怀旧中又带着现代感，漫步其中仍旧有几家未经改造的茶馆。

制法

1. 将鲇鱼肉洗净，去除鱼骨、鳍翅、鱼皮后，加入猪肥膘肉剁细成蓉泥状。
2. 将鱼蓉放入搅拌盆中，加川盐、鸡精、鸡蛋清、白糖、料酒、淀粉后，充分搅打约8分钟制成鱼糁，待用。
3. 马蹄去皮治净后切小丁，取适量的鱼糁包入马蹄丁，整成圆形后，再于外表裹匀馒头丁即成松果鱼的生坯。
4. 将菜心叶切成细丝后，锅中放入食用油，用中火烧至四成热，下入菜丝炸成蔬菜松，捞起沥干油后，平铺于盘中。
5. 用中小火将油温控制在三成热，下松果鱼生坯炸至外表金黄、酥脆、熟透，出锅沥油，放置在垫有蔬菜松的盘上即成。

料理诀窍

1. 掌握鱼糁的制作流程，是此菜的关键工序。
2. 炸蔬菜松的油温不要高于五成油温，不然蔬菜松不绿。
3. 炸生坯时的温度在三成热，油温过高时，外层易焦糊而中间的鱼肉却不能熟透，影响口感。
4. 在炸好出锅后要多沥一下油，因馒头丁较吸油，这样做可减少油腻感。

原料

河鲇鱼肉200克
猪肥膘肉100克
菜心叶500克
馒头丁300克
马蹄50克
鸡蛋清1个
淀粉50克
纸杯盅10个

调味料

川盐2克（约1/2小匙）
鸡精10克（约1大匙）
料酒15克（约1大匙）
白糖2克（约1/2小匙）
食用油1000毫升（约4杯）
（约耗50毫升）

麒麟鱼

金黄酥脆，佐酒尤佳

此菜运用了糖黏技法，是川味甜菜常用烹调技法之一，业内习惯称此法为“挂霜”，因成菜后裹在外层的糖汁在冷却后会形成白色糖霜。最常见的甜食糖黏麻花就是使用此烹饪技巧。这里将食材做了大的创新，以鱼鲜裹糖做成甜菜。将鱼肉的鲜、嫩、甜裹在甜甜的糖霜中，再均匀地粘上炸酥的玉米片，金黄酥脆，味道令人惊艳！而菜名就因外表像传说中的祥兽——麒麟身上的鳞甲而得名。

原料

河鲇鱼1尾（取净肉400克）
营养玉米片500克
姜片15克
葱段20克

调味料

川盐2克（约1/2小匙）
料酒20毫升（约1大匙1小匙）
冰糖150克（约3/4杯）
食用油1020毫升（约4杯）（约耗50毫升）

制法

1. 将鲇鱼处理治净后，去除鱼骨、鱼头另做他用，只取鱼肉斩成2厘米见方的丁，用姜片、葱段、料酒、川盐码味约5分钟待用。
2. 炒锅倒入1000毫升食用油，用旺火烧至五成热，将玉米片入锅炸酥，出锅沥油，铺于平盘中，备用。
3. 油用旺火烧至七成热，下鱼丁炸至外表酥脆，转小火用三成油温浸炸鱼丁至完全酥透，出锅沥油，待用。
4. 洗净炒锅开中火烧热，放入20毫升油，转小火下冰糖煮至融化呈深黄色且呈黏稠状。
5. 此时倒入炸酥的鱼丁，轻而快地翻搅至冰糖浆均匀裹在鱼丁上，出锅后立即倒在酥玉米片中，迅速裹匀酥玉米片即成。

料理诀窍

1. 炸玉米片的油温应在五成热，油温过高易焦糊且色泽发黑，油温过低不易炸酥且吸油过重。
2. 炸鱼时先高温，后低温浸炸至酥透，不然炸好的成品菜不耐久放易回软。
3. 掌握熬糖的融化程序，忌讳油加得过多和熬制冰糖时过火，这两种状况的存在都会造成玉米片不易均匀地粘在鱼肉上。糖熬得不够，熬嫩了，特有的焦糖香出不来，成菜冷却后糖就会稀化，玉米片也自然会脱落。糖熬得过火就焦糊了，不只甜香味没了，还成了焦苦味无法入口。

【川味龙门阵】

在全球十大经典传奇爱情中，中国有三对情人榜上有名：汉朝的司马相如（约公元前179年～公元前127年）与卓文君位列第一；唐明皇与杨玉环位列第三；徐志摩与陆晓曼位列第十。而今日成都琴台路就是当年司马相如与卓文君私奔之后，潦倒之时当街卖酒的地方，后来司马相如以一篇《子虚赋》获得汉武帝的赏识与重用。

酸辣鱼皮冻

滋糯爽口，酸辣开胃

传统许多菜品中都可看到以“皮”为主角，主要在于物尽其用，如烧肉皮、烤酥肉皮、皮札丝等，或是略为加工，以便于长期存放的皮肚也是美味，高档的像是鲨鱼皮等。但成菜多半不美，较少上筵席当主角、多为辅料。此菜将鱼皮借鉴果冻的做法做成凉菜，造型美观、口感滋糯，可成一方之秀。晶莹剔透的鱼皮冻，光看着就让人清爽无比，尝一口，酸辣开胃，实为一道有创意的精致鱼肴。

原料

草鱼皮300克
猪前蹄皮500克
鱼胶粉50克
红小米辣椒圈25克
香葱花10克

调味料

川盐3克（约1/2小匙）
鸡精20克（约1大匙2小匙）
白糖3克（约1/2小匙）
香油15毫升（约1大匙）
酸汤50毫升（约1/4杯）

器具

长方形耐热保鲜盒1个
（长宽高约30厘米×15厘米×7厘米）

制法

1. 将鱼皮治净入锅氽烫至熟后捞起待用。
2. 猪前蹄皮治净，放入汤锅加入1500毫升水，用小火熬煮至猪皮胶质溶出化成蓉，成为猪皮胶质浓汤。
3. 将猪皮胶质浓汤沥去料渣，趁热撒入鱼胶粉搅拌至融化。
4. 拌匀后，将烫好的鱼皮放入，搅拌一下倒入保鲜盒内，冷却后即成鱼皮冻生坯。
5. 将鱼皮冻生坯改刀成4毫米厚的片，整齐摆入深盘中，备用。
6. 取酸汤汁用川盐、鸡精、白糖、香油调味后，浇入盘中的鱼冻上，点缀红小米辣椒圈、香葱花即成。

料理诀窍

1. 熬皮冻时要注意火力的均匀度，避免火力集中于一点致使锅底焦黏而烧得焦糊，使得整锅都充满焦臭味，勉强成菜，也难以入口。
2. 掌握好鱼皮冻成形的软、硬度，对成菜口感非常关键，把握好猪皮胶质浓汤的“浓、薄”与鱼胶粉的“多、寡”，薄、寡则软，浓、多则硬。
3. 了解掌握自制酸汤的熬制配方与方法，制好酸汤是决定“味”好坏的关键基础 。

鱼香鱼唇

色泽红亮，姜蒜葱味浓郁，回味酸甜，入口细嫩

鱼唇多指以鲟鱼、鳇鱼、黄鱼等鱼类的唇部、鼻部、眼部或整个鱼脸部的皮及软肉干制而成的食材，在清代被列入水八珍之中，且历来皆为美食爱好者所认同。干鱼唇在烹饪前须经过涨发处理，口感软糯，风味上多半带有风干的鲜腥味，口感上缺乏鲜、甜、嫩的特质。此道菜选用新鲜鱼唇，用花鲢鱼包含鱼脸的鱼唇，以生烧的方法烧制并施以鱼香味成菜，相对于干鱼唇也更能尝出鱼的鲜嫩与甜美。

原料

净花鲢鱼唇4副
泡椒末50克
泡姜末35克
姜末15克
蒜末25克
姜片15克
香葱花30克

调味料

川盐2克（约1/2小匙）
鸡精15克（约1大匙1小匙）
白糖35克（约2大匙1小匙）
料酒20毫升（约1大匙1小匙）
陈醋30毫升（约2大匙）
食用油50毫升（约1/4杯）
香油15毫升（约1大匙）
水淀粉35克（约2大匙1小匙）
鲜高汤500毫升（约2杯）

制法

1. 将花鲢鱼的净鱼唇洗净，用川盐1/4小匙、料酒、姜片码拌均匀后置于一旁静置入味，约码味3分钟备用。
2. 取炒锅开大火，放入50毫升食用油烧至四成热，下泡椒末、泡姜末、姜末、蒜末炒香出色后，加入鲜高汤以中大火烧沸。
3. 用川盐、鸡精、白糖、陈醋、香油调味后转小火，下入码好味的鱼唇小火慢烧约5分钟至入味，下入水淀粉勾芡，放香葱花推匀即可出锅装盘。

料理诀窍

1. 花鲢鱼唇适宜生烧成菜，不宜先油炸后烧，虽然先炸后烧可以缩短制熟与入味的时间，但这样鱼唇的口感不够鲜嫩。
2. 掌握鱼香味的调制比例和鱼唇下锅烧制的时间，是保证成菜口味与形美的关键。

【川味龙门阵】

成都川菜博物馆位于郫县的古城镇，馆藏有数千件，是全世界唯一以菜系文化为陈列内容的主题博物馆。

博物馆内分为“典藏馆”，以文物、典籍、图文陈列展示历史的川菜文化。“品茗休闲馆”可以亲身体验川菜文化中“茶饭相随、饮食相依”的特点，川菜文化燕集文化，集宴饮、娱乐、休闲为一体。四川人饮茶形式不拘，春秋之际，晒太阳、喝坝坝茶。盛夏之时在林荫下饮茶纳凉。屋中品茗则四季皆宜。“互动演示馆”现场演示川菜的刀功、火候及成菜过程。而其中设有“灶王祠”，体现民间信仰与对厨事的敬重。

蕨根粉拌鱼鳔

入口滑糯，酸辣适口

蕨菜是一种可以入药，也可当食物的两用野生植物。因为蕨菜的根是紫色的，所以做出的粉丝也就成了“紫黑色粉丝”。经过水煮后，外观乌黑，口感滑嫩筋道，而本身并无异味。川菜中的凉菜酸辣蕨根粉就是将蕨根粉拌上酸辣开胃的汤料。在这里，我们在滑嫩筋道、入口清爽、酸香开胃的基础上，加入滋糯的鱼鳔合拌成菜，调入鱼鲜的鲜香，让这道清凉爽口的凉菜带上了江边凉风袭来的快意风情。

原料

新鲜江团鱼鳔200克
蕨根粉皮75克
红小米辣椒圈50克
香葱花10克
姜片20克
葱段30克
酸汤200毫升（约4/5杯）

调味料

川盐3克（约1/2小匙）
料酒40毫升（约2大匙2小匙）
红油40毫升（约2大匙2小匙）
香油10毫升（约2小匙）
鲜高汤500毫升（约2杯）

制法

1. 将新鲜江团鱼鳔治净后，用川盐、料酒25毫升、姜片15克、葱段20克码拌均匀后置于一旁静置入味，约码味8分钟。
2. 将码好味的鱼鳔入高压锅内加入鲜高汤、姜片5克、葱段10克、料酒1大匙、川盐1/4小匙，烧沸后加盖用中火压煮3分钟，取出晾凉。
3. 蕨根粉皮泡入热水中涨发约20分钟至发透，接着捞起并沥去水分，待冷却后铺垫于盘底，将熟鱼鳔摆置于蕨根粉皮上。
4. 将酸汤用川盐、香油、红油、红小米辣椒圈调味搅匀，倒入盛器内，撒上香葱花即成。

料理诀窍

1. 控制好鱼鳔放入压力锅的烹制时间，时间过短，口感老韧也不入味；过久的话口感软烂无嚼劲，不脆口。
2. 蕨根粉皮的涨发应要软硬适中，但不宜摆放过久，会造成碰到水分的地方软烂，没碰到水分的地方干硬，破坏菜品的整体口感。
3. 精确控制酸辣味汁的调配比例，确保成菜的风味。

【川味龙门阵】

川菜在“味”上用了很多工夫，但不论是浓、淡，还是麻或辣，最后都要不腻，也就是“爽”。也因此川菜相对于其他菜系，对生菜的食用有较高的兴趣，因生菜本身具备了风味上的鲜爽、口感上的脆爽与作为凉菜的凉爽，食用之后基本上都能有不腻而清爽的口感。

椒香生氽鱼片

麻香味浓厚，入口细嫩清香

过去川菜多喜欢用干的红花椒调味，取其醇麻、醇香而回味带成熟的甜香风味，近几年新鲜青花椒的风味恰好在川菜讲求的麻、香味上，与用量大的红花椒有着截然不同的个性，鲜麻、鲜香中带点野的感觉，回味清鲜、爽香，在川菜中刮起一股青花椒风潮，用来烹制鱼肴别具特色！乌鱼的河鲜味与新鲜青花椒的鲜麻、鲜香，红小米辣椒的鲜辣叠加，味道层次复杂却不混淆，搭配简单氽烫的鲜嫩鱼片，入口滑嫩、香气四溢。

制法

1. 将乌鱼处理后治净，去除鱼头、鱼骨取下鱼肉并去皮留净肉。
2. 净肉片成厚约3毫米的鱼片，用川盐1/4小匙、料酒、姜片、葱段、鸡蛋清、淀粉码拌均匀后置于一旁静置入味，码味约3分钟待用。
3. 苕皮入锅氽烫数秒，出锅沥干水分铺垫于盘底。把码好味的鱼片入锅氽烫约10秒至断生，捞出铺盖在苕皮上面。
4. 将蒸鱼豉油加入辣鲜露拌匀，再加川盐、鸡精、鲜高汤调味后淋在鱼片上。
5. 在炒锅中放入藤椒油、香油、葱油用中火烧至五成热，下新鲜青花椒、红小米辣椒粒爆香后，将热油与爆香的辅料一起淋在鱼片上即成。

料理诀窍

1. 此菜鱼片的刀工处理要厚薄均匀，以利于氽烫断生的时间控制并确保成菜的精致口感。
2. 爆香新鲜青花椒的油温不宜高于六成热，否则会使新鲜青花椒色泽焦黑。但过低无法逼出新鲜青花椒特有的清新鲜麻香。

原料

乌鱼1尾（取肉200克）
苕皮（甘薯粉皮）50克
新鲜青花椒20克
红小米辣椒粒25克
鸡蛋清1个
淀粉35克
姜片15克
葱段20克
鲜高汤150克

调味料

川盐3克（约1/2小匙）
鸡精15克（约1大匙1小匙）
料酒20毫升（约1大匙1小匙）
蒸鱼豉油15毫升（约1大匙1小匙）
辣鲜露10毫升（约2小匙）
香油10毫升（约2小匙）
藤椒油20毫升（约1大匙1小匙）
葱油10毫升（约2小匙）

■成都华兴街与春熙路只有一路之隔，许多在春熙路逛累的成都人都会走来华兴街享用经济实惠的美食。

川式回锅鱼片

色泽红亮，家常味浓，酥香鲜美

回锅肉享有四川第一菜的美称，源于百姓家庭的祭祀，因祭品多是荤食材，只经简单汆烫制熟而未调味的半成品，于是在祭拜过后将食材回锅再烹饪、调味食用而得名，也称之为“会锅肉”，川西地区还有“熬锅肉”的叫法，成菜红绿相衬，肉片厚薄均匀略微卷曲，软硬适口，豆瓣味浓而鲜香，微辣而回甜。这道回锅鱼片借鉴了回锅肉的味、形、魂，成菜后色泽红亮、家常味浓厚。以豆豉提升甘香味，缓和辣味。

■郫县豆瓣是川菜之魂，回锅肉是四川人的第一美味，更是游子最想念的的家乡味。

制法

1. 将草鱼处理治净后，去除鱼头和鱼骨取下鱼肉片并去皮，只取净鱼肉，鱼头和鱼骨另作他用。
2. 净鱼肉片成厚2毫米的鱼片，用川盐、料酒、姜片、葱段码拌均匀，同时拌入淀粉、鸡蛋以达到上浆效果，之后静置一旁码味约3分钟。
3. 取炒锅开中火，加入食用油至七分满、烧至四成热后将码好味的鱼片放入油锅中炸至熟透，起锅前转中大火使油温上升至六成热，炸至金黄、外酥内嫩，捞出沥干，待用。
4. 取干净炒锅加入老油以中火烧至四成热，下郫县豆瓣末、永川豆豉炒香，再下鱼片、青椒块、红椒块、蒜苗段拌炒至断生，加白糖、鸡精调味后翻匀即成。

料理诀窍

1. 此道菜肴仿川式回锅肉的技法成菜，因此鱼先去骨取净肉，须去净鱼刺，以便于食用。
2. 因鱼肉易碎，故采用全蛋糊裹住鱼片进行炸制，这样就可确保鱼片在拌炒的过程中不会碎裂而不成形。
3. 炸鱼片时应控制好油温，先低温浸炸熟透，再用高温炸酥并使鱼片“穿”上一层美味的金黄色。
4. 码味时味道应调得淡些、轻些，因为之后的烹制过程还要放入属于重味道的豆豉和郫县豆瓣等调料，若是码味时味调得浓了，成菜的味会过重、过咸。
5. 青甜椒、红甜椒、蒜苗入锅后不宜久烹，应快速拌炒至断生即可，以免影响菜肴色泽的美感。

原料

草鱼1尾（约重800克）
青甜椒块25克
红甜椒块25克
姜片10克
葱段15克
蒜苗段15克
鸡蛋1个
淀粉50克
永川豆豉20克
郫县豆瓣末25克

调味料

川盐1克（约1/4小匙）
料酒20毫升（约1大匙1小匙）
鸡精10克（约1大匙）
白糖2克（约1/2小匙）
老油35毫升（约2大匙1小匙）
食用油1000毫升（约4杯）
（约耗20毫升）

孜然串烤鱼

风味独特，红亮酥香

原料

草鱼1尾（约800克）
青椒块70克
红椒块70克、洋葱块60克
鸡蛋清1个、淀粉35克
孜然粉20克、花椒粉3克
辣椒粉15克、香葱花15克

调味料

川盐3克（约1/2小匙）
鸡精10克（约1大匙）
白糖2克（约1/2小匙）
料酒10毫升（约2小匙）
香油20毫升（约1大匙1小匙）
老油35毫升（约2大匙1小匙）
食用油2000毫升（约8又1/4杯）（约耗25毫升）

器具

长竹扦12根

此菜借鉴新疆一带的街头烧烤味型和成菜形式，其主味是孜然的风味。在这里把鱼片、青椒块、红椒块、洋葱块等依序穿在竹扦上成串，然后以油炸代替烧烤将食材炸熟且外皮酥脆香，而使大漠风情的孜然味转化成带有四川风味的地方，就是用老油将辣椒粉、花椒粉、孜然粉等调料的特色串起来，再裹在鱼串上，老油的运用使得此菜品的“味儿”穿上川菜的衣裳。

制法

1. 将草鱼处理、去鳞治净后，取下草鱼肉去除鱼皮只取净鱼肉，鱼头和鱼骨另作他用。
2. 将净鱼肉片成厚约3毫米的鱼片，用川盐1/4小匙，料酒、鸡蛋清、淀粉码拌均匀后静置，约码味3分钟。
3. 取竹扦按鱼片、青椒块、鱼片、红椒块、鱼片、洋葱块的顺序串上，全部串好待用。
4. 将炒锅上炉，开大火，放入食用油烧至五成热，把鱼串一一放入炸至酥脆，呈金黄色后捞出沥干。
5. 将油倒出另作他用，炒锅洗净用中火烧干，下入老油烧至三成热，加入辣椒粉、花椒粉、孜然粉炒香后加入川盐1/4小匙、鸡精、白糖、香油调味拌匀，熄火，放入鱼串裹匀上味，撒香葱花装盘即成。

料理诀窍

1. 鱼片串竹扦时，应将蔬菜块与鱼片的颜色交叉分开，这样成菜美观，荤素搭配适当，易于食用与味道的融合。
2. 码味应将鱼肉码至彻底入味，以免烹制后鱼肉不入味，影响口感与味道的层次。
3. 炒孜然粉、花椒粉、辣椒粉的油温不宜过高，以免炒焦，影响色泽和风味。

■锦里曾是西蜀历史上最古老的商业街道之一，今天的锦里古街以川西古镇的建筑风格为特色，集旅游购物、休闲娱乐、美食小吃为一体。

鲜椒热拌黄沙鱼

红亮细嫩，酸辣鲜香

话说有天某酒店生意异常好，也相对忙乱，在外场服务人员的催促下，灶上一位大厨将本来该做成传统酸辣味菜式的热拌黄沙鱼，在调汤汁时，下错了调料，原本该下泡椒的，结果下了小米辣椒，情急之下这位厨师急中生智，马上改做鲜椒麻辣味型，但调味做了些修正以适应黄沙鱼的风味，就此创出了属于河鲜鲜辣味型，也在风味完善后成了热门菜。

原料

黄沙鱼1尾（约重600克）
水发地木耳（地皮菜、地耳）100克
酥花生25克
熟白芝麻20克
芹菜末20克
香葱花15克
姜片15克
大葱段25克
鸡蛋清1个
淀粉35克
红小米辣椒圈35克

调味料

川盐2克（约1/2小匙）
鸡精10克（约1大匙）
料酒15毫升（约1大匙）
香油20毫升（约1大匙1小匙）
特制红油40克（约2大匙2小匙）
酸汤400毫升（约1又2/3杯）

制法

1. 黄沙鱼处理治净后，从鱼背一破为两半，再斩成一字条状。
2. 将鱼条放入搅拌盆中，用川盐、料酒、姜片、大葱段、鸡蛋清、淀粉码味上浆约3分钟备用。
3. 水发地木耳洗净后，入开水锅中汆烫一下，捞起沥干后铺于深盘中，待用。
4. 酸汤倒入炒锅中烧沸后转小火，用川盐、鸡精5克调味再下入鱼块，以小火煮至熟透捞出，铺盖在垫有水发地木耳的深盘中待用。
5. 舀锅中的150毫升酸汤到碗中，用川盐、鸡精5克调味后，再调入香油、红油。
6. 将调好味的汤汁灌入深盘中，撒入酥花生碎、红小米辣椒圈、熟白芝麻、芹菜末、香葱花即成。

料理诀窍

1. 注意斩鱼的刀工处理应大小一致，以便烹调。
2. 对于酸汤及特制红油的熬制应确保控制好火候与调味，此菜品的主味构成是以酸汤及特制红油为基础，若是未能确实熬制出应有的味与层次，那黄沙鱼特有的鲜甜与细嫩感也将受影响，而无法起整体菜品味道的融合与彰显主食材特色的调味目的。

此菜借鉴川菜中粉蒸肉的做法，俗名叫“鲊肉”，因一般农家做此菜总要在肉底下垫上鲊辣椒，分为五香与麻辣两种。粉蒸的菜品好坏是看蒸肉粉中的碎米子，应是呈颗粒状，大小均匀，以川话讲就是要“二粗二粗的”。这里将主料改为鱼片，以南瓜丁做配料，成菜色泽黄亮，鱼肉的滑嫩与南瓜的甜糯在蒸肉粉的风味中恰到好处的融合在一起。

南瓜粉蒸鱼

色泽黄亮，入口粑糯鲜香

原料

河鲇鱼1尾（约重400克）
南瓜400克
麻辣（五香）蒸肉粉1份（约150克）
葱姜汁15毫升
十三香少许（约1/4小匙）
醪糟汁15毫升
豆腐乳汁5毫升
青毛豆25克
香葱花10克

调味料

川盐2克（约1/2小匙）
鸡精10克（约1大匙）
料酒10毫升（约2小匙）
白糖2克（约1/2小匙）
糖色10克（约2小匙）
香油10毫升（约2小匙）
老油50克（约3大匙1小匙）

制法

1. 将河鲇鱼处理治净后，取下河鲇鱼肉去除鱼皮只取净鱼肉，鱼头、鱼骨另作他用。
2. 净鱼肉斩成丁状，置于搅拌盆中，拌入姜葱汁、蒸肉粉、十三香、醪糟汁、豆腐乳汁、料酒、青毛豆。
3. 再用川盐、鸡精、白糖、糖色、香油将鱼肉丁调味后码拌均匀静置入味，约码味3分钟，待用。
4. 南瓜去皮、去籽，切成丁，铺于小蒸笼底，再将码好味的鱼肉丁连同腌拌料一起铺于南瓜丁上。
5. 入蒸笼以旺火蒸15分钟，取出淋上老油，点缀香葱花摆盘即可。

料理诀窍

1. 此菜也可直接用南瓜作盛器，通过蔬果雕的技巧作适当地雕塑，就能起美化菜肴的效果。
2. 鱼肉丁应连同南瓜一块入笼，将鱼肉的味道融入到南瓜里，不应为了方便控制鱼肉丁与南瓜的熟度而牺牲味的融合与层次。
3. 鱼肉丁在码味、调味时应一次调准、入味才行，否则蒸熟后，味若不足或不入味，是无法补救的。
4. 用南瓜作盛器应注意南瓜肉的厚度，一般控制在2厘米左右的厚度，并掌握好入蒸笼蒸制的时间。南瓜肉过厚会发生鱼肉丁都蒸老了南瓜还没熟，南瓜肉过薄会造成南瓜肉软烂不成形与鱼肉丁瘫成一堆。所以最理想的是鱼肉丁与南瓜一同熟透，才能确保鱼肉的鲜嫩与南瓜的鲜甜。

【川味龙门阵】

糍粑算是大江南北都有的传统食品，在四川较有名的糍粑就属成都的三大炮、乐山的红糖糍粑、温江的豆沙糍粑。但在街头也有流动的手工糍粑，既家常又方便好吃。将软糯的糍粑团分切成适当的大小，撒入炒香的黄豆粉，淋上糖浆，一口咬下，甜上心头。

青椒脆臊子鱼

鲜辣风味浓厚，入口香嫩

在过去做臊子鱼，厨师们都是把鱼先炸后烧，不过这样做有一点不足之处，那就是一不小心就会将鱼烧焦或糊锅，而且臊子也不脆了。后来经过改进，采用先烧后炸的方法，并辅以青椒调味，改以酱香味浓的酱肉丁炒制臊子，成菜与传统的臊子鱼相比，臊子浓香而脆、鱼皮酥而肉嫩，味鲜且带青小米辣椒的清香。

原料

青波鱼1尾（约重600克）
红汤卤汁水1锅（约5000毫升）
五花酱肉丁75克
青小米辣椒粒75克
红小米辣椒粒20克
姜丁15克
蒜丁20克
香葱花10克
孜然粉15克

调味料

川盐2克（约1/2小匙）
鸡精10克（约1大匙）
香油15毫升（约1大匙）
老油35克（约2大匙1小匙）
食用油1000毫升（约4杯）
（约耗30毫升）

【控水】
中式烹饪的专用词，指将入锅汆烫或煮熟后的原料，用漏勺捞出锅并沥干水分的动作。

制法

1. 将青波鱼处理治净后，在鱼身两侧剞一字形花刀。
2. 红汤卤汁水于汤锅中烧沸后，转小火将处理好的青波鱼下入红汤卤汁水中以小火慢烧约6分钟至熟透，捞出控水，沥净、晾干。
3. 炒锅中倒入食用油，旺火烧到六成热后，下入烧熟晾干的青波鱼，炸至外皮黄褐、定形后出锅沥干油，装盘待用。
4. 炒锅中加入老油35克，旺火烧至四成热时下酱肉丁爆香，再加入青小米辣椒粒、红小米辣椒粒、姜丁、蒜丁炒香。
5. 最后下入孜然粉，加入川盐、鸡精、香油调味，下香葱花翻匀出锅盖在鱼上即成。

料理诀窍

1. 鱼在红汤卤汁中应小火慢烧至入味、熟透，也能保持鱼的形态完整，万万不能旺火滚煮，一沸腾鱼肉就散不成形。
2. 掌握鱼的入锅炸制时间、油温高低、火候的调控，任一动作过头了鱼的肉质就要老了、焦了或发柴；不足又展现不出鱼皮胶质与油脂因油炸而产生的酥香味，甚而产生油腻感，也难以和老油炒制的馅料味道相融合、衬托，味道、口感也就没了层次。
3. 最后炒制的馅料，因酱肉丁本身就带咸味，所以要注意盐的用量，味不要过重、过于浓厚，因河鲜的本味基本上还是清而鲜，过重、过厚的调味将影响成菜口味，失去河鲜应有的风味。
4. 此菜重点在香嫩，搭配火源上菜更能藉由热度的保持而使香气持续发散。

【川味龙门阵】

浣花溪公园是纪念唐朝女英雄浣花夫人的。浣花夫人是蜀郡成都人。姓任。唐朝大历二年（公元767年）时，崔旰继任剑南西川节度使，并娶了任氏。隔年崔旰上京城，留下其弟崔宽代理镇蜀，遇上泸州刺史杨子琳趁机攻打成都，崔旰的夫人任氏英勇出战，击溃杨子琳，保全成都。朝廷封任氏为“冀国夫人”。传说中她居住在浣花溪时，曾为一老僧洗僧衣，当僧衣入水濯洗时，水中立刻呈现出无数的莲花，因此后人就将浣花夫人洗衣处称为“百花潭”，尊称崔任氏为“浣花夫人”。

重庆市万州区十分流行烤鱼，这股渝派（重庆的简称）江湖味的烤鱼，将鱼在炭火上烤至熟透，外焦里嫩，再炒一份香气扑鼻的浇料盖在鱼上，一入口炭香与红油香、椒麻香、孜然香融为一体，风格独具，成菜豪爽，江湖特色尽显。此菜以“炸”代“烤”，以烧红的铁板盘代替火红的炭火，口味上仍以麻辣中交叉着孜然的香气为主轴，一入口鱼肉细嫩鲜美而口味浓厚。

【川味龙门阵】

据传晚清重庆名厨叶天奇的后人中出了一位女厨。由于叶家的厨艺传男不传女，所以只教她一些家常菜。一年春节，父亲生病在床，不能上灶，谁知他的女儿竟做出一桌大菜，技惊四座。其中，尤以一道用炉火烧烤后再炒料烹制的烤鱼让父亲也赞不绝口。经过时间的演变遂成为万州的特色烤鱼，外焦里嫩、油香扑鼻。烤鱼吃完了，剩下的汤料还可以作为火锅用料，涮些爽口的青菜。

铁板烧烤鱼

孜然家常味浓，干香可口

原料

草鱼1尾（约重800克）
肥肠50克、豆腐干切条25克
青甜椒块20克、魔芋25克
红甜椒块20克、洋葱块25克
姜片15克、葱段15克
芹菜段15克、干花椒3克
干辣椒15克、孜然粉20克
酥花生仁25克、白芝麻15克

调味料

川盐3克（约1/2小匙）
料酒20毫升（约1大匙1小匙）
鸡精15克（约1大匙1小匙）
白糖1克（约1/4小匙）
香油20毫升（约1大匙1小匙）
花椒油20毫升（约1大匙1小匙）
老油75毫升（约1/3杯）
食用油2000毫升（约8又1/4杯）
（约耗50毫升）

制法

1. 将草鱼处理治净后，剞花刀，用川盐1/4小匙、姜片、葱段、料酒码拌均匀后静置入味，约码味5分钟。
2. 魔芋切成长5厘米、粗1.5厘米的条形，入开水锅中煮透后，沥干备用。
3. 炒锅中放入食用油，旺火烧至六成热，下入码好味的草鱼炸至定形，接着转小火维持油温在四成热，浸炸约2分钟至外酥内熟，即可捞起沥干油。
4. 将铁盘置于火炉上以旺火烧热、烧烫，备用。
5. 将油倒出后洗净，用旺火将炒锅烧干后，转中火再倒入老油烧至五成热，下肥肠爆香。
6. 接着下干花椒、干辣椒炒香，最后加入孜然粉、豆腐干条、魔芋条、青甜椒块、红甜椒块、洋葱块、芹菜段炒香。
7. 再下酥花生仁、白芝麻炒匀，用川盐、鸡精、白糖、香油、花椒油调味。
8. 先将炸好的鱼放于烧烫的铁盘上，再将步骤5～7完成的炒料铺盖在草鱼上，于下方点火后即可上桌。

料理诀窍

1. 掌握炸酥草鱼的油温应先高后低才能确实炸酥、炸熟又不至于炸至焦煳。
2. 炸鱼的过程中切忌巴锅或过度翻搅而将鱼形损坏影响成菜美观。
3. 炒香的调配料最后只是铺盖在炸好的鱼上，因此炒调配料的味应调得浓厚些，这样在食用时和鱼肉里外调合才能有滋有味。

荞面酱鱼丁

酱香味浓郁，细嫩爽口

此菜品在传统以甜面酱为主的酱香味型上改良，以叉烧酱、排骨酱替代甜面酱，成为带有广东菜气息的酱香味，结合细嫩的鱼肉和玉米、胡萝卜、青毛豆、马蹄等，在浓郁酱香中吃出多层次的口感，鱼肉嫩滑、玉米香糯、胡萝卜脆口、青毛豆鲜爽、马蹄清脆。配上与酱香味最搭的面点窝窝头成菜，淡化酱浓味厚而偏咸的现象，又能使酱香充分散发。

原料

黄沙鱼800克
熟荞面窝窝头10个
玉米粒50克
胡萝卜丁25克
青毛豆15克
马蹄丁25克

调味料

川盐2克（约1/2小匙）
叉烧酱25克（约1大匙2小匙）
排骨酱25克（约1大匙2小匙）
鸡精15克（约1大匙1小匙）
白糖2克（约1/2小匙）
香油15毫升（约1大匙）
食用油50毫升（约1/4杯）
鸡蛋清1个
料酒15毫升（约1大匙）
淀粉50克（约1/4杯）

制法

1. 将黄沙鱼处理后洗净，取下两侧鱼肉并去皮成为净鱼肉，改刀切成小丁后放入搅拌盆内。
2. 用川盐1/4小匙、鸡蛋清、料酒码拌均匀同时加入淀粉码拌上浆，静置入味，约码味3分钟。
3. 取炒锅下入六分满的清水，旺火烧沸，下入玉米粒、马蹄丁、胡萝卜丁、青毛豆用沸水汆烫约15秒断生，待用。
4. 荞面窝窝头上蒸笼蒸热后摆入盘中围边。
5. 取炒锅开旺火，放入食用油用中火烧至三成热后，下码好味的鱼丁滑散至断生。
6. 接着调入叉烧酱、排骨酱料炒香，再加入玉米粒、胡萝卜、青毛豆、马蹄炒匀。
7. 最后加入川盐1/4小匙、鸡精、白糖、香油调味翻炒均匀后，盛入以荞面窝窝头围边的盘中即成。

料理诀窍

1. 鱼丁的大小应均匀一致，掌握入锅滑炒的油温、火候和炒制的时间长短，以保持鱼肉的细嫩。
2. 油不能过重，否则油腻感影响成菜应该爽口的风格。成菜也可搭配香葱花食用。

冲菜拌鱼片

绿中带白，辣呛而开胃

冲菜又叫辣菜，乃巴蜀民间春季常见的开胃小菜，是把青芥菜炒至刚断生再密封静置而成。冲菜的魂就在它的“冲”，是让人直冲脑门、七窍生烟的感觉。冲菜略加调味就可以单独成菜，也可搭配其他原料成菜。像是与鱼片合拌，冲菜的滋润、鲜、香、脆、冲和鱼肉的鲜味与滑嫩搭配的天衣无缝，“冲”过之后的回甘让鱼片的滋味变的更悠远而耐人寻味。

原料

黄沙鱼1尾（取肉约400克）
青芥菜300克
姜片15克
葱段20克
红小米辣椒圈30克

调味料

川盐2克（约1/2小匙）
鸡粉15克（约1大匙1小匙）
芥末油10克（约2小匙）
香油20毫升（约1大匙1小匙）
白醋5克（约1小匙）

制法

1. 青芥菜切碎。取炒锅烧热后将青芥菜碎入锅以中火炒至断生，之后立刻盛入碗中并将碗口密封，闷24小时即成冲菜待用。
2. 将黄沙鱼处理治净后，取下净鱼肉并片成薄片，用川盐1/4小匙、姜片、葱段码拌均匀后静置入味，约码味5分钟。
3. 炒锅加入清水至七分满，旺火烧沸，转中火后将码好味的鱼片入沸水锅中汆烫约20秒至断生，捞出后放凉待用。
4. 取冲菜放入搅拌盆中，加入红小米椒圈、鱼片，调入川盐1/4小匙、鸡粉、芥末油、香油、白醋轻拌，调和均匀，装盘即成。

料理诀窍

1. 掌握青芥菜入锅的炒制时间，保持其成菜后脆绿并确保闷制后产生足够的冲味与呛辣。炒制时间过短时，冲菜气味夹生；过长时，成菜变绿褐色，冲味与呛辣味不足，甚至全无。
2. 鱼片的刀工处理要均匀，入锅汆烫的时间也要控制得宜，才能保持成菜鱼片的口感细嫩。

■青城山因全山林木四季常保青翠，且诸峰环峙，有如城廓一般而得名。要上青城山需登梯千级，沿途曲径通幽，自古就有“青城天下幽”的美誉。与剑门之险、峨眉之秀、夔门之雄等名胜齐名。

马蹄木耳炖河鲇

汤色乳白，咸鲜味美，营养丰富

河鲇成菜最有名的就属大蒜烧河鲇，其他还有软烧仔鲇、醋烧鲇鱼。而以炖法并配以马蹄、木耳烹成佳肴似不多见。主因是鲇鱼有股特殊的味道，若鲜度不够就会腥，因此做成白味炖菜不只是调味，鲜度的要求更高。所以此菜除了以码味除腥外，通过先炸后炖将鲇鱼皮的胶质转化为酥香味，加上大火煮，小火炖，成菜汤色乳白、鱼肉细嫩，马蹄和木耳脆爽、汤味鲜美。

原料

大口河鲇鱼1尾（约重750克）

去皮马蹄300克

胡萝卜块75克

水发地木耳50克

姜片15克

葱段20克

鲜高汤1000毫升（约4杯）

淀粉35克

调味料

川盐2克（约1/2小匙）

鸡精15克（约1大匙1小匙）

胡椒粉少许（约1/4小匙）

料酒20毫升（约1大匙1小匙）

化鸡油50毫升（约3大匙1小匙）

制法

1. 将大口河鲇鱼处理治净后，取下鱼肉并片成3毫米厚的鱼片，将鱼头、鱼骨剁成块。
2. 将鱼片及鱼骨块用川盐1/4小匙、一半姜片、一半葱段、料酒、淀粉码拌均匀并上浆后静置入味，约码味3分钟待用。
3. 取炒锅开大火，放入化鸡油烧至四成热后，下姜片、葱段爆香，先放鱼头、鱼骨块略煎后，加入鲜高汤以大火烧沸。
4. 接着用川盐1/4小匙、鸡精、胡椒粉调味后先旺火煮约3分钟再转小火炖约5分钟至汤色白而味浓。
5. 炖好汤底后，下入马蹄、胡萝卜块、地耳炖至熟透，最后放入鱼肉片煮至断生，出锅装盘即成。

料理诀窍

1. 炖鱼头、鱼骨时为使汤色白而味厚，所以先用旺火煮，将鱼头、鱼骨中的胶质、钙等可溶出的鲜味成分通过大火煮出来，就能使汤色发白浓稠，之后再转小火炖至味厚味浓。
2. 对于河鲜炖品的烹制，除调味外，首先应保持鱼肉的形不烂、完整。菜型完整才能彰显鲜美特色，引人食欲。
3. 鱼的头、骨先煎过不只是去腥增香，还能让鱼汤的色更白浓。主要是因蛋白质、胶质等成分经过高温的热处理及与油脂的融合转化后，蛋白质、胶质等成分会更易于溶出且色泽趋白。

【川味龙门阵】

二王庙位于四川岷江都江堰河段东岸的山麓，主祀修筑都江堰水利工程的李冰父子。在东汉（公元25～220年）时，原本是建来纪念蜀王杜宇的“望帝祠”。到南朝齐明帝建武年间（公元494～498年），益州刺史刘季连将望帝祠迁至郫县，改祀李冰于此，并命名为“崇德庙”。宋开宝五年（公元972年）扩建，增塑李冰之子李二郎神像。清代时正式定名为“二王庙”，并历经多次重修、改建。目前二王庙被列为中国重点文物保护单位。

果味鱼块

色泽黄亮，果香味浓

此菜借鉴了糖醋味菊花鱼的刀工处理方法，将成菜口味改成了水果甜香味，色泽黄亮、酸甜可口、外酥内嫩，加上炸好后形如花瓣的鱼肉可以充分裹上酸甜汤汁，是春夏时节一款广受喜爱的美味甜菜。制作此菜时，因水果类食材多半受热后颜色会转黑，口感也会变得软烂，因此应先收好芡汁，再放入水果丁，缩短加热时间，以免影响水果特有的口感与风味。

原料

草鱼1尾（约重800克）
橙汁（浓缩）100毫升
柳丁（柳橙，也可用普通橙子代替）1个
猕猴桃1个
西瓜50克
香蕉50克
鸭梨（西洋梨）50克
淀粉200克
姜片15克
葱段20克

调味料

川盐2克（约1/2小匙）
白糖75克（约1/3杯）
大红浙醋50毫升（约3大匙1小匙）
料酒15毫升（约1大匙）
食用油2000毫升（约4杯）
清水100毫升（约1/2杯）
水淀粉50毫升（约3大匙）

制法

1. 将草鱼去鳞、治净后，取下两侧鱼肉，鱼的头、尾留下待用，鱼肉去除鱼刺、鱼皮成净鱼肉。
2. 净鱼肉剞十字花刀，再改刀，切成约5厘米见方的块，用川盐、料酒、姜片、葱段码拌均匀后静置入味，约码味5分钟待用。
3. 取柳丁、猕猴桃、西瓜、香蕉、鸭梨去皮后，分别改刀切成约1厘米见方的丁待用。
4. 取一炒锅放入食用油至约七分满，用大火烧至六成热转中火。将鱼块拍去料渣，沥干水分后再拍上干淀粉，放入油锅炸至定形，转中火控制在四成油温，炸约3分钟，至外酥内嫩呈金黄色，捞起沥油装盘。
5. 将油倒出留做他用。炒锅洗净倒入清水100毫升用旺火烧沸，转中火下入浓缩橙汁，用白糖、大红浙醋调味。
6. 当再次烧沸时用水淀粉勾芡收汁，下入水果丁快速翻匀后出锅浇在鱼块上即成。

料理诀窍

1. 成菜若要美观，刀功不可少！鱼肉的刀工处理要利落、大小均匀，水果丁的大小也应一致。
2. 炸鱼块的油温和炸制的时间要掌握好，应先以六成油温炸至定形上色，再以四成油温浸炸至熟透、酥脆。避免炸得过火或过久，而影响成菜口感。

■穿梭成都大街小巷的水果贩子。

泡豇豆煸鲫鱼

入口酥香，佐酒尤佳

川菜烹调中最具特色的烹调技法是干烧、干煸、小煎、小炒，强调一锅成菜，可家常也可上宴席。此菜采用干煸的方法，把泡豇豆加热煸炒至脱水，呈酥软干香时再与炸酥的鲫鱼一起煸炒入味成菜，入口干香味浓。泡豇豆特殊的乳酸味将鲫鱼的鲜味再次凸显出来，让成菜不被油炸的酥香气所掩盖，进而产生味道上的层次感。

原料

鲫鱼3尾（约重500克）
泡豇豆100克
青美人辣椒25克
红美人辣椒25克
泡姜片20克、大蒜片15克
姜片15克、大葱段20克
干红花椒2克、干辣椒段15克

调味料

川盐2克（约1/2小匙）
鸡精15克（约1大匙1小匙）
香油20毫升（约1大匙1小匙）
料酒20毫升（约1大匙1小匙）
老油50毫升（约3大匙1小匙）
食用油2000毫升（约8又1/3杯）
（约耗50毫升）

制法

1. 将鲫鱼去鳞、治净后，对剖两半，改刀成5厘米×3厘米的块。
2. 将鱼块置入盆中，用姜片、葱段、川盐1/4小匙、料酒10毫升码拌均匀后静置入味，约码味5分钟待用。
3. 泡豇豆切成约3厘米的寸段；青、红美人辣椒去籽后改刀，切菱形块。
4. 取炒锅开大火，放入食用油2000毫升，烧至六成热后，下码好味的鱼块炸至表皮金黄后，转小火将油温控制在三成热，继续炸至外酥内熟即可出锅沥油。
5. 将油倒出另作他用，然后在炒锅中下入老油，以中火烧至四成热，下泡姜片、大蒜片、泡豇豆段、干花椒、干辣椒段炒香。
6. 接着放入外酥内熟的鱼块一同干煸，并用川盐1/4小匙、料酒、香油、鸡精调味，最后放入青、红美人辣椒块煸出香味，翻匀出锅即成。

料理诀窍

1. 炸鲫鱼块时务必油温要高，最少六成热，高温急炸上色、定形封住肉汁后转小火保持油温在三成热，浸炸至熟透，才能达到外酥内嫩的口感效果。
2. 煸泡豇豆和青、红美人椒时需控制好火力，不可过大且煸的时间不要过长，否则将损坏食材原本鲜亮的颜色，并使得成菜暗浊、不可口。

【川味龙门阵】

龙潭寺历史悠久。据说三国时期某年仲夏，蜀汉皇帝刘备的儿子刘禅路过这里，因天气炎热，便到水池中沐浴消暑，之后刘禅称帝，人们就把这池子命名为“龙潭”。龙潭右侧建有一寺庙，寺庙也因此一起改名，即今日的“龙潭寺”。

酸汤乌鱼饺

入口滑嫩鲜美，酸辣舒畅

饺子的雏形源自东汉末年，由名医张机（字仲景）所创的“角子”药膳，到南北朝时就成为美食不再是药膳。饺子的食用习俗南北大不同，北方是过年时一定要食用的应节习俗美味，象征平安、福气。南方就很单纯是美食的一种，有些地方会以米粉皮做饺子。此菜借鉴北方水饺的做法，以鱼肉片为皮，韭菜猪肉为馅，加上川式酸汤烹制而成，鱼饺透明发亮，吃起来酸辣开胃，入口滑爽。

原料

乌鱼1尾（约重800克）
猪前夹肉末100克
小韭菜末75克
姜末15克
花椒粉少许
鸡蛋清2个
淀粉50克
番茄片25克
黄瓜片25克
灯笼辣椒酱25克
野山椒末25克

调味料

川盐2克（约1/2小匙）
鸡精15克（约1大匙1小匙）
料酒20毫升（约1大匙1小匙）
胡椒粉少许（约1/4小匙）
白醋10毫升（约2小匙）克
鸡汤500毫升（约2杯）
食用油50毫升（约1/4杯）

制法

1. 将乌鱼去鳞、治净后，取下两侧鱼肉，除去鱼皮只取净鱼肉。
2. 将净鱼肉以一刀断一刀不断的方式片成火夹片，逐一片好完成鱼肉饺子皮的生坯后待用。
3. 取猪肉末、小韭菜末、姜末、花椒粉放入搅拌盆中拌匀，加入川盐、鸡精、胡椒粉、料酒调味后继续搅拌至肉馅带有黏性即成馅料待用。
4. 取鱼肉饺子皮，中间包入馅料以蛋清封口制成鱼饺，再整个裹匀鸡蛋清后沾上一层干淀粉即成生坯。逐一包好后待用。
5. 取炒锅开大火，放入食用油烧至四成热后，下灯笼辣椒酱、野山椒炒香，加入鸡汤烧沸，煮沸约3分钟，捞净汤汁中的料渣。
6. 转小火，下鱼饺生坯慢煮至熟透，最后放入番茄片、黄瓜片，用鸡精、白醋调味后略煮，出锅即成。

料理诀窍

1. 片鱼肉火夹片的刀工要求是厚薄必须均匀，薄而不穿孔、破碎，生坯皮的大小应一致，才能确保成菜的精致感。
2. 鱼饺的馅料味不宜调的过大、过重，因最后煮熟的汤汁里还有调料可以起辅助与补味之效。
3. 鱼饺包入肉馅的量要适当、均匀，才不至于露馅或馅料不足失去风味。
4. 煮鱼饺时火候要控制好，原则上以小火慢煮较不易砸锅（煮坏了），不然鱼饺会因火旺，汤汁沸腾而冲散、冲烂。

■一把舒适的竹椅是在竹椅师傅的手中从一根绿竹变出来的！而这百姓的竹椅却令人有着帝王般的舒适。

鳝鱼烧粉丝

醒酒开胃，酸香纯正，入口滑爽

川菜中以鳝鱼烹制的菜品相当普遍，较著名的有干香的干煸鳝丝、麻辣味的峨嵋鳝丝、泡椒系列的泡椒鳝片等。鳝鱼烧粉丝源自热门的江湖菜“粉丝鳝鱼”，在原本浓厚家常味的基础上，去掉老油，略增郫县豆瓣的使用，再加重醋的使用量，使菜品的风味变成家常味与酸辣味复合的味型，入口滑爽开胃，却不失原创风味。

原料

去骨鳝鱼250克
银河粉丝1/2袋
郫县豆瓣末25克
泡椒末35克
泡姜末20克
姜末25克
蒜末25克
香葱花15克

调味料

川盐2克（约1/2小匙）
鸡精15克（约1大匙1小匙）
胡椒粉少许（约1/4小匙）
料酒20毫升（约1大匙1小匙）
白糖2克（约1/2小匙）
陈醋30毫升克（约2大匙）
香油20毫升（约1大匙1小匙）
食用油75毫升（约1/3杯）
鲜高汤750毫升（约3杯）

制法

1. 将去骨鳝鱼肉治净切成二粗丝待用。粉丝用热开水涨发约15分钟至透，沥水备用。
2. 取炒锅开大火，放入50毫升食用油烧至四成热后，下郫县豆瓣末、泡椒末、泡姜末、姜末、蒜末，转中火炒香，炒至颜色油亮、饱满。
3. 接着加入鲜高汤750毫升，以旺火烧沸，再转小火熬约20分钟。
4. 将熬好的汤汁沥去料渣，倒入汤锅中即得红汤，待用。
5. 在炒锅中放入清水，约为五分满，大火烧沸后下鳝鱼丝汆烫约10秒，出锅沥水。
6. 洗净炒锅，下入25毫升食用油烧至五成热，放入鳝鱼爆香后，加入全部红汤。
7. 加入川盐、鸡精、料酒、胡椒粉、白糖调味后放入涨发好的粉丝，小火煮约2分钟至入味后加入陈醋拌匀，再加入香油即可出锅，撒上香葱花即成。

料理诀窍

1. 鳝丝的刀工处理均匀，熟成时间一致，可以令烹煮时间更易于控制也更能掌握入味的程度。
2. 掌握红汤的熬制配方、程式与火候，因红汤的味是此菜的灵魂。
3. 粉丝的涨发应软硬度合适，过干容易吸汤料，过软成菜口感就不佳。
4. 必须掌握好醋的投放时间和投放量，过早的话醋酸味会因加热挥发，而在起锅前一刻加，醋酸味又会太呛。

【川味龙门阵】

成都人民公园原名为少城公园，建于1911年。公园内有梅园、盆景园、兰草园、海棠园、大型假山等景点。有一人工湖，其上可以泛舟，湖边建有仿古的茶楼，其中的鹤鸣老茶社是久负盛名。现在的人民公园是蓉城百姓品茶赏景、游玩休闲，运动养生好去处，身在其中，悠闲的气氛让人心情舒畅。

凤梨烩鱼丁

入口滑嫩鲜美，回味香甜

近年来健康饮食的风潮渐盛，菜品结合甜香、酸香的水果入菜以取得美味与健康的平衡，基于此创制出了许多创意菜肴，最有名的就属酸香带甜、入口脆爽的凤梨虾球。这里除菠萝外有多种鲜水果丁和鱼搭配成菜，色泽分明果味芳香，是夏季的一款清凉爽口佳品。

原料

黄沙鱼1尾（约重800克）
新鲜菠萝1个（约重750克）
红圣女果50克
香瓜50克
鸡蛋清1个
淀粉30克

调味料

川盐3克（约1/2小匙）
料酒15毫升（约1大匙）
醪糟10克（约2小匙）
鸡精10克（约1大匙）
水淀粉30克（约2大匙）
食用油2000毫升（约8又1/3小匙）（约耗40毫升）

制法

1. 将黄沙鱼处理治净后，取下不带皮的净鱼肉切成1.5厘米见方的鱼丁。
2. 将鱼丁放入搅拌盆，用川盐、料酒、鸡蛋清、淀粉码拌均匀并使其上浆后静置入味，约码味3分钟待用。
3. 新鲜菠萝去皮对剖成两半，取一半菠萝肉切成1厘米见方的丁，另一半将菠萝肉挖空作为盛器待用。香瓜去皮切成1厘米见方的丁。红圣女果每粒各切成4等分。
4. 取炒锅放入食用油至约六分满，用旺火烧至三成热后，下入码好味的鱼丁滑散，滑约5秒至熟，捞起沥油。
5. 将油倒出，留少许油在锅底，中火烧至三成热，再下滑好的鱼丁，用鸡精、醪糟调味拌炒均匀。
6. 接着加入圣女果、香瓜、切好的菠萝丁拌匀，以中火烩至入味，再用水淀粉收薄汁出锅装盘即成。

料理诀窍

1. 鱼丁的蛋糊应上薄一点，过厚会影响成菜口感。
2. 水果丁不宜下锅过早，以免烹饪的温度使水果的鲜味与口感被破坏，影响成菜的风格。
3. 熟练掌握滑油的温度、火力，是决定成菜老嫩的关键。

■成都的茶文化除了喝茶聊天外，扒耳朵等具特色的服务只在茶楼提供。特别是扒耳朵，那感觉真巴适！

软饼宫保鱼丁

入口香辣，回味甜酸，菜点合用

宫保鸡丁的起源，说法很多，清末民初的著名作家李劼人在其作品《大波》中记载：清光绪年间，受封为太子少保的四川总督丁宝桢，人称丁宫保，原籍贵州，喜欢吃家乡人做的辣子炒鸡丁，四川的百姓也喜欢，就将此菜称为“宫保鸡丁”。软饼宫保鱼丁就是借鉴宫保鸡丁的味型及做法成菜。再搭配软饼食用更具特色。入口细嫩酸甜、回味软糯而酥香。

原料

江团350克
荷叶软饼8个
酥花生50克
干花椒约5粒
干辣椒段3克
姜片5克
蒜片5克
大葱粒15克
淀粉30克

调味料

川盐2克（约1/2小匙）
料酒10毫升（约2小匙）
酱油1毫升（约1/4小匙）
鸡精15克（约1大匙1小匙）
白糖25克（约2大匙）
香油10毫升（约2小匙）
陈醋20毫升（约1大匙1小匙）
食用油2000毫升（约8杯）
水淀粉30克（约2大匙）

制法

1. 将江团处理后取净鱼肉改刀成1厘米见方的鱼丁。
2. 将鱼丁置入搅拌盆，用川盐1/4小匙、酱油（另取）、料酒5毫升、淀粉码拌均匀后静置入味，约码味3分钟备用。
3. 荷叶软饼入锅隔水蒸热、蒸透，出锅装盘待用。
4. 取一碗将川盐1/4小匙、料酒、鸡精、酱油、白糖、陈醋、香油、水淀粉调和成味汁。
5. 取炒锅开旺火，放入食用油，约六分满即可，中火烧至四成热后，下鱼丁滑散出锅。
6. 将油倒出，留作他用，但留少许油在锅底，下姜片、蒜片、干花椒、干辣椒、大葱粒爆香。
7. 之后放入滑好的鱼丁，调入步骤4调好的味汁，待收芡汁后下酥花生翻匀即成。

料理诀窍

1. 软饼现在多是购买现成品使用。若能自行掌握软饼的制作工艺，可在松软、香甜的口味上做微调。
2. 掌握鱼入锅的油温和滑炒时间，油温太高易焦黑，滑的时间太长肉质易老。
3. 熟悉掌握川式荔枝味型的调配比例，以应时部分调料味道浓厚变化所需的调整。

■成都的名小吃“三大炮”，基本上就是红糖糍粑，但个头较大，糍粑团整好形后，往鼓面一丢，“砰”的一声就弹至筛子中，与黄豆粉打滚，相当有趣。因一份三粒糍粑团，就“砰、砰、砰”三声，故称为三大炮。

臊子船夫鲫鱼

造型美观，鱼香味浓

鲫鱼是十分家常的河鲜食材，常见的像是家常味的豆瓣鲫鱼、豆腐鲫鱼，咸鲜味的芙蓉鲫鱼、干烧鲫鱼等。而将臊子装入鱼的腹腔内食用，吃法较为独特，源自旧时的船夫常一边干活一边吃东西，为了方便而创出的菜品。此菜考究刀工的深浅需一致，油温高低的掌控，鱼入锅炸至定形的效果。在臊子中加入了泡豇豆粒，为臊子的整体风味带入酸香味与脆爽口感，成菜外酥里软中带有酸香的脆感。

制法

1. 将鲫鱼去鳞、鳃后，从背脊处剖以去除脊骨和内脏，治净。
2. 将鱼放入搅拌盆，用川盐1/4小匙、料酒、姜片、葱段码拌均匀静置入味，约码味15分钟待用。
3. 取炒锅开旺火，放入食用油35毫升烧至五成热后，下猪肉末转中火煵干水汽。
4. 接着下泡豇豆粒、泡姜粒、泡辣椒末、姜末、蒜末炒香，之后加入鲜高汤烧沸。
5. 加入川盐、鸡精、白糖、陈醋、香油调好味后放青、红美人辣椒丁，再用淀粉收汁，下香葱花搅匀即成馅料，盛起备用。
6. 再于干净炒锅中倒入食用油2000毫升至约七分满，以旺火烧至六成热，把鲫鱼整理成船形后入锅炸至定形，转小火，油温控制在四成热，浸炸至熟，捞起沥油，出锅装盘。
7. 将步骤3的馅料填入鱼腹内即成。

原料

鲫鱼3尾（约重500克）
猪肉末75克
泡豇豆粒100克
泡姜粒25克
泡辣椒末50克
青美人辣椒丁25克
红美人辣椒丁25克
姜片15克
葱段15克
姜末10克
蒜末15克
香葱花15克
淀粉25克

料理诀窍

1. 此菜为使鲫鱼保持鱼腹完整，因此内脏与脊骨须由背部取出。
2. 炸鱼时应将鱼的造型做好，以利于盛装馅料。炸制时油温应采先高后低的程序，以落实定形、上色与熟透的要求。
3. 掌握鱼香味的调制比例及方法，可参考第106页。

调味料

川盐2克（约1/2小匙）
香油15毫升（约1大匙）
鸡精15克（约1大匙1小匙）
老油50毫升（约1/4杯）
白糖30克（约2大匙）
陈醋35毫升（约2大匙1小匙）
料酒15毫升（约1大匙）
食用油2000毫升（约8又1/3杯）
食用油35毫升（约2大匙1小匙）
鲜高汤100毫升（约1/2杯）
水淀粉30克（约2大匙）

【川味龙门阵】

两千多年来一直在发挥其功能的、如奇迹般的都江堰是战国时期的秦国蜀郡太守李冰和他的儿子于公元前约256～公元前251年之间主持创建。整体分成堰首和川西平原灌溉水网两大部分，其中的堰首有三大重点工程，包括起分水功能的鱼嘴工程，可以溢洪排沙的飞沙堰工程，引导水资源的宝瓶口工程及相关附属工程与建筑。灌溉水网的部分算是都江堰的主要功能，现今成都平原上的大小水道与成都市的府河、南河都是属于灌溉水网，整体兼有防洪排沙、水运、城市供水等综合效用。图为都江堰鲤鱼嘴工程。

烧椒鱼片

乡村椒香味浓，清香微辣

烧椒是将川菜中以椒香味厚、辣度适口而著名的青二荆条辣椒通过柴火的燻烧激出二荆条辣椒的香与甜，回味辣而舒爽，成品墨绿而味浓，椒香味纯正，最著名的菜品就是清爽鲜香的烧椒皮蛋。这道烧椒鱼片就在烧椒皮蛋的基础上加以改进，去掉姜汁、重用红油，味浓而清香，入口滑嫩，红、白、绿色泽鲜明，引人食欲。

原料

黄沙鱼300克
鸡腿菇200克
青二荆条辣椒300克
蒜末10克
鸡蛋清1个
淀粉35克
红油50毫升（约4大匙）

调味料

川盐3克（约1/2小匙）
鸡精10克（约1大匙）
白糖2克（约1/2小匙）
酱油5毫升（约1小匙）
陈醋5毫升（约1小匙）
香油10毫升（约2小匙）
料酒20毫升（约1大匙1小匙）

制法

1. 将黄沙鱼处理洗净后，取下两侧鱼肉并去皮成净鱼肉。
2. 净鱼肉片成厚约3毫米的鱼片，再以刀背拍打以适当破坏肉质纤维。
3. 将鱼片放入盆中，用川盐1/4小匙、料酒、鸡蛋清码拌均匀，并加入淀粉码拌上浆，静置入味约3分钟，待用。
4. 青二荆条辣椒切半去籽，并在适当的地方生起柴火。
5. 先将2/3的青二荆条辣椒用柴火烧至表皮微焦，去除焦皮，然后剁细成烧椒末，备用。
6. 余下的青二荆条辣椒切成颗粒状，备用。
7. 鸡腿菇切成厚约3毫米的片，入沸水锅中汆烫约10秒捞起沥水后，铺垫于盘底。
8. 将码好味的鱼片入沸水锅中汆烫约15秒至断生，捞出沥水，将其盖在鸡腿菇片上。
9. 取步骤5备好的烧椒末与步骤6的辣椒粒放入搅拌盆中，调入蒜末、川盐1/4小匙、鸡精、白糖、酱油、陈醋、香油、红油拌匀，浇在鱼片上即成。

料理诀窍

1. 青二荆条辣椒上火烧的火源不能用燃气炉。只能用柴火，否则会附着燃气的有毒成分。
2. 鱼片汆烫要注意火候，避免时间过长使得肉质变老，火力也要小避免鱼肉煮沸不成形。

【川味龙门阵】

荥经棒棒鸡制作工艺之精湛特点就在刀工考究，风味独特。选用当地土鸡，煮至熟透而不粑软，骨红而不生，充分保有土鸡原味。此菜难在刀工，也因刀工而得名，切鸡肉时一人掌锋利快刀将鸡肉片至鸡骨处，此时另一人用特制的棒棒敲击刀背以断骨，切好的鸡肉薄如纸片，均匀一致且皮肉不离，片片带骨。因鸡肉薄所以在调入味汁时，易于入味，加上刀工特殊也能最大限度的保有鸡肉的特有嚼劲。这与另一道源于乐山汉阳坝的知名乐山棒棒鸡或称之为嘉定棒棒鸡有何不同？最大的不同是使用木棒的目的！乐山棒棒鸡是用木棒将鸡肉捶松后撕成鸡丝再调入味汁，形式不同但最终目的是相同的，就是要易于入味。但鸡肉处理方法不同，所以口感是最大的不同。

椒汁浸江团

麻香味扑鼻，质嫩色鲜

江团的肉质细嫩、肥厚，刺又少，以岷江乐山一带的江段和嘉陵江口所产的最为人们所喜爱，而被称为“嘉陵美味”。江团属于无鳞鱼，但有一层黏膜作为保护层，带有异味且颜色黑浊，会影响成菜，因此须用热水烫洗，将其去除。此菜品的表现重点在于展现江团的肉质细嫩，并以百灵菇的滑嫩爽口呼应细嫩的鱼片，调味时在保持咸鲜清淡的椒香口味之余，又能体现小米辣的独特芳香。

原料

江团600克
百灵菇150克
新鲜青花椒25克
青小米辣椒25克
红小米辣椒25克
姜片10克
葱段15克
鸡蛋清1个
淀粉50克

调味料

川盐3克（约1/2小匙）
鸡精15克（约1大匙1小匙）
料酒15毫升（约1大匙）
辣鲜露汁10毫升（约2小匙）
美极鲜10克（约2小匙）
藤椒油15毫升（约1大匙）
香油10毫升（约2小匙）
葱油15毫升（约1大匙）
鲜高汤50毫升（约1/4杯）

制法

1. 将江团处理洗净后取下鱼肉，将鱼肉片成厚约4毫米的薄片。
2. 用姜片、葱段、川盐1/4小匙、料酒鸡蛋清和鱼片码拌均匀并加入淀粉码拌上浆，静置入味，约码味3分钟。
3. 青、红小米辣椒切圈，百灵菇切成厚约3毫米的片，备用。
4. 取汤锅加入七分满的水，旺火烧沸，下入百灵菇片汆烫约15秒断生，捞起沥去水分，铺于盘中垫底。
5. 再起七分满的清水汤锅以旺火烧沸，转小火，将码好味的鱼片下入微沸的汤锅内汆烫约10秒，断生后出锅沥去水分，铺盖在盘中百灵菇片的上面。
6. 取一汤碗，放入川盐、鸡精、辣鲜露汁、美极鲜、藤椒油、鲜高汤调好味汁，灌入汆熟的食材中。
7. 取炒锅倒入葱油、香油以中火烧至四成热，下新鲜青花椒、青小米辣椒圈、红小米辣椒圈炒香后浇淋在鱼片上即成。

料理诀窍

1. 掌握鱼片汆烫的时间和水温的高低，以保持鱼片的嫩度。不能用旺火、沸腾的水汆烫鱼片，会破碎不成形。
2. 控制最后浇油的温度和用量，油量过多、油温不足会使成菜入口油腻感重。油温过高会将食材炸得焦煳，风味尽失。油量少了，无法完全激出青花椒及小米辣椒的香气，成菜不止香气不足，也会少了滋润的口感。

【川味龙门阵】

三苏祠位于眉山市西南方向的纱縠行南街，始建于元代的延祐三年（公元1316年）以前。为纪念北宋著名文学家且同登“唐宋八大家”之列的苏洵、苏轼、苏辙父子三人，而将他们的故居修建为祭祀祠堂以作为纪念，并以苏氏父子三人为名，命名为三苏祠。

中菜中有许多平凡的菜品因刀工而出名，川菜有蒜泥白肉至少3厘米×8厘米，厚不到1毫米的大薄片。苏菜的文思豆腐用一块豆腐切成15288条纤细如线的豆腐丝入菜；苏菜的扬州煮干丝，食材全切成如针般的细丝。现在又多一道入口干香酥嫩的土豆松炒鱼丝，要将土豆切成像针一般细的丝，以高油温炸得金黄酥松，对火候及油温的掌握又是考验厨师功夫的关键。

【川味龙门阵】

正宗的乐山翘脚牛肉，形式像火锅，吃法却与火锅大不相同，是一样样食材冒好了、烫透了，再放在一个大碗里吃。且翘脚牛肉的汤风味极佳，虽然每样食材都是冒好以后加入一样的汤汁一起吃，但是风味就是会略有不同且味道都十分完善。冒即焯水的意思。

土豆松炒鱼丝

吃法独特，入口干香，酥嫩鲜甜

原料

黄沙鱼400克
土豆400克
香菜梗15克
干辣椒丝10克
淀粉100克
起士粉35克

调味料

川盐3克（约1/2小匙）
鸡精15克（约1大匙1小匙）
料酒20毫升（约1大匙1小匙）
香油20毫升（约1大匙 1 小匙）
食用油25毫升（约2大匙）
食用油2500毫升（约10杯）
（约耗25毫升）

制法

1. 土豆去皮后切成银针丝，用流动的水漂净淀粉质，捞出沥干水分，备用。
2. 黄沙鱼去鳞、治净后取下鱼肉，将鱼肉切成细丝，用川盐1/4小匙、料酒码拌均匀静置入味，约码味3分钟。
3. 炒锅中倒入食用油2500毫升至约七分满，旺火烧至五成热，下入沥干的土豆丝炸干水分至金黄、酥透后出锅沥油，摆入盘中围边。
4. 接着在码好味的鱼丝中加入淀粉、起士粉拌匀，将炸土豆丝的油烧至五成热，下入拌上干粉的鱼丝炸至酥香，出锅沥油。
5. 将油倒出留做他用并洗净锅，用中火将炒锅烧干，加入食用油25毫升烧至三成热。
6. 下入干辣椒丝炒香，再加炸好的鱼丝、香菜梗，调入川盐1/4小匙、鸡精、香油翻匀出锅装入土豆丝围边的盘中即成。

料理诀窍

1. 要求土豆丝、鱼丝刀工处理要长短、粗细均匀。
2. 控制好油温及油炸的时间，以免将主料与辅料炸焦，影响口感。

火爆鱼鳔

入口脆爽，酸辣开胃

爆，旺火高油温急火快炒成菜，可说是中菜烹饪技巧中，上炉火后成菜速度最快的一种，通常都在10秒内，短则不超过5秒，相当考验厨师的功夫。而鱼鳔，俗称鱼肚，通常是以烧的方式成菜，因鱼鳔加热的时间由短到长，口感从脆嫩变老韧再变成粑糯，要得到脆嫩的口感就只有刚好熟透的瞬间才能产生。此菜除了味道入味之外，更要取得脆嫩、脆爽的口感，因此非常讲究火候及油温。

原料

鲜鲇鱼鱼鳔300克
西芹50克
红小米辣椒20克
泡野山椒25克
姜片5克
蒜片5克

调味料

川盐3克（约1/2小匙）
鸡精15克（约1大匙1小匙）
料酒15毫升（约1大匙）
山椒水10毫升（约2小匙）
香油15毫升（约1大匙）
水淀粉35克（约2大匙1小匙）
食用油50毫升（约1/4杯）

制法

1. 将鲇鱼鱼膘撕净血膜、淘洗干净，放入盆中用川盐1/4小匙、料酒10毫升及一半的姜片、蒜片码拌均匀静置入味，约码味5分钟。
2. 西芹先去筋，再与红小米辣椒、泡野山椒同样都切成菱形。
3. 取炒锅开旺火，放入食用油烧至六成热后，加入鲜鱼膘爆炒约8秒，接着下另一半的姜片、蒜片及步骤2切好的野山椒、红小米辣椒爆香。
4. 最后加入西芹块，并用川盐、鸡精、料酒、山椒水、香油调味，炒至西芹断生，起锅前用水淀粉勾芡收汁即成。

料理诀窍

1. 爆鱼膘的油温要高一点，同时火力要大，旺火快炒成菜，确保鱼膘口感爽脆，炒过久鱼膘吃来又老又韧，不好吃。
2. 掌握投入调料、配料的先后顺序，使每种食材展现出应有的风味与口感。

■重庆龙兴古镇因商业化程度较低，漫步其中不论是重点景点或老街一角，那股风情与韵味都是一样的朴实。

盘龙黄鳝

麻辣味厚，干香可口，风味独特

中华民族对“龙”有一种独特的崇拜，此菜就因鳝鱼卷曲成一圈一圈有如“盘龙”而得名。此菜运用小鳝鱼的特性，通过温油慢炸，使其自然成形。在口感上以黄瓜丁的爽脆搭配鳝鱼的酥香，可以减少鳝鱼因油炸而产生的油腻感，同时也使成菜整体风味趋于和谐，味道麻辣爽口、肉质干香、回味持久。

■在重庆磁器口古镇，一个地方可以体验两种风情，往古镇的龙渡口码头这一边是人潮汹涌极为热闹的景区风情，一片的欢乐笑声与叫卖声。往古镇的另一边却是安静而朴实。

原料

鲜活小鳝鱼300克
黄瓜丁50克
青椒丁50克
干辣椒20克
干花椒10克
香葱花10克
孜然粉3克（约1小匙）
刀口辣椒15克（约1大匙1小匙）

调味料

川盐2克（约1/2小匙）
香辣酱35克（约2大匙）
大料粉5克（约2小匙）
鸡精15克（约1大匙1小匙）
料酒15毫升（约1大匙）
香油20毫升（约1大匙1小匙）
老油50毫升（约1/4杯）
食用油25毫升（约1大匙2小匙）

制法

1. 小鳝鱼用清水漂净后备用。
2. 炒锅中放入食用油至七分满，旺火烧至三成热，转中火，将小鳝鱼直接放入油锅中慢慢炸。
3. 炸的过程中同时慢慢升温，炸至鳝鱼自然卷曲成圈盘状，最后以旺火炸至表皮干脆，出锅沥油。
4. 将油倒出留作他用，锅中下入老油以中火烧至四成热，放入干辣椒、干花椒、大料粉、香辣酱炒香。
5. 炒香调料后，下炸好的鳝鱼、刀口椒、孜然粉翻炒。
6. 加入川盐、鸡精、料酒、香油调味，最后放入黄瓜丁、青椒丁煸炒至断生、入味后出锅装盘即成。

料理诀窍

1. 活鳝鱼买回后先放在水盆中，加几滴菜籽油饲养3天，让其吐净体内的腥泥后再烹制，可去除土腥味，也便于食用。
2. 掌握炸鳝鱼的火候，油温的高低、时间的长短决定了鳝鱼的口感与外形。
3. 调料投放、炒香的先后顺序，会影响成菜的风味层次。

锅盔鱼丁

色泽红亮入口酥香，佐酒下饭皆宜

“锅盔”传说是源自唐朝武则天称帝的时期，军民赶工建武则天陵墓，无锅具可煮食，就用铁做的头盔烙饼食用，这种饼就称之为“锅盔”。现今四川一带的“锅盔”是用面粉加老面揉匀发酵，先烙后烤制成，口感绵密、酥香且十分有嚼劲。而此菜就利用白面锅盔的绵密口感、香气与嚼劲，搭配鲜酥鱼丁成菜，色泽鲜明，入口酥香细嫩，家常味厚重。

原料

草鱼400克
白面锅盔1个
青美人辣椒25克
红美人辣椒25克
鸡蛋1个
淀粉35克
郫县豆瓣35克

调味料

川盐2克（约1/2小匙）
鸡精15克（约1大匙1小匙）
料酒20毫升（约1大匙1小匙）
白糖3克（约1/2小匙）
香油15毫升（约1大匙）
食用油50毫升（约1/4杯）
食用油2000毫升（约8杯）

■道教名山“青城山”的灵气在呼吸间就能感受到，也因此，许多人在感受灵气之余，也不忘点个香祈求众神将灵气化为福气，为自己及家人带来平安。

制法

1. 将草鱼处理后取下鱼肉，去除鱼皮，取净鱼肉切成1.5厘米见方的丁。
2. 将鱼丁用川盐1/4小匙、料酒10毫升、鸡蛋码拌均匀并加入淀粉码拌上浆，静置入味，约码味3分钟。
3. 青、红美人辣椒切成粒；锅盔切成1厘米小丁，备用。
4. 取炒锅下入食用油2000毫升至约七分满，以旺火烧至五成热，将锅盔小丁下入油锅中炸至干香，沥油备用。
5. 保持油温在五成热，下入鱼丁炸约2分钟上色后，转小火，以三成油温浸炸约3分钟至外酥内嫩，出锅沥油，备用。
6. 将油倒出留作他用，炒锅洗净、擦干，下入食用油50毫升用中火烧至四成热后下郫县豆瓣末炒香。
7. 接着放入青、红美人辣椒粒，炸好的鱼丁、锅盔丁炒香，加入川盐1/4小匙、鸡精、料酒、白糖、香油调味、翻匀即成。

料理诀窍

1. 鱼丁炸时应先以高温油炸上色，之后转小火慢慢浸炸，确保外酥脆内细嫩的口感。但要注意浸炸时间，虽是转小火，但太久一样会炸焦过火。
2. 锅盔不要炸得太酥，否则入口太干，影响整体口感。

香辣小龙虾

麻辣厚重、回味持久

小龙虾又称土龙虾，近十来年成为热门食材，引爆一场吃小龙虾的大流行潮。早期在市井川菜小馆中炒土龙虾是一种很常见的菜肴，因麻辣味浓厚、干香可口，多是宵夜当作配啤酒的下酒菜。加上边吃、边剥、边聊，乐趣十足而备受年轻朋友的喜爱。这里，我们以风味更佳的香辛料提升麻、辣、香的精致感。

■在成都，晚上九十点才开始营业的宵夜、美食摊子，就着路边、人行道，不论烧烤或是凉菜面点，或是小煎、小炒样样都有，经济美味且独具风情。但成都人给其取了个别名叫“鬼饮食”，幽默的形容促使人夜里还出门寻觅美食的平民餐饮。而这种形式的美食与称呼在19世纪初就已经形成，可说是成都的一大特色。

原料

小龙虾500克
干辣椒段50克
干花椒15克
青美人辣椒段50克
火锅底料50克
姜末20克
蒜末25克
白芝麻20克

调味料

川盐2克（约1/2小匙）
料酒20毫升（约1大匙1小匙）
鸡精15克（约1大匙1小匙）
白糖3克（约1/2小匙）
香油20毫升（约1大匙 1 小匙）
老油75克（约1/3杯）
食用油2500毫升（约10杯）

制法

1. 将小龙虾剥去头盖壳，去除沙线并洗净，沥干水分待用。
2. 炒锅中倒入食用油至约七分满，旺火烧至六成热，将治净的小龙虾到入油锅内炸香后捞起沥油。
3. 将油倒出留作他用，洗净炒锅后上火烧干，下入老油以中火烧至五成热，下火锅底料、干辣椒段、干花椒、姜末、蒜末炒香。
4. 接着放入青美人辣椒段、炸好的小龙虾炒至入味。
5. 最后用川盐、料酒、鸡精、白糖、香油调味，起锅前加入白芝麻炒香、翻匀即成。

料理诀窍

1. 小龙虾先过油炸熟不只可以缩短烹调时间、减少泥腥味，更能将小龙虾虾壳的特有香味炸出来。
2. 拌炒底料时火力要小，以免糊锅产生焦味影响整体菜品风味，且此菜的底料通过慢炒能使味更浓厚。

时蔬烧风鱼

荤素互补，营养丰富，汤鲜可口

风干鱼（风鱼）是四川家家户户过年必备的年节美味。而风干鱼同时也符合早期可长时间储存的需求。现在因储存环境改善，风干鱼不再是只限于过年才有的美味，而一般的成菜方式大多数是依循传统，以热菜凉吃的方式成菜。此菜搭配多种时蔬烧煮成菜，成为一道亦汤亦菜的鱼肴，汤色乳白，入口鲜美。

■成都市区的青石桥市场从蔬菜、鸡、鸭、牛、羊到海鲜、河鲜及其加工品，南北货、香料都有，可说是成都市区食材最齐全的市场。

原料

风干鱼150克
黄糯玉米棒50克
胡萝卜30克
嫩南瓜50克
香芋50克

调味料

川盐2克（约1/2小匙）
鸡精15克（约1大匙1小匙）
鲜高汤300克

制法

1. 风干鱼在烹饪前用约60℃的温热水泡2小时后洗净置于盘中。
2. 将泡好的风干鱼上蒸笼以中火蒸约20分钟，取出凉冷。
3. 黄糯玉米棒、胡萝卜、嫩南瓜、香芋分别洗净，并切成5厘米×2厘米×2厘米的条状，备用。
4. 将蒸熟的风干鱼取出，切成宽2厘米的条状，备用。
5. 炒锅中放入鲜高汤，开火烧热，并下入熟风鱼条、黄糯玉米棒、胡萝卜、嫩南瓜、香芋。
6. 旺火烧沸之后转小火慢烧，接着用川盐、鸡精调味，烧约5分钟至熟透入味即成。

料理诀窍

掌握蔬菜类辅料的熟度与𤆵软程度，但要避免烧得过久使蔬菜色泽变浊，保持色泽漂亮、新鲜，使菜品看起来可口。

[自制风干鱼]

原料：草鱼1尾（约重800克）、川盐5克、大料5克、花椒3克、白酒10克

制法：草鱼去除鱼鳞、内脏并洗净。接着用川盐、花椒、大料入锅炒香加白酒。把治净的草鱼里外抹透裹匀，置于阴凉处腌制2天。再将草鱼用绳子绑住鱼头，悬置于阴凉通风处晾约15天至鱼肉的水分完全干，即成风干鱼。

萝卜丝煮鲫鱼

汤白肉嫩，清香爽口

此类菜式是四川家常名菜，传统是先将鲫鱼炸熟，再与萝卜丝同烧成菜，风味上较为浓厚，但鲜味不明显。这里将鲜鲫鱼改以煎的方式制熟，搭配鲜高汤同煮，当汤色呈现乳白时，再加入萝卜丝略煮，成菜后汤鲜肉嫩。而此菜品最精华与营养的就是“汤”，舀一匙，汤色乳白浓香可口，加上略煮的新鲜白萝卜丝，入口浓香滑顺中带着一股清鲜，风味独特。

原料

鲫鱼500克、白萝卜300克
姜片15克、葱段20克
鲜高汤750克
鲜椒味碟1份

调味料

川盐3克（约1/2小匙）
鸡精15克（约1大匙1小匙）
料酒20毫升（约1大匙1小匙）
化猪油50克（约3大匙2小匙）

鲜椒味碟

红小米辣椒圈40克
大蒜末10克
花椒粉1克
美极鲜5克
辣鲜露汁10毫升（约2小匙）
香油15毫升（约1大匙）
凉鸡汤适量

制法

1. 将鲫鱼去鳞、洗净后，在鱼身两侧剞几刀，用川盐1/4小匙、料酒、姜片、葱段码拌均匀后静置入味，约码味3分钟。
2. 白萝卜去皮，切成约3厘米×3厘米×10厘米的粗丝，备用。
3. 炒锅上炉，开旺火，锅中下化猪油50克，并使油在锅中均匀滑开，烧至四成热时放入鲫鱼，以小火煎至两面金黄熟透后出锅。
4. 锅中加入鲜高汤，再将鲫鱼下入，以旺火烧沸熬约5分钟至汤色呈乳白色。
5. 接着用川盐1/4小匙、鸡精调味，最后加入白萝卜丝，以中火煮至熟透，转小火再煮约2分钟即可出锅，食用时搭配味碟即成。

料理诀窍

1. 鱼汤要呈现乳白、浓稠状，鱼一定要先煎至金黄熟透，使鱼的胶原蛋白熟成。之后再以旺火熬制，将熟成的胶原蛋白及磷等熬出来，并通过沸煮使脂肪乳化，汤色才会白、浓。
2. 萝卜丝的粗细要均匀，下锅煮的时间不宜过久，以保持形状完整并略带脆爽的口感与清鲜味，并取其脆爽的口感与清鲜味来调和浓稠易腻的鱼汤，使鱼汤更适口。

【川味龙门阵】

文殊院位于成都市人民中路，是川西著名的佛教寺院。文殊院原本是唐代（公元618～907年）的妙圆塔院，宋朝（公元960～1279年）时改名为“信相寺”，之后因战争而焚毁。到了清代的时候，传说有人夜里看见信相寺遗址有红光出现，官府也派人前去了解，只见红光中有文殊菩萨像，于是就在康熙三十六年（公元1697年）重建庙宇，并定名为“文殊院”。而康熙皇帝亲笔“空林”二字，并赐“敕赐空林”御印一方。

辣子田螺

麻辣味浓郁，入口脆爽，回味悠长

田螺泥腥味较重，壳多肉少、泥沙多，早期只见于农家桌上，都市人食用的少，而一般馆子、酒楼就更少见。后来发现先养几天就可以去除田螺泥腥味重的问题，再经过精心烹制，突出了川菜味浓厚的特色并保持了田螺的脆爽口感，加上田螺食材本身就象征着田间风情，更是为喜爱农家乐的休闲食客朋友所喜爱。

原料

带壳田螺750克

干辣椒段75克

干红花椒20克

火锅底料20克

香辣酱35克

姜末25克

蒜末25克

青美人辣椒段35克

白芝麻10克

香葱花15克

调味料

川盐3克（约1/2小匙）

料酒20毫升（约1大匙1小匙）

鸡精15克（约1大匙1小匙）

白糖3克（约1/2小匙）

鲜高汤300毫升（约1又1/4杯）

香油15毫升（约1大匙）

藤椒油20毫升（约1大匙1小匙）

豆瓣老油75毫升（约5大匙）

食用油2000毫升（约8杯）

制法

1. 田螺从市场买回来后用清水饲养2天，让其吐净泥沙。
2. 烹饪前剪去螺尖部分，淘洗治净。
3. 将治净的田螺放入加有盐（另取）的沸水锅中煮透，出锅沥干水备用。
4. 炒锅中下入食用油至约七分满，以旺火烧至六成热时，下田螺入锅中过油约30秒，捞出沥油备用。
5. 将油倒出留做他用，再下豆瓣老油，用中火烧至四成热时，下干辣椒段、干花椒、姜末、蒜末、火锅底料、香辣酱小火炒香。
6. 接着加入田螺煸炒至香气四溢，烹入川盐、料酒、鸡精、白糖、鲜高汤调味。
7. 用小火烧至水分干时加入青美人辣椒段、白芝麻、香油、藤椒油炒匀，加入香葱花即可。

料理诀窍

1. 田螺须用清水加菜籽油几滴饲养2～3天，让其吐出内脏的泥渣，这是减少泥腥味的重要程序。
2. 炒前须反复淘洗干净，是确保成菜无泥沙与腥味的关键步骤。
3. 炒的过程中，将调味料炒香并下入主料后，须加入汤汁小火烧，不然田螺不易进味。

■龙潭寺是寺名也是地名，而位于成都龙潭寺的传统市集因靠近成都市的农业区，因此还保留相当的农村气息。

酸菜芝麻边鱼

泡菜味浓，细嫩鲜美

酸菜鱼是现代川菜中的经典名菜之一，源自泡菜鱼的调味概念，将小鲫鱼换成大鱼，并以鱼片为主，尝来更鲜嫩入味。而这道酸菜芝麻边鱼是在酸菜鱼的基础上改良成红味而成，加上花椒、辣椒，并大量使用炒香的白芝麻增加独特甜香，成菜一出锅就香气扑鼻，酸香、甜香依次袭来很能诱发食欲。

原料

边鱼400克
泡酸菜100克
泡姜末25克
泡椒末35克
白芝麻35克
干花椒数粒
干辣椒20克
姜末10克
蒜末15克
香葱花20克

调味料

川盐2克（约1/2小匙）
鸡精10克（约1大匙）
白糖2克（约1/2小匙）
陈醋20毫升（约1大匙1小匙）
香油10毫升（约2小匙）
食用油75毫升（约1/3杯）
鲜高汤400毫升（约1又2/3杯）

制法

1. 将边鱼去内脏、去鳞治净，取下鱼肉片成厚约3毫米的鱼片，鱼头和鱼骨斩成块备用。
2. 将泡酸菜的软叶切除不用，叶柄片成3毫米厚的酸菜片。
3. 取炒锅开中火，放入35毫升食用油烧至四成热后，下泡姜末、泡椒末略炒后，再下泡酸菜片、姜末、蒜末炒香，加入鲜高汤以旺火烧沸。
4. 转小火后放入边鱼的鱼头和鱼骨块，用川盐、鸡精、白糖、香油、陈醋调味并烧约3分钟后，放入鱼片，小火烧至鱼肉熟透入味，即可出锅舀入汤钵内。
5. 再拿干净炒锅开中火，放入40毫升食用油烧至四成热后，下入干花椒、干辣椒、白芝麻炒香后浇淋在鱼上，撒上香葱花即成。

料理诀窍

1. 泡酸菜一定要炒香出味才能加入鲜高汤，汤汁才能展现香与味的层次。
2. 炒白芝麻、干花椒、干辣椒时注意火候、油温，最忌炒煳、炒焦，不只影响美观，连该有的香气也会化为乌有，甚而使成菜带有焦苦味。

■四川市场中的凉菜摊子，除了每天制作的凉菜外，还卖泡菜、豆腐乳及各式腌渍食品。

川南名城—乐山

历史沿革

早在商朝巴蜀时代，乐山就是蜀国开明王朝的故都。因城西南五里有至乐山，兼孔子有“智者乐水，仁者乐山”之言，所以得名“乐山”，并沿用至今。乐山市古时因为遍种海棠，每天春天二三月，花开满城香，所以又有“海棠香国”的美誉。现在，海棠是乐山市的市花。

历史悠远厚重的乐山市，从3000年前的巴蜀时代，蜀王开创了史称“开明故治”的繁荣。战国晚期，秦蜀郡守李冰开凿离堆（今之乌尤山），以治水患。隋代嘉州太守赵昱率军民抗洪护城。唐开元初，海通和尚开凿乐山大佛。南宋末年，宋军据此抵抗元军，历时40年。明末张献忠部下刘文秀占据此地，“联明抗清”达15年之久。

资源与文化休闲

乐山市的美食、特产极为丰富，有乐山江团、乐山荔枝、峨眉山竹叶青茶、犍为生姜、夹江海椒、界牌枇杷、梅湾台柚、市中区脆红李、马边荞坝贡茶、峨边竹笋等。还有享誉四方的风味名小吃，如西坝豆腐、峨眉雪魔芋、苏稽米花糖、跷脚牛肉、华头豆腐干、乐山钵钵鸡、乐山麻辣烫、乐山啃骨头等。

古人有云："中华山水，桂林为甲；西南胜概，嘉州第一""天下山水之冠在蜀，蜀之胜曰嘉州"。足见乐山市作为旅游地的知名度古已有之。

境内景点，以"峨眉山—乐山大佛"为中心，呈放射状相对集中地分布了数十个国家级、省级风景名胜区。其中，乐山市市中区的乌尤山、凌云山、东岩山连绵依托，构成了宏大的"巨型睡佛"自然景观，位于睡佛"腋下"的乐山大佛已有1200多年历史、有"世界最高石刻佛像"之称；境内峨眉山市，有着中国佛教四大名山之一的峨眉山，以雄、秀、奇、险、幽称奇天下。

而以探险深深吸引着游人的峨边黑竹沟国家森林公园、大熊猫产地之一的马边大风顶国家自然保护区、清幽的岷江平羌小三峡、以"奇、真、巧、野"著称的美女峰石林、风光旖旎的蜀国水乡五通桥、建筑奇物的船形古镇罗城、青衣绝佳处的夹江千佛岩、鸟的天堂井研大佛湖、沐川绿色氧吧川西竹海，以及被《中国国家地理》杂志评为"中国最美的十大峡谷"之一的国家地质公园金口河大峡谷等景点，像一串晶莹玉润的珍珠，装点着这块美丽的土地。

乐山境内同时拥有众多历史遗址，以开凿在红砂岩上的汉代崖墓及唐、宋佛教造像最具特色。汉代崖墓数以万计，分布密集，遍于古城郊区山崖之上，佛教造像以大佛为主，分布广泛，集中于江河两岸。以"秀"见称的峨眉山，有多种宗教与文化相容与此，有"普贤道场"传称的中国佛教四大名山之一的佛教文化；有"第七洞天"闻名的中国道教三十六洞天之一的道教文化；及战国时期的楚国儒家狂士"接舆"结庐定居的遗址"歌凤台"所代表的儒家文化。

乐山地区内以乐山大佛与峨眉山风景名胜区为主体，涵盖省级风景名胜区仁寿黑龙潭、彭山仙女山和市级青神中岩寺及峨边杜鹃池、洪雅瓦屋山等风景名胜旅游地。地貌、地质、生物、气象、水文等自然景观十分丰富。

乐山大佛位于乐山市郊凌云山麓和青衣江、岷江、大渡河汇流处。大佛背依凌云山，山上有古寺凌云寺。栖峦峰断崖，正襟危坐，俯视大江，故又名"凌云大佛"，是我国最大的石刻佛像。大佛开凿于唐代开元时期，历时90年才完成。大佛通高71米，肩宽24米，头长14.7米，眼宽3.3米，指长8.3米。

乐山大佛和仙山峨眉，于1995年向联合国科教文组织申报列入"世界自然遗产名录"，1996年12月6日，世界遗产委员会批准"峨眉山—乐山大佛"列入世界自然和文化遗产名录，是中国继泰山、黄山之后的第三个"双重遗产"。

川味河鲜极品

Fresh Water Fish and Foods in Sichuan Cuisine

A journey of Chinese Cuisine for food lovers

银耳南瓜鱼丸盅

入口香甜，细嫩，汤菜合一

鱼丸菜肴通常以咸味的汤菜或烩菜呈现鱼丸的鲜嫩、甜美。而鱼肉之“甜”却是此菜的灵感来源，几经调整味道，才确立了制作鱼糁之料酒、糖、盐的比例。料酒压腥，加糖为甜品菜打底味，加适量的川盐定味。此菜选用的搭配食材—南瓜、银耳，通过4～5小时的微火炖煮后𤆵而不烂，以保有南瓜、银耳各自的特有口感，也就是“食材之魂”。炖煮好的甜汤与特制的鱼丸可说是完美搭配甜、糯、鲜香等风味。

■四川的冬天，扑香的腊梅盛开，不管是市区或是乡间都可见到卖腊梅的人，花个十元二十元可以香溢四壁，而且香气清新舒适。

原料

河鲇净鱼肉500克
猪肥膘肉150克
通江银耳25克
南瓜300克
鸡蛋清2个
淀粉75克
澄粉25克

调味料

川盐3克（约1/2小匙）
鸡精10克（约1大匙）
料酒15克（约1大匙）
白糖10克（约2小匙）
清水1500毫升（约6杯）

制法

1. 将通江银耳涨发后摘洗干净，沥去水分；南瓜去皮，切成1.5厘米见方的丁待用。
2. 将净鱼肉、猪肥膘肉剁成细蓉后放入搅拌盆内，加入川盐、鸡精、料酒、鸡蛋清、淀粉、澄粉和匀，搅打至呈泥状的鱼糁肉蓉。
3. 取一较大的汤锅，水量约加至八分满，以旺火煮沸后转文火保持水微沸。接者将鱼糁肉蓉整成丸状，下入微沸的开水锅内浸煮成熟待用。
4. 将通江银耳、南瓜丁、白糖、水入紫砂锅内，用小火炖5小时后，取出盛入汤盅内。盛入鱼丸即可成菜。

料理诀窍

1. 炖银耳、南瓜要求𤆵而不烂，形态完美。
2. 鱼糁（即鱼浆蓉的意思）比例应适当，鱼丸的大小应均匀，成形洁白、细嫩，小火浸煮可以确保鱼丸细嫩口感及菜品成形美观。大火滚煮将使整型后的鱼糁团一入汤就滚得不成形，不成鱼丸。
3. 盛器可挑选精致高雅的，可提升菜肴的品味。

川味基本工

鱼糁的制作流程：

川菜中有肉、鸡、鱼、兔、鱼、虾糁等，能体现菜肴的做工精细度和档次。一般是将主料先剁碎、剁细至成蓉泥状，排除、剔出筋、膜后放入搅拌盆调味（一般是川盐、料酒、鸡精、姜葱汁、淀粉等），在盆中搅拌、摔打使其上劲呈稠糊状即成糁。制作过程中可在主料中加入适量的猪肥膘肉一起剁成蓉泥状，能使糁制熟后更加嫩、滑、香，颜色也更洁白悦目。

川南竹筒鱼

地方风味独特，鱼肉细嫩鲜美

川南宜宾位处长江头，河鲜资源丰富，烹法、调味强调鲜香、鲜辣，在川内自成一格。近年来，出现了一大批新派的创意鱼肴，这道竹筒鱼便是其中之一。绿竹盛器最大的特色就在于装上鱼蓉泥入笼蒸熟后，成菜不仅口感细嫩、味道鲜美，而且还带有浓浓的绿竹清新香气。

原料

黄沙鱼800克（取净鱼肉300克）
猪肥膘肉80克
三线五花肉（五花三层肉）75克
碎米芽菜15克
姜末5克
蒜末3克
香葱花10克
泡椒末20克
淀粉50克
澄粉15克
鸡蛋清2个

调味料

川盐2克（约1/2小匙）
鸡精10克（约1大匙）
料酒15克（约1大匙）
食用油35克（约2大匙）

制法

1. 将黄沙鱼处理、治净后，取净鱼肉同猪肥膘肉剁成细蓉泥，加川盐1/4小匙、料酒10毫升、淀粉、澄粉、鸡蛋清搅匀。
2. 将三线五花肉切成肉末，待用。
3. 将细鱼蓉泥填入竹筒内，上蒸笼用旺火蒸约8分钟，取出待用。
4. 炒锅加油以中火烧热后下入肉末炒香，再下碎米芽菜、姜末、蒜末、泡椒末炒香，烹入料酒并以川盐、鸡精调味，炒匀后出锅并盛入竹筒中的鱼肉上，点缀香葱花即成。

料理诀窍

1. 控制好鱼蓉的调制比例，稀稠均匀，才能确保成菜的口感细嫩度。
2. 控制入蒸笼蒸制的时间，火力的大小。蒸的时间过长，鱼蓉泥过熟，口感会发绵、变老；火力过大易使鱼蓉泥起蜂窝眼；火力太小，要蒸到熟透的时间较长，也会影响口感，产生发硬的现象。
3. 掌握传统工艺腌渍类食材（如碎米芽菜、泡椒末等）的含盐浓度，适当调整川盐的使用量，以保持口味稳定。

【川味龙门阵】

蜀南竹海原名万岭菁，原生竹子品种大约有60种，前后又引进300多种其他品种的竹子，目前的分布以楠竹分布最广。其他分布较多的有斑竹、慈竹、绵竹、水竹、毛竹、花竹、凹竹、人面竹、琴丝竹等。因竹子的资源丰富加上特有的清香，用来盛放菜品不止有雅趣，更得额外的竹香。

酸菜烧玄鱼子

酸香味美，肉质细嫩，营养丰富

宜宾是著名的“酒都”，酿酒之余，泡菜也做得风味十足。用酸菜烧鱼就出自宜宾长江边上，渔夫们以船为家，每当用餐时间，就将捕获的鲜鱼捞起，顺手将爱吃的泡酸菜、泡辣椒加油炒香，再加长江水烧开来煮鱼，香气扑鼻，鱼肉入口细嫩、酸辣开胃。这样的美味传到宜宾城里，饕客为之惊艷，河鲜酒楼争相仿效，且进一步让口味更精致、风味完善。

【川味龙门阵】

宜宾的泡菜产业化很早，其中兴文、珙县等地的泡椒、泡姜等都相对的较有名气，宜宾的芽菜算是最早创出了品牌，目前榨菜也正在发展中。宜宾的海椒、青菜（叶用芥菜）、黄瓜、生姜等种植范围都比较大，且品质适合做泡菜。加上先天的地理优势，气温相对稳定，适当而滋润的溼度，使得这里制出来的各种泡菜在口感与风味上都极为爽口而饱满。

原料

长江玄鱼子300克
泡酸菜切片100克
泡辣椒末75克
泡姜末50克
香葱段25克

调味料

川盐2克（约1/2小匙）
鸡精15克（约1大匙1小匙）
白糖3克（约1/2小匙）
胡椒粉少许（约1/4小匙）
陈醋20毫升（约1大匙1小匙）
干青花椒10余粒
食用油50毫升（约1/4杯）
鲜高汤1000毫升（约4杯）

制法

1. 将长江玄鱼子处理后，去净内脏，洗净待用。
2. 炒锅放入食用油，用旺火烧至四成热，下泡酸菜片、干青花椒、泡姜末和泡辣椒末炒至香气窜出。
3. 加入高汤，旺火烧沸后转小火，下长江玄鱼子，烧5～8分钟至熟，加入川盐、鸡精、白糖、胡椒粉、陈醋调味后，即可出锅。上菜时再加新鲜香葱段，以增加鲜香气。

料理诀窍

1. 长江玄鱼子以每年4～10月的渔获为佳，这时候的玄鱼子肉质细嫩、甜美，烹制后细嫩化渣。
2. 泡酸菜、泡辣椒、泡姜等宜选用农家传统工序自行泡制的为佳。经传统泡制工艺发酵而成的泡菜品质最佳，其香气足、乳酸味厚、口感鲜脆、滋味丰富而有层次。
3. 掌握烹烧的火力，应先旺火下料，加入鲜高汤以旺火烧沸，之后应转为小火，再放入玄鱼子。因旺火容易把鱼肉滚散、烧烂掉，成菜后鱼体不成形，且旺火快煮鱼也不易入味。

老成都人泡菜有悠久的历史虽说是小菜一碟食之却其味无穷
己丑年夏
雪梅书

鲜椒烧岩鲤

鲜椒味突出，色泽红亮，烹制法简单

岩鲤乃鱼中珍品，肉质鲜嫩、甜美、少刺。川南人好辛香、喜鲜辣，喜欢将岩鲤生烧，即将烧熟时，把鲜嫩的小米辣椒放入锅中一起烧制成菜。小米辣椒遇热后散发出诱人的清鲜椒香味，扑鼻而来，搭上酸香的泡椒、泡姜把岩鲤的鲜甜也提了出来，创造出一种辣在口中，鲜、嫩、甜在心底，让人越辣越想吃的独特风味。

原料

岩鲤1尾（约重600克）
泡椒末60克、泡生姜末35克
青小米辣椒50克
红小米辣椒50克、香芹20克
香葱段15克、干青花椒10克
山椒水25克

调味料

川盐3克（约1/2小匙）
鸡精15克（约1大匙1小匙）
白糖少许（约1/4小匙）
胡椒粉少许（约1/4小匙）
料酒20克（约1大匙1小匙）
食用油50克（约1/4杯）
淀粉40克（约1/3杯）
鲜高汤750毫升（约3杯）

制法

1. 将岩鲤去鳞、治净后，切成大块，用川盐，料酒码味，同时加入淀粉抓拌上浆，码味3分钟待用。
2. 青、红小米辣椒切成小圈备用；香芹切寸段（长3厘米左右）垫于盆底。
3. 炒锅放入食用油，用旺火烧至四成热，下泡椒、泡生姜、干青花椒炒香后，加汤烧开，改成小火，保持汤在锅中微沸而不腾。
4. 接着放入码好味的鱼块。小火烧约5分钟，用川盐、鸡精、白糖、胡椒粉、青小米辣椒圈、红小米辣椒圈、山椒水调味，放入香葱段推匀后出锅即成。

料理诀窍

1. 因岩鲤本身肉质较细，故刀工处理方面不宜过薄，否则鱼肉易碎。
2. 要突出鲜椒味浓，炒料过程可先放一部分青、红小米辣椒与调料同炒，其后捞去青、红小米辣椒的料渣留汁再烹制。
3. 汤汁煮沸后，烧制的火力宜小，不然旺火滚汤易将细嫩的鱼肉烧碎、不成形，且不容易入味。

【川味龙门阵】

青羊宫属全真道龙门派道观，是巴蜀最古老的道教宫观，坐落于成都市区西南边，临近原名为“二仙庵”的文化公园。青羊宫创建于周朝（公元前1121～公元前249年），原名为青羊肆，汉代时，杨雄（公元前53～公元18年）的《蜀王本纪》中记载：老子为关令尹喜著《道德经》，临别曰：“子行道千日后，于成都青羊肆寻吾。”尹喜于是依约定前往青羊肆，老子果真出现并为尹喜演说道法。从此以后，青羊宫就成了传说中神仙聚会、老君传道的圣地。青羊宫在三国时更名为青羊观，到唐代又改名为玄中观，宋代开始名为青羊宫至今。

香焖石爬子

入口细嫩化渣，香辣鲜美

四川许多高山冷水鱼的肉质极为细嫩、鲜美，最美味的就属石爬子，即石爬鱼，因常爬于深水石头上而得名，主要产于岷江高冷水域。用其做菜，最有名的要数成都都江堰的大蒜烧石爬子，咸鲜微辣。这里采用焖的方法，确保石爬子的细嫩、鲜美，主辅料使用香辣酱、宜宾碎米芽菜、泡椒末、泡椒末、花椒等调味料成菜，麻辣味厚，入口麻辣刺激，回味却是鲜美无比。

原料

岷江石爬子500克
香芹段10克、香葱段15克
香菜段15克
炸酥花生仁20克
宜宾碎米芽菜10克
香辣酱20克、泡椒末35克
泡姜末25克
干辣椒段15克
干花椒数粒

调味料

川盐2克（约1/2小匙）
鸡精15克（约1大匙1小匙）
料酒20毫升（约1大匙1小匙）
香油20毫升（约1大匙1小匙）
蚝油5克（约1小匙）
白糖5克（约1大匙）
食用油50毫升（约1/4杯）
鲜高汤1000毫升（约4杯）

制法

1. 将石爬子鱼去腮、内脏，治净备用。
2. 取炒锅开旺火，放入食用油烧至四成热后，下干辣椒、干花椒、泡姜末、泡椒末、香辣酱炒香。
3. 加入鲜高汤以旺火烧沸，用川盐、鸡精、料酒、蚝油、白糖、香油调味后，再下石爬子鱼小火烧约20秒后熄火，盖上锅盖闷约2分钟。
4. 下香芹段、香菜段、香葱段、宜宾辟米芽菜、炸酥花生仁轻推和匀即成。

料理诀窍

1. 石爬子生活在冰山雪水的冷水中，肉质较嫩，故应先将汤汁调至入味，再将鱼下入汤锅烧，时间要掌握得当，稍微多烧一会儿就骨与肉分离，不成鱼形。
2. 在烹制过程中，要避免菜品不成形，就需切记不可用力猛推、猛搅石爬子。

■窄巷子改造完成前最后的茶铺子，虽染上岁月的风尘，但那个茶字却令人怀念。

干烧水密子

外酥内嫩，鲜香可口，色泽棕红，佐酒尤佳

传统的干烧鱼是把鱼先油炸至酥干后起锅，接着炒制带有汤汁的调料，再下入炸至酥干的鱼烧制，当汤汁收干并入味即成。这道干烧水密子把传统的炸、烧顺序颠倒过来，把鱼烧透、入味后再炸，最后搭上烧汁即可成菜。此菜的另一特色为不去鱼鳞，因其有独特香气。同时选择油脂较多的猪五花肉臊子馅，增加水密子肉质的滋润感。

原料

水密子2尾（约重400克）
猪五花肉150克
碎米芽菜35克、泡椒末100克
泡姜末50克、姜末25克
蒜末20克、大葱段40克
香葱花10克

调味料

川盐5克（约1小匙）
鸡精20克（约2大匙）
胡椒粉少许（约1/4小匙）
干花椒10余粒
香油15毫升（约1大匙）
食用油100毫升（约1/2杯）
鲜高汤2000毫升（约8杯）
食用油1000毫升（约4杯）
（约耗50毫升）

制法

1. 水密子留下鱼鳞，不要打去鱼鳞，去除鱼鳃、内脏，治净后待用。
2. 猪五花肉切0.5厘米见方的丁，下入炒锅并以中火炒干水汽并续炒至香气窜出后，下碎米芽菜，再下约1/5的泡椒末（约20克）炒制成臊子馅料，备用。
3. 另取一炒锅放入油100毫升，用旺火烧至四成热后，下干花椒、另余下4/5的泡椒末、泡姜末、大葱段、姜末、蒜末炒至颜色油亮、饱满。
4. 接着加入鲜高汤以旺火烧沸，加入川盐、鸡精、胡椒粉调味后，捞净料渣即成红汤卤汁。
5. 以小火保持红汤卤汁微沸，下入治净的水密子用小火烧3～5分钟后，捞出水密子并沥干水分。
6. 将卤好的水密子的外表水分好好擦干，以避免爆油。
7. 取一炒锅，倒入食用油至七分满，以旺火烧至七成热，下入擦干的水密子，炸至外皮酥脆，起锅、沥油、装盘，接着将臊子馅料浇在鱼身上，淋香油，点缀香葱花即成。

料理诀窍

1. 处理水密子时切记不要去除鳞片，因水密子的鱼鳞含丰富大量的铁、钙，且烹制后更加酥脆、香而滋糯。
2. 臊子馅料不宜炒制过干，否则入口过于干硬，与鱼肉的酥、嫩、香口感不搭。
3. 炸鱼的油温控制在七成热左右，应以旺火一次炸制而成，否则鱼的肉不嫩，外皮不酥。
4. 红汤卤汁可一次多熬制些，有益于餐厅大量的烹调、操作，家庭日常烹饪也能省时省力。
5. 掌握鱼入锅的烧制时间，过长鱼肉易散、烂而不成形，过短鱼肉无法充足入味。

【川味龙门阵】

自古以来酒就像诗的催化剂，有了酒的存在，今天才有如此多的名诗绝句，如杜甫目前已知的诗作有一千四百首左右，其中与酒有关的就有三百多首。而像是李清照的词更可以说是用酒酿出来的，一生做了一百一十多首词，与酒有关的就有五十七首之多。因此可以说无酒不成诗、无酒不成词！而宜宾正是产好酒的都市，其著名的五粮液闻名全球。

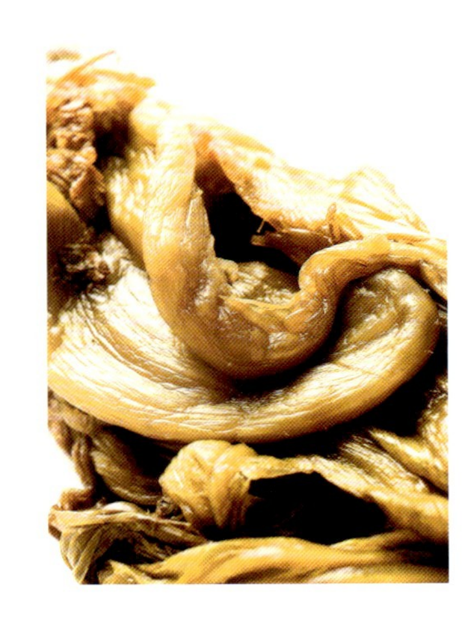

清炖江团

汤色乳白，鲜香宜人，营养丰富

传统清炖江团是以隔水蒸的方法制熟的，不只烹制时间要4小时以上，且成菜汤色略差，说清不清，说浓不浓。在压力锅诞生后，此菜的烹饪不只省时，色香味也更充足。添加辅料泡酸菜，使成菜在金华火腿与香菇的鲜香中多了酸香，让江团的鲜美因酸香味的烘托而更加鲜明、爽口，且汤色更加浓白、韵味十足。

【河鲜采风】

自贡地区所产的井盐早期都是经由水路，即沱江的支流斧溪河往外送，斧溪河本身就不宽，上游的威远河及旭水河就更窄了，在全盛时期上千条船在这狭小河道穿梭，也因此当时流传一句话："河小船多"来诠释那种盛况，现今已看不到此等盛况，但从盐码头的遗址与河道依旧可以遥想当年情景。

制法

❶ 将鱼处理后去腮、内脏治净，入沸水锅中汆烫，出锅洗净表皮白色的黏液（腺体），用川盐1/4小匙、姜片5克、大葱段5克码味5分钟待用。

❷ 炒锅放入50克化鸡油，中火烧至三成热后下姜片、大葱段、泡酸菜片、金华火腿片、鲜香菇片爆香后，加入鲜高汤以旺火烧沸。

❸ 用川盐、鸡精、胡椒粉调味后，将码好味的江团与炒制好的汤汁一起放入压力锅内，以中火加压煮5分钟出锅，捞除料渣，盛入汤碗内即成。

料理诀窍

❶ 江团处理后须先汆烫一下，表面的腺体、黏液才能洗去，若未去除将使菜品带上异味，更影响成菜的美感。

❷ 此菜改变以往传统的蒸为炖，可缩短烹调时间，但应注意控制入压力锅煮的时间及火力大小。

❸ 烹饪此菜的油脂最好选用动物油，如鸡油，成菜风味将更滋香，因江团鱼肉中的脂肪含量较低，可取动物油烹饪加以互补。

❹ 手边若无压力锅时，可改用中火加盖烧的方式，但时间就需长一点，需15～20分钟，同时要注意不要巴锅（粘锅的意思）。

原料

江团1尾（约重400克）
泡酸菜片75克
金华火腿片50克
鲜香菇25克
姜片10克
大葱段15克

调味料

川盐2克（约1/2小匙）
鸡精4克（约1小匙）
胡椒粉少许（约1/4小匙）
鲜鸡高汤1000毫升（约4杯）
化鸡油50克（约1/2杯）

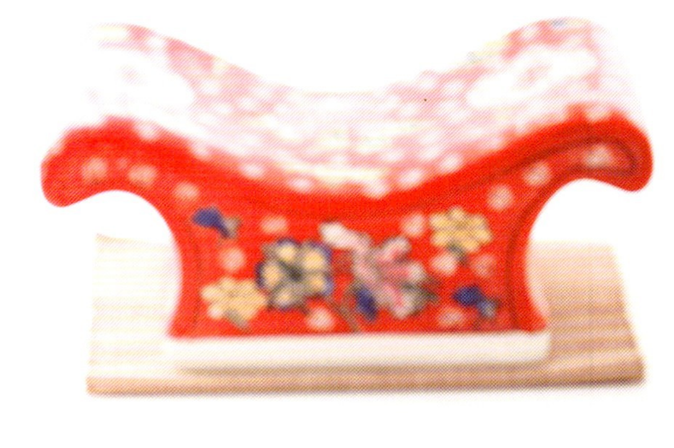

清蒸鲟鱼

入口细嫩，咸鲜味美

秦汉时期就有食用鲟鱼的记载，但因近代的大量捕捉、食用与环境破坏而濒临绝种，目前是国家一级保护动物，于1984年人工繁殖成功。鲟鱼的吃法很多，这里采用清蒸的方法入肴，以蒸鱼豉油汁、葱油提味，熟猪肥膘肉弥补鲟鱼肉不足的脂香味，成菜原汁原味，皮滋糯、肉细嫩。

原料

中华鲟鱼1尾（约重700克，人工养殖）
姜丝5克
葱丝10克
姜片10克
蒜片5克
红辣椒丝5克
熟猪肥膘肉150克

调味料

川盐3克（约1/2小匙）
鸡精15克（约1大匙1小匙）
料酒20毫升（约1大匙1小匙）
蒸鱼豉油汁100毫升（约1/2杯）
葱油35毫升（约2大匙1小匙）

制法

1. 将活鲟鱼放入冰箱冰冻约2小时至冻晕后，入沸水锅中烫几秒钟，捞出打去鳞片及外皮黏膜，再清除内脏后治净。
2. 在鱼身的两侧剞牡丹花刀，用川盐、姜片、蒜片、料酒码味约3分钟待用。
3. 猪肥膘肉片成片状，以可以覆盖鲟鱼身为原则，备用。
4. 把鲟鱼连同码味料放入盘中，盖上熟猪肥膘肉入笼蒸8分钟取出，除去料渣，浇入豉油汁，在鱼身撒上姜丝、葱丝、红辣椒丝点缀。
5. 取炒锅开中火，将葱油烧五成热后起锅，把葱油浇于姜丝、葱丝、红辣椒丝上即成。

料理诀窍

1. 鲟鱼的鳞甲须用80℃左右的热水烫一下，再打去鳞片，否则不易去掉。但不能久烫或水温过高。
2. 用熟猪肥膘肉的目的是增加鲟鱼肉的脂香味。
3. 掌握鱼入笼的蒸制时间，时间不能蒸得过长，否则成菜肉质会发柴，不嫩。

【河鲜采风】

中华鲟是中国特有的珍稀古老鱼种，同时是目前世界上现存最原始的鱼类之一。周代把中华鲟称为“王鲔鱼”，其特殊性在生理结构与两亿三千万年前一模一样，且一直生活于长江流域，因此又被称为“活化石”。中华鲟属于海栖性的洄游鱼类，每年的9～11月，由海口溯长江而上，一直到金沙江的至屏山一带才进行繁殖。中华鲟长得大又重，雄的可长到68～106千克，雌的可长到130～250千克，最高的记录曾捕获500千克超大鲟鱼，所以中华鲟又有“长江鱼王”的称号。现在市场上销售的均为人工养殖的。

■望江楼是纪念中国女诗人薛涛的，在烟雨蒙蒙中展现出属于诗人的绝美诗意。

砂锅雅鱼

清淡爽口，鲜香怡人，老少皆宜，营养丰富

雅鱼又称丙穴鱼，因头部有“丙”字形纹理又以穴为居，细鳞无刺，极为鲜美。搭配雅安境内的荥经砂锅更是一绝，因此成为地方名菜，具有鱼肉细嫩、汤味鲜美、营养丰富、香气扑鼻的特点，自古闻名。唐代杜甫曾赞曰：“鱼之丙穴由来美”。宋代陆游也在《思蜀三首》写下：“玉食峨耳眉，金齑丙穴鱼”的赞叹。

原料

雅鱼1尾（约重600克）
老豆腐100克
金华火腿50克
香菇50克
冬笋片35克
姜片15克
葱段20克
鲜高汤2000毫升（约8又1/4杯）

调味料

川盐3克（约1/2小匙）
鸡粉20克（约1大匙2小匙）
料酒15毫升
化鸡油50毫升（约3大匙）

制法

1. 将雅鱼处理治净后，剞花刀，用姜片、葱段、川盐1/4小匙、料酒码味5分钟待用。
2. 将老豆腐切成条，金华火腿切片，香菇切片，备用。
3. 锅中放入2000毫升清水用旺火烧沸，下老豆腐条、金华火腿片、香菇片、冬笋汆烫15～20秒后捞起并沥去水分，放入砂锅内垫底，再放上码好味的雅鱼。
4. 鱼砂锅中灌入鲜高汤并以旺火烧开，用川盐1/4小匙、鸡粉、化鸡油调味，除净汤上的浮沫，再转小火烧约8分钟即成。

料理诀窍

1. 盛器应选择大的，此道菜以喝汤为主。
2. 入砂锅内烧的时间略长一点，应将雅鱼的鲜味炖煮至融入汤中。

【川味龙门阵】

荥经砂器的制作工艺沿袭春秋时期的工艺至今，以红色、银灰色、黑色为主的单色砂器，并以砂锅、砂罐等生活器皿为主。而荥经砂器的主材料为黏土与碾磨成粉末的炭灰渣，以一定比例搅拌混合后即可塑形、阴干、烧制。

当地艺师曾庆红指出：只有古城村一带的黏土才能用这种工法烧制，为了达到应有的温度及火候还必须用花滩的精煤炭。而荥经砂器的上釉也是一绝，使用杉木锯下来的粉屑往烧红的砂器一撒，大火窜出，焖烧一段时间就完成上釉，带有炫目的银色金属光泽。

【河鲜采风】

雅鱼鱼身青黑修长，极为鲜美，是雅安青衣江中特有的鱼类。传说女娲在补天时，为镇青衣江中的水怪，就将其身上的宝剑投入江中，并化成雅鱼。因此正宗雅鱼的头中就会有一枚酷似宝剑的鱼骨，从剑柄、剑把、剑刃栩栩如生。据说带在身边有趋吉避凶之效。

盖碗鸡汁鱼面

细嫩洁白，鲜香可口，老幼皆宜

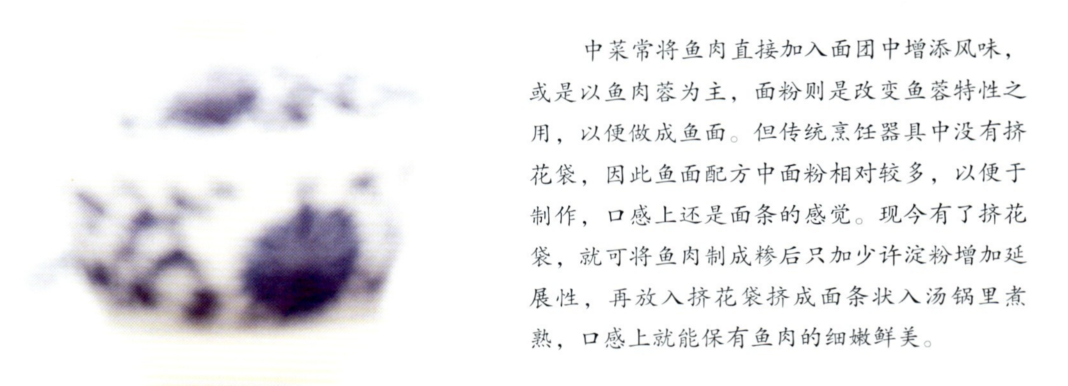

中菜常将鱼肉直接加入面团中增添风味，或是以鱼肉蓉为主，面粉则是改变鱼蓉特性之用，以便做成鱼面。但传统烹饪器具中没有挤花袋，因此鱼面配方中面粉相对较多，以便于制作，口感上还是面条的感觉。现今有了挤花袋，就可将鱼肉制成糁后只加少许淀粉增加延展性，再放入挤花袋挤成面条状入汤锅里煮熟，口感上就能保有鱼肉的细嫩鲜美。

原料

花鲢鱼肉200克
猪肥膘肉100克
瓢儿白（上海青，根茎肥大绿叶少的小油菜）4棵
火腿肠丁20克
老母鸡汤600克
鸡蛋清1个
淀粉50克
澄粉10克

调味料

川盐3克（约1/2小匙）
鸡精20克（约1大匙2小匙）
料酒15毫升（约1大匙）
白糖2克（约1/2小匙）
化鸡油20毫升（约1大匙1小匙）
老母鸡高汤1000毫升（约4杯）

器具

挤花袋1个
（带直径约2毫米圆形花嘴）

制法

1. 将鲢鱼肉洗净，去除鱼骨、鳍翅、鱼皮后，取净鱼肉加猪肥膘肉剁成细蓉泥状。
2. 将鱼蓉泥放入搅拌盆中，加入淀粉、澄粉，再用川盐1/4小匙、鸡精1大匙、鸡蛋清、料酒、白糖调味后，搅打约8分钟制成鱼糁。
3. 取一汤锅加入七至八分满的水，用旺火烧沸后，下入瓢儿白、火腿肠丁汆烫约10秒至断生后，捞起沥干转小火保持微沸。
4. 将鱼糁填入带圆形花嘴的挤花袋中，以一致的速度挤成面条形入微沸水中，烫煮至断生后捞出，盛入盖碗杯中，点缀已制熟的瓢儿白、火腿肠丁。
5. 另将老母鸡高汤烧沸后，用川盐1/4小匙、鸡精2小匙调味并加入化鸡油，灌入鱼面中即成。

料理诀窍

1. 掌握鱼肉的制糁比例及程序，鱼糁制不好，鱼面入锅易断、挑不起来也易碎，口感软绵不佳，影响成菜美观。
2. 鲜香的另一关键在于高汤的熬制，高汤的味道若是不够清鲜甜美，鱼面做得再好成菜也不好吃。
3. 鱼面的粗细应均匀一致，成菜才美观，更能显示厨艺风采。

【川味龙门阵】

成都在茶文化的鼎盛时期，几乎平均每条街都至少有一家茶铺子或茶馆，密度之高令人咋舌，更令人惊奇的是每家都客满，因此有人形容成都的茶文化是“一市居民半茶客”。也因此形成了成都人洽公、休闲的不二选择，在茶铺子里是一切好说，甚至还有专门在茶馆、茶铺子为人调解争议的专业茶客。

鲍汁江团狮子头

色泽金黄，入口细嫩鲜香

此菜源于淮扬名菜的清炖蟹粉狮子头。此道菜以江团鱼肉为主料，相较于传统咸鲜糯口的口感，用江团鱼肉做成的就是鲜嫩滑口，略为筋道。最后成菜时再挂以鲍鱼南瓜蓉汁，鲍鱼的鲜香和南瓜的甜香，使鲜嫩滑口的特点更加突出。

原料

江团鱼肉500克
猪肥膘肉250克
西蓝花4小块
南瓜200克、鸡蛋清2个
水淀粉75毫升（约1/3杯）

调味料

川盐3克（约1/2小匙）
鸡汁20毫升（约1大匙1小匙）
白糖3克（约1/2小匙）
料酒15毫升（约1大匙）
化鸡油20毫升（约1大匙1小匙）
鲍鱼汁25毫升（约1大匙2小匙）
鲜高汤1000毫升（约4杯）
淀粉10克（约1大匙）

制法

1. 将江团鱼肉去除鱼皮、鱼刺后洗净，加入一半的猪肥膘肉剁成细蓉泥，放入搅拌盆中，用川盐1/4小匙、白糖1/4小匙、淀粉、料酒调味，搅打约15分钟制成鱼糁。
2. 将一半的南瓜切丁后，入蒸笼内旺火蒸20分钟，取出后用果汁机搅成蓉汁备用。
3. 取另一半猪肥膘肉切成小丁，备用。再取另一半的南瓜切成1.5厘米见方的丁，备用。
4. 在步骤1的鱼糁中拌入猪肥膘肉丁搅匀，之后取适当的鱼糁包入南瓜丁，整成圆团状，做成狮子头（直径5～6厘米）的生坯。
5. 取一汤锅，加入鲜高汤以中火加热至约80℃后熄火，将狮子头的生坯放入已加热的高汤中。
6. 将整锅高汤连同狮子头上蒸笼旺火蒸15分钟后取出，捞出狮子头摆入汤碗中待用。
7. 另取汤锅下入六成满的水，旺火煮沸后下入西蓝花汆烫至断生，捞起备用。
8. 炒锅中加入蒸煮狮子头的高汤，用川盐1/4小匙、鸡汁、白糖调味，下鲍鱼汁、化鸡油、步骤2的南瓜汁，煮沸后用水淀粉勾薄芡汁，出锅淋在狮子头上，点缀西蓝花即成。

料理诀窍

1. 将传统狮子头中增鲜用的咸蛋黄馅心换成南瓜馅，在味道的搭配上更适合鱼肉的鲜甜，更有利于健康。
2. 掌握鱼糁的比例和制作流程，保持鱼肉狮子头的鲜、嫩感，切忌通过油炸制熟。
3. 鲍汁用南瓜汁提色，更自然、鲜美，芡汁不宜过浓。

■乐山古称嘉州，最著名的河鲜当属江团。闽江上的捕鱼风情为这美味增添了诗意。

桃仁烩鱼米

荤素搭配合理，清香细嫩可口

鱼糁制成后一般多以蒸或煮的方式制成鱼糕、鱼丸，或是半汤菜的鱼面，炸或煎的成菜等。此菜是把鱼糁制成像玉米粒般的鱼米后，再以烩的方式与新鲜核桃仁搭配成菜，白皙的鱼米与新鲜核桃仁，颜色相近却是一脆一嫩，一入口脆嫩相结合，清新的甜香与细嫩的鲜香，口感分明，风味独见。

原料

河鲇鱼净鱼肉300克
猪肥膘肉100克
新鲜核桃仁100克
胡萝卜丁25克
窝笋丁25克
玉米粒25克、鸡蛋清1个
淀粉50克
水淀粉20克（约1大匙1小匙）

调味料

川盐2克（约1/2小匙）
鸡精15克（约1大匙1小匙）
料酒10毫升（约2大匙）
鸡粉10克（约1大匙）
白糖3克（约1/2小匙）
化鸡油25毫升（约1大匙2小匙）

器具

附3毫米圆形花嘴挤花袋1只

制法

1. 将河鲇鱼净鱼肉与猪肥膘肉治净后，一起剁细成蓉泥，放入搅拌盆用川盐1/4小匙、鸡精、料酒、淀粉码味上浆，搅拌摔打蓉泥至具有黏性即制成河鲇鱼糁。
2. 将鱼糁填入挤花袋中挤成玉米粒大小的粒状，直接挤入小火保温的开水锅中泡熟，待用。
3. 新鲜核桃仁、胡萝卜丁、窝笋丁、玉米粒入沸水锅中汆烫约10秒，捞起沥干待用。
4. 取炒锅开中火，放入20毫升化鸡油烧至四成热后，先下鱼米滑炒，再加入烫好的新鲜核桃仁、胡萝卜丁、窝笋丁、玉米粒烩炒，用川盐1/4小匙、鸡粉、白糖调味。
5. 用少许水淀粉勾芡收汁，淋入化鸡油搅匀即可盛盘。

料理诀窍

1. 掌握制作鱼糁的鱼肉与猪肥膘肉比例，以及剁细与搅拌摔打的流程。
2. 新鲜核桃仁入锅不宜烹煮过久，以免破坏营养成分及其清新香气。
3. 烩制鱼米时油和水淀粉不宜过多，否则入口会很油腻而菜品呈稀糊状，不清爽。

■上里古镇周边有多座古桥，加上山、水相映，成就了上里的古朴民风与安逸的气息。

香酥水蜂子

入口化渣、酥香，回味略麻香

这里借鉴西式炸鸡翅的酥松脆口感，搭上香嫩鲜甜的水蜂子，并结合川式烹调的椒盐味加以料理、调味而成，呈现出外表酥脆，鱼肉细嫩香甜的效果，佐酒尤佳。川菜十分善于吸纳外来风味，之后再转化为四川的风味，以近些年来快速增加的新味型即可看出，不愧为时下我国最盛行的菜系。

原料

水蜂子200克
洋葱粒25克
青甜椒粒20克
红甜椒粒20克
香葱花15克
鸡蛋1个
脆炸粉50克
淀粉15克

调味料

川盐1克
花椒粉2克
香油15毫升（约1大匙）
食用油1000克（耗50克）

制法

1. 水蜂子去净内脏并洗净，用川盐（另取）、鸡蛋码拌均匀同时加入脆炸粉、淀粉上浆后静置入味，约码味5分钟待用。
2. 炒锅中加入七分满的食用油，以旺火烧至五成热，将上浆入味后的水蜂子入油锅，炸至定形后，转中火继续炸到外酥内嫩，出锅沥油。
3. 将油倒出，留少许油约15克在锅底，旺火烧至四成热，下洋葱、青椒粒、红椒粒爆香，下炸好的水蜂子，加入川盐、花椒粉、香油、香葱花调味后拌炒均匀装盘即成。

料理诀窍

1. 水蜂子处理时须将内脏除净，鱼身洗净，才不会让内脏的腥味影响成菜口感。
2. 脆炸粉加鸡蛋液和淀粉调制成的糊，经油炸制后口感酥脆、爽口，更能突出香酥的成菜特色。

■位于成都龙潭寺的河边茶馆，是附近居民休闲、聚会的好去处，2元钱可消磨大半天，或听大爷摆龙门阵。

椒麻翡翠鱼尾

色泽碧绿，椒麻味浓，冷热均可

椒麻味是川菜中特有的味型，成菜色泽碧绿、咸鲜微麻、清香可口，葱、椒香味浓厚，代表菜如椒麻鸡、椒麻肚丝等。这些年，椒麻味型广泛运用在各式河鲜、海鲜等食材和炒、煮、拌、炝等烹饪方法中。此菜单纯使用鱼尾，刺少、肉甜嫩，且不浪费食材。鱼尾的美味早在清朝乾隆、嘉庆年间就由扬州盐商童岳荐选编的《调鼎集》留下记录，一是红烧鲤鱼唇尾，一是鲤鱼尾羹。

制法

1. 将白鲢鱼尾整理干净并洗净，用川盐1/4小匙、料酒、姜片、葱段、洋葱粒抓匀在室温中码味约2小时，于夏季或气温高时应置于冰箱冷藏以确保鱼尾的新鲜度。
2. 将干花椒泡入冷水中，泡约30分钟至花椒完全软后沥干水分并去除黑籽，再同香葱叶剁成细末，用川盐1/4小匙、鸡精、鸡粉、鲜高汤、香油调味即成椒麻香葱汁备用。
3. 取码好味的鱼尾，去净码味的料渣，铺放在蒸盘上，入蒸笼以旺火蒸约5分钟至熟透后取出装盘。
4. 浇上步骤2的椒麻香葱汁在蒸好的鱼尾上即成。

料理诀窍

1. 烹调至熟的过程只有蒸的程序，因此必须通过码料入味的步骤把鱼尾的腥味去除并给予鱼尾肉一个底味、基本味。
2. 掌握椒麻香葱汁的比例与调制，以便和蒸制鱼尾的味相搭配：避免椒麻香葱汁味道过重抢了鱼鲜味，但过轻则风味尽失，也失去了调味的意义。

原料

白鲢鱼尾10个
姜片15克
葱段15克
干红花椒5克
香葱叶150克
洋葱粒20克

调味料

川盐3克（约1/2小匙）
鸡精15克（约1大匙1小匙）
鸡粉10克（约1大匙）
鲜高汤300克（约1又1/4杯）
香油20毫升（约1大匙1小匙）
料酒25毫升（约1大匙2小匙）

【川味龙门阵】

川东的重庆因地形关系，山多平地少，但也所幸地质上以稳固的岩盘为主，所以重庆除了让人有出门就是爬山的感觉外，都市发展也是区块状发展，每到一区就像换一个城市的感觉。目前重庆最热门的商业区当属江北区，完全现代化的规划，也跳脱了老城区——渝中区依山构筑的传统。

青椒爽口河鲇

入口酥香，麻辣味浓厚

川菜在20世纪90年代流行过大麻大辣，各式麻辣菜品既厚又重。在极度刺激后，人们的口味又开始转而追求惬意，清爽的麻辣菜品如雨后春笋般冒出，一般是取青花椒的清香与小米辣椒的鲜辣相融合，再依主食材的不同调整其他味道的轻重，而这道青椒爽口河鲇就是此类清爽麻辣菜的一个代表。

原料

河鲇鱼1尾（取肉500克）
新鲜青花椒100克
干青花椒25克
新鲜青二荆条段50克
淀粉40克
鸡蛋1个
姜片10克
大葱颗 50克
红小米辣椒段25克

调味料

川盐2克（约1/2小匙）
鸡精15克（约1大匙1小匙）
料酒15毫升（约1大匙）
花椒油（麻得倒花椒油）10毫升（约2小匙）
幺麻子藤椒油15毫升（约1大匙）
香油10毫升（约2小匙）
食用油1000毫升（约4杯）（约耗35毫升）

制法

1. 将河鲇处理治净后，连骨带肉斩成2厘米见方的丁，用川盐1/4小匙、料酒、鸡蛋码拌均匀后置于一旁静置入味，同时加入淀粉码拌上浆，码味约3分钟待用。
2. 取炒锅开大火，放入1000毫升食用油烧至五成热后，下码好味的鲇鱼肉丁入锅，炸至色泽金黄，熟透、酥脆时出锅沥油。
3. 将油倒出，但留少许油在锅底，用旺火烧至六成热，依序下入姜片、葱颗、干青花椒、红小米辣椒、新鲜青二荆条、新鲜青花椒爆香。
4. 将炸好的鱼丁下入略为煸炒，加入川盐、鸡精调味，继续煸炒至香气窜出、入味后，出锅前加入花椒油、幺麻子藤椒油、香油拌炒后装盘即成。

料理诀窍

1. 鱼丁的刀工处理要求是大小均匀、刀口利落，以便均匀入味，成形美观。
2. 因经过码味上浆，所以入锅炸制时，要注意避免鱼肉粘在锅底并产生焦味。
3. 鲇鱼肉丁须炸至酥脆而熟透才行，不然入锅煸炒容易碎烂、不成形，成菜的酥香气也会不足。
4. 新鲜青花椒、小米辣、新鲜青二荆条须煸出香味，出锅之前再调入花椒油、藤椒油，以使花椒独特的麻、香味更浓。

■重庆人民大礼堂前民众通过武术锻炼身心，在阶梯的分层下，犹如观赏一场精采的表演。

鱼香碗

清淡素雅，咸鲜味美

把鱼肉制成鱼糕成菜，是湖北菜中常见的做法。据传舜帝南巡时，因其湘妃爱吃鱼却讨厌鱼刺，于是御厨便将鱼肉制成了鱼糕。史实记载则是盛行于南宋湖北荆州的高官豪门宴席间。鱼糕的做法传到四川后，川菜厨师将鱼糕与农村传统宴席九大碗菜式中的蒸酥肉结合，配上黄花菜蒸制，创出这道鱼香碗。汤色清澈、味浓而鲜美、鱼糕细嫩加上黄花菜的脆口，看似清淡无华，实际上却是口口丰富、饱满。

原料

河鲇鱼肉400克
猪肥膘肉150克
鸡蛋3个
淀粉60克
海带丝50克
干黄花25克
酥肉75克

调味料

川盐3克（约1/2小匙）
鸡精15克（约1大匙1小匙）
土鸡高汤400毫升（约1又2/3杯）
化鸡油25毫升（约1大匙2小匙）

制法

1. 将河鲇鱼肉剔去鱼刺、鱼骨后，将鱼肉斩细，再加猪肥膘肉细剁制成蓉状。
2. 将3个鸡蛋打入碗中，并将蛋清与蛋黄分开备用。
3. 将鱼蓉放入搅拌盆中，以川盐1/4小匙、鸡精10克、鸡蛋清、淀粉、水调味搅拌后制成鱼糁。
4. 将鱼糁倒入方形、宽平的容器内摊平，在表面抹上全蛋黄，入笼蒸制约10分钟，熟透后即成鱼糕。
5. 将蒸熟的鱼糕取出静置，待冷却后改刀，切成4毫米厚，长约6厘米、宽约4厘米的片待用。
6. 将海带丝、干黄花、酥肉汆烫约10秒，捞出沥干后垫于盘底，铺盖上鱼糕片待用。
7. 取土鸡高汤加入川盐、鸡精调味后灌入鱼糕内，淋入化鸡油，上蒸笼旺火蒸约5分钟取出即成。

料理诀窍

1. 掌握鱼糕的制作流程与材料的比例，以确保鱼糕的口感与味道。
2. 制成的鱼糕质地应软硬适中，切片后挑起时要有软的感觉却又不至于断裂就是刚好的软硬度，入口后口感细嫩鲜美。
3. 蛋黄液的涂抹应尽可能均匀，成菜才美观。
4. 掌握上笼蒸制的时间、火力的大小。蒸的火力大、时间长容易起蜂窝眼状，火力小、时间短不容易蒸熟，有可能成品粘牙口感不好。

【川味龙门阵】

金沙遗址是在2001年的2月时，民工开挖蜀风花园大街的工地时发现，就位于成都市西边苏坡乡的金沙村，遗址呈现了3000多年前的灿烂古蜀文明。在出土的3000余件文物中，多是工艺精美的金玉印饰品和翡翠饰品以及大量的陪葬陶器、象牙、龟壳和鹿角，包括：金器30余件、玉器和铜器各400余件、石器170件、象牙器40余件，出土象牙总重量将近1吨，此外还有大量的陶器出土。金沙遗址的文化与临近的广汉三星堆遗址的文化是一脉相承的，有前后衔接的关系。

鱼鳞含有大量的胶原蛋白、钙等有益于健康的多种元素，但传统上因口感不佳、数量少、清洗不便，而一直成为弃之不用的废料。就算餐馆卖鱼，若是数量不多，鱼鳞又小，也无法成菜。一般而言多在专业的鱼鲜馆子、酒楼中才有能力充分利用鱼鳞甲成菜，当然在一般家庭中偶尔也可买条较大的草鱼分做数道菜，同时享用这鱼鳞甲的特殊风味。

酥椒炒鱼鳞

入口酥香微辣，是佐酒的佳肴

原料

草鱼鳞甲100克
香酥椒100克
青美人辣椒粒75克
红美人辣椒粒25克
黄菊花瓣15克
脆浆糊200克
食用碱2克（约1/2小匙）

调味料

川盐2克（约1/2小匙）
香油15毫升（约1大匙）
鸡精15克（约1大匙1小匙）
食用油2000毫升（约8又1/3杯）
老油25毫升（约2大匙）

制法

1. 草鱼鳞甲治净、洗净后沥去水分，放入搅拌盆并加入食用碱拌匀，码20分钟。
2. 将码好的鱼鳞甲用流动的清水把食用碱充分清洗干净，捞起并沥去水分，放入脆浆糊内搅匀待用。
3. 取一炒锅放入食用油2000毫升，约七分满，用旺火烧至四成热后，将裹匀脆浆糊的鱼鳞甲逐一入锅炸至酥香，出锅沥干油，待用。
4. 将油倒出另作他用，炒锅中下入老油以中火烧至四成热，放入青美人辣椒粒、红美人辣椒粒、香酥椒炒香后用川盐、鸡精、香油调味。
5. 最后倒入炸酥的鱼鳞甲翻炒至入味，出锅装盘，撒上黄菊花瓣即成。

料理诀窍

1. 脆浆糊的调制比例为面粉50克、淀粉25克、鸡蛋清1个、泡打粉3克、水75克，全部拌匀发酵30分钟即成。
2. 鱼鳞甲裹上脆浆糊后必须逐一分开（散）入油锅，以免互相粘连，破坏酥香口感并影响成菜美观。

酸萝卜焖水蜂子

入口味浓厚，细嫩鲜美

水蜂子分布在长江上游及金沙江水系，是青藏高原东部特有的小型冷水性鱼类。水蜂子鱼质地细嫩、个头较小，处理治净较费事。使用酸香脆爽、回味带甜的酸萝卜烘托水蜂子的鲜美，结合属于软烧的家常烧手法成菜，程序简单却能尽显水蜂子的特色。

原料

水蜂子500克
泡萝卜丁200克
青小米辣椒颗50克
红小米辣椒颗50克
泡姜丁25克
香葱花50克

调味料

川盐2克（约1/2小匙）
香油10毫升（约2小匙）
鸡精15克（约1大匙1小匙）
陈醋10毫升（约2小匙）
老油50毫升（约1/4杯）
白糖3克（约1/2小匙）
鲜高汤600毫升（约2.5杯）
水淀粉35克（约2大匙）

制法

1. 将水蜂子处理治净待用。
2. 泡萝卜、泡姜切成大小均匀的1厘米见方的丁，青、红小米辣椒切粒，备用。
3. 炒锅下入老油，以中火烧至四成热，下泡萝卜丁、泡姜丁煸香，加入鲜高汤以旺火烧沸。
4. 放入水蜂子，用川盐、鸡精、香油、白糖、陈醋调味后转小火慢烧约3分钟。
5. 接着下青、红小米辣椒粒同烧，继续以小火焖至熟透，最后用水淀粉收薄芡汁，出锅盛盘、点缀香葱花即可。

料理诀窍

1. 处理水蜂子时，因鱼的背翅尖端带有微毒，所以记得先将鱼的背翅切除或剪掉，以避免处理时扎伤手指，而产生略微肿胀、刺痛的现象。
2. 水蜂子入锅后尽量避免在锅内用力或过度推动、翻动，易将鱼肉推碎。
3. 因水蜂子的体形较小，肉质细嫩，故烧制过程中火力不宜过大，宜延长小火慢烧的时间促使入味，又不破坏鱼形。

■位于重庆市渝中区热闹的传统市场。

天麻滋补鳜鱼

汤色乳白，滋补营养，吃法随意

川菜中有一道传统食补菜肴天麻炖鱼头，美味又滋补，是一道适宜冬季食补的美味佳肴，但鱼头吃起来相对不便，此菜便将烹饪方法与吃法作了调整，把天麻和沙参、党参、大红枣、枸杞子加汤上笼蒸后只取汤汁，再入小火锅里，上桌直接烫食鳜鱼片，这样可以保持鱼肉的细嫩鲜美且食用时可以保持优雅，将滋补保健提升为美食品尝。

原料

鳜鱼1尾（约重650克）
野生天麻30克
大红枣6个
枸杞子5克
沙参15克
党参25克
鸡蛋清1个
淀粉35克
姜片15克
葱段20克

调味料

川盐2克（约1/2小匙）
鸡粉10克（约1大匙）
化鸡油75毫升（约1/3杯）
料酒15毫升（约1大匙）
鲜高汤2000毫升（约8杯）

制法

1. 天麻先用热水泡约30分钟，泡涨后切成片。而沙参、党参用热水泡约20分钟，泡涨后改刀切成段。
2. 将大红枣、枸杞子及泡发切好的天麻、沙参、党参放入汤盅并加入鲜高汤，上蒸笼蒸约15分钟后取出，用川盐1/4小匙、鸡粉、化鸡油调味后待用。
3. 将鳜鱼处理治净后，取下鱼肉，鱼头和鱼骨斩成大件。
4. 把鱼肉片成厚3毫米的大片。码味时鱼片与鱼头、鱼骨分开用川盐1/4小匙、姜片、葱段、料酒、鸡蛋清、淀粉码味上浆静置3分钟备用。
5. 将码好味的鱼片整齐摆放于盘上，待用。
6. 将鱼头、鱼骨入沸水锅中汆水至断生后，捞起并盛入步骤2的汤汁中略煮，上桌后点火加热，搭配码好味的鱼片烫食即成。

料理诀窍

1. 鱼的头骨和肉须分开烹制，鱼头、鱼骨先入汤中小火加热使其释放鲜味，再以微沸的汤汁烫食鱼片，从而达到又鲜又嫩的成菜要求。
2. 滋补食材应提前涨发、改刀，再放入鲜高汤熬制，成菜后风味更浓。
3. 此菜是即烫即食（属于滋补型小火锅，鱼吃完后可以再烫蔬菜等），因此成菜上桌时须搭配火源。

【川味龙门阵】

天麻以云南产最为佳，有效成分天麻素含量最高，可温中益气、补精添髓。因此"云天麻"可是闻名中国。但如何辨识天麻？天麻质地坚实，外表呈黄白色或淡黄棕色，带半透明状，形状扁缩，呈长椭圆形，两端弯曲，一端有红棕色牙苞，另一端有从母天麻上脱落后留下的圆形疤痕。隔水蒸，可闻到臊臭气味的就是真品。图为五块石中药材批发市场。

川式鱼头煲

入口鲜辣，回味甘甜，滑嫩鲜香

运用砂锅做菜的特色就是热、烫、味浓，此菜运用砂锅鲇鱼头的烹饪方式，主料改成胖鱼头，但以粤式的酱料调味。在川菜中将鱼头用来熬汤比较常见，做成烧菜较少，此菜重用小米辣椒的鲜辣以缓解成菜味道浓厚的腻感，使得成菜风味甜中带辣。且因小米辣椒为菜色添加了鲜红，加上配菜的运用使得色泽格外鲜明。

原料

胖头鱼鱼头（鲢鱼头）1个（约重600克）
红小米辣椒粒50克
青二荆条辣椒粒20克
洋葱丁75克、姜片15克
大蒜瓣35克
节瓜（三月瓜）50克
淀粉50克、鸡蛋清1个

调味料

川盐2克（约1/2小匙）
鸡精10克（约1大匙）
白糖2克（约1/2小匙）
料酒15毫升（约1大匙）
烧汁15毫升（约1大匙）
排骨酱10克（约2小匙）
海鲜酱5克（约1小匙）
叉烧酱5克（约1小匙）
香油15毫升（约1大匙）
食用油1000毫升（约4杯）（约耗50毫升）

制法

1. 将胖鱼头治净斩成大件，装入盆中用川盐、料酒、鸡蛋清、淀粉码拌均匀后静置入味，约码味3分钟，待用。
2. 节瓜与洋葱切成约1.5厘米见方的丁，待用。
3. 取一小盆，将烧汁、排骨酱、海鲜酱、叉烧酱、鸡精、白糖调合在一起即成酱料汁，待用。
4. 取炒锅放入食用油，旺火烧至五成热，下入码好味的鱼头块滑油约10秒后出锅沥油待用。
5. 取大砂锅，将节瓜丁、洋葱丁、姜片、蒜瓣入锅垫底，放上滑过油的鱼头块，淋上步骤3的酱料汁，最后放上青、红小米辣椒粒，加盖后用中火烧沸，接着转小火烧约5分钟，淋香油即成。

料理诀窍

1. 胖鱼头剁成件时不能过小，一般控制在6厘米×4厘米×3厘米左右，太小成菜后鱼肉容易散开不成形、大了不宜入味且不方便食用。
2. 此菜品的味在于酱料汁的调制，可先依此比例调制，之后再按个人或当地的口味偏好作调整。
3. 掌握砂锅在火炉上的烧制时间，火候大小调节，以锅中汤汁水汽刚干为宜，要避免火力过大，造成锅底烧得焦糊。而烧的时间太短会不入味，太长鱼肉会烧散了！

■或许是因为气候湿暖，致使四川长年笼罩着雾气，放眼望去总是灰蒙蒙的，因此在成都您会发现人们的穿着相对鲜艳。而四川的“墙”也在相当的程度上反映出这种倾向。

清汤鱼豆花

鱼肉雪白细嫩，汤鲜清澈见底

豆花是用大豆磨成浆，烧开后加凝固剂——卤水或石膏水制作而成。而这道“豆花”菜品是用鱼肉做成的，其工艺要求高，刀工及火候也须严格要求，方能达到汤清澈见底，鱼豆花味鲜清雅，色泽洁白，外形酷似豆腐脑或棉花的成菜效果。

原料

净河鲇鱼肉400克
猪肥膘肉150克
鸡蛋清3个
淀粉25克
菜心4棵
枸杞子4粒
高级清汤1000克

调味料

川盐1克
鸡精10克（约1大匙）
料酒15毫升（约1大匙）
白糖2克（约1/2小匙）

制法

1. 将净河鲇鱼肉、猪肥膘肉切小块后混合，一起剁细成蓉状，用川盐、鸡精、料酒、白糖、鸡蛋清、淀粉搅打成稀糊状待用。菜心洗净后取前端的嫩尖待用。
2. 取汤锅加水至六分满，调入少许盐（另取）后烧沸，将菜心与枸杞子一起放入沸水锅中汆烫约3秒，断生后捞起沥水备用。
3. 高级清汤倒入锅中，用旺火烧沸后转中小火，保持高级清汤微沸的状态。
4. 把鱼肉稀糊搅匀后冲入汤中，转小火慢烧，使鱼肉凝结成豆花状后，连汤带鱼豆花盛入碗中，放上菜心、枸杞子即成。

料理诀窍

1. 鱼肉、猪肥膘肉须清洗干净、剁细，但淀粉不宜加得过多，否则会使鱼豆花发硬，过少会凝结不起来。
2. 冲鱼蓉时火力不宜过大使高级清汤沸腾，严重的话鱼肉稀糊一冲下去还没凝固成豆花状就被沸腾的汤冲散，若是轻微也会使鱼豆花口感不紧实。
3. 鱼蓉搅打稀释后的糊不宜太黏稠，否则豆花会绵而发老，口感不佳。

【川味龙门阵】

在四川常吃到的豆花饭源自富顺，但富顺原只有豆腐。豆腐在三国时期就已经流传到今天的自贡富顺县，当时的金川驿地区（今富顺县）钻出了一口“盐量最多”的富顺盐井，加上适宜的气候条件和地理环境，使大豆的种植也普遍起来，豆腐菜肴也开始成为生活美食。

民国时期，一位盐商来到富顺做买卖，随意找上朱氏餐馆，由于时间急，就跑到厨房催菜，当他看见豆腐花还没完全成形为豆腐，心一急就要老板将此“豆腐花”卖给他。因还未充分凝固，就不能炒或烧，于是备上辣椒蘸碟让这位客人蘸着下饭。没想到这样吃更加鲜美可口。于是富顺就有了让人回味无穷的“富顺豆花”，并成为川菜里的一个经典，现在更是传遍四川。

泡酸菜烧鸭嘴鲟

泡菜家常味浓，入口细嫩

鸭嘴鲟的正式名称为白鲟，因嘴外形似鸭嘴，故民间多称之为鸭嘴鲟。这里将鸭嘴鲟治净后斩成大件，用泡酸菜烧制，以泡酸菜的乳酸香衬托鲟鱼的鲜、甜、嫩，加上郫县豆瓣后家常味浓，风味独具特色。将鸭嘴鲟斩块时需注意，头、尾要保留完整的，因为烹制后要还原鱼形，成菜才能大气且合乎国人对珍贵河鲜菜肴的食用文化与习惯。野生鸭嘴鲟为国家保护动物，本书中指人工养殖的。

原料

鸭嘴鲟1尾（约重500克，人工养殖）
泡酸菜片50克
泡辣椒末40克
郫县豆瓣末20克
姜末20克
蒜末25克
香葱花15克
姜片15克
葱段20克
淀粉35克

调味料

川盐2克（约1/2小匙）
鸡精15克（约1大匙1小匙）
白糖2克（约1/2小匙）
胡椒粉少许（约1/4小匙）
陈醋20毫升（约1大匙1小匙）
料酒20毫升（约1大匙1小匙）
鲜高汤500毫升（约2杯）
食用油50毫升（约1/4杯）
水淀粉20克（约1大匙1小匙）

制法

1. 将鸭嘴鲟处理治净后，斩成大件，用川盐1/4小匙、姜片、葱段、料酒、淀粉码拌均匀后静置入味，约码味3分钟。
2. 取炒锅开大火，放入食用油烧至四成热后，下泡酸菜片、泡椒末、郫县豆瓣末、姜末、蒜末炒香至颜色油亮、饱满。
3. 加入鲜高汤以大火烧沸，熬煮5分钟后转小火，下入码好味的鱼块小火慢烧约3分钟。
4. 接着加川盐、鸡精、白糖、胡椒粉、陈醋调味后以小火再慢烧约2分钟到入味熟透。
5. 最后用水淀粉收汁、装盘，撒上香葱花即成。

料理诀窍

泡酸菜需炒至水分收干、香味窜出后才能加入鲜高汤，这样菜品在久烧后酸香味会更浓。

■昭觉寺建于汉朝，但原本是眉州司马董常的故宅。到唐朝贞观年间，才改建为佛寺，现在是成都市民祈福求平安最常去的佛寺。

功夫鲫鱼汤

汤色乳白，味道鲜美

俗话说：唱戏人的腔，厨师的汤。汤做的好不好，常作为检验一个厨师水准高低的标准。功夫鲫鱼汤从“鲜”字入手，取鲫“鱼”与“羊”棒子骨一同炖成浓白汤，再装入紫砂制的功夫茶具内上桌。关键在“功夫”，选料、爆香、油煎、熬煮等每一环节都马虎不得，通过“水”将精髓溶出并融合。成汤后无论是香、滑、醇、鲜、浓的口感与味道，还是简单而精致的盛菜形式，都充满着雅致的感觉。

原料

鲫鱼2.5千克

羊棒子骨1千克

姜片200克

葱段200克

调味料

川盐2克（约1/2小匙）

胡椒粉少许（约1/4小匙）

化猪油400毫升（约2杯）

清水20升

制法

1. 将鲫鱼去鳞、治净后待用。
2. 取汤锅加入七分满的水后旺火烧沸，羊棒子骨分别剁成2段后，入沸水中余烫约20秒，捞起沥水备用。
3. 炒锅放入化猪油，以旺火烧至五成热，下姜片、葱段爆香后，转中火放入鲫鱼煎至两面金黄、干香。
4. 随即加入清水转旺火，放入羊棒子骨，用旺火煮沸约2小时，转中火熬1小时。
5. 最后用纱布滤净料渣，再加入川盐、胡椒粉调味后，盛入紫砂茶具中上桌即成。

料理诀窍

1. 无羊棒子骨时可用猪筒子骨代替，只不过这“鲜”味少了“羊”就不是那么“鲜”了。
2. 鲫鱼入锅煎一来是为了去腥，其次是促使汤色更加浓白，再加上煎的过程会促使鲫鱼产生干香、脂香，增进汤的鲜香味。
3. 煮鱼汤时须用大火，且水应一次加够，这样熬出的汤才能又白又浓，味才鲜美。中途不能另外加水进入汤锅内，否则会因水与原汤之渗透性与溶解力的不平衡，使得鱼汤会转稀且鲜味流失。
4. 用功夫茶具作为盛器，突出四川特色，彰显高雅质感，也强化了“功夫鲫鱼汤”耗时烹煮的功夫意象。

【河鲜采风】

古人将鱼和羊视为天下最“鲜”的食物，有一道菜叫羊方藏鱼，有中国第一名菜之称，至今已有4300年历史。据说是故乡在四川彭山的“彭祖”这个传说中的人物所创，彭祖善于调羹，生于夏朝，传说他活到了767岁，也有人说是800多岁。话说回来，汉字“鲜”的创造也是源自羊方藏鱼这道名菜所蕴藏的美味。

灯影鱼片

入口麻辣酥香，色泽红亮

“灯影”源自四川民间的皮影戏，烹饪上则是指经过精致刀工处理后的原料薄如纸张，通过灯光可以看见对面影子的手法。川菜中仅有三道菜用“灯影”命名，一是色泽红亮、麻辣干香、片薄透明的“灯影牛肉”，一是色泽金红，酥脆爽口，咸鲜微辣，略带甜味的灯影苕（甘薯）片，再来就是这麻辣酥香的灯影鱼片。制作这类菜十分讲究刀工细腻度，而且鱼片薄，对火候也相当讲究。

原料

草鱼1尾（约重1000克）
姜片15克
大葱段20克
熟白芝麻10克

调味料

川盐2克（约1/2小匙）
白糖2克（约1/2小匙）
花椒粉2克（约1小匙）
红油50毫升（约3大匙1小匙）
香油20毫升（约1大匙1小匙）
料酒25毫升（约1大匙2小匙）
花椒油10毫升（约2小匙）
醪糟汁10毫升（约2小匙）
食用油2000毫升（约8又1/3杯）
（约耗50毫升）

制法

1. 将草鱼处理治净后，取下鱼身两侧的鱼肉，去除鱼皮成净鱼肉，鱼头、鱼骨另作他用。
2. 将净鱼肉片成厚约2毫米的大薄片，用川盐1/4小匙、料酒、姜片、大葱段码拌均匀静置入味，约码味10分钟。
3. 将码好味的草鱼片取出置于通风处风干或入烤箱内以70℃的低温慢慢烘烤约45分钟至干，备用。
4. 取炒锅开大火，放入食用油烧至五成热后转中火，投入风干的鱼片，将油温控制在四成热，炸至酥香后捞起、出锅沥油。
5. 将油倒出另做他用。炒锅洗净擦干，旺火烧热，下入红油烧至三成热，转小火再下川盐1/4小匙、白糖、花椒粉、香油、醪糟汁推搅至糖、盐溶化并混合均匀。
6. 放入酥香的鱼片翻匀，再淋上花椒油，撒入熟白芝麻翻匀，即可出锅装盘。

料理诀窍

1. 此菜的刀工处理考究，须将鱼片片得越大越好，厚度则是尽可能的薄且均匀，成形要完整、不破裂、穿洞。
2. 掌握鱼片入锅的油温，应控制在四成油温，炸制过程中的火候应保持稳定、均匀，最忌炸焦而影响成菜色泽的红亮和酥香口感。

■夜里的锦里一条街，灯笼一亮，处处透着热闹的红亮。

【川味龙门阵】

灯影牛肉的来历有两种传说，最久远的当属1000多年以前，任职朝廷的唐代诗人元稹因得罪宦官，而被贬至通州（今达州）任司马。某天元稹走到一酒店小酌，其中的牛肉下酒菜片薄味香而透光，大为叹赏，当下以灯影（皮影戏）之名，取名为“灯影牛肉”。

其次是相传清光绪年间，梁平县有个姓刘的人流落到达州，以烧腊、卤肉为业。起初做得不好，后来突发奇想，将牛肉切得又大又薄，先腌渍入味，再上火烘烤，成品还微微透光，麻辣酥香可口，到了晚上，还刻意在肉片后方点盏油灯，使得牛肉片又红又亮，隐约可见灯影而广受欢迎，人们就称之为“灯影牛肉”。

麻辣醉河虾

色泽红亮，鲜嫩爽口

醉虾是通过酒中的酒精成分使活虾醉晕并杀菌，酒香味给活虾提鲜增味。在袁枚所著的《随园食单》最早出现记载，清代董岳荐所著的《调鼎集》也记载了醉虾的做法，与江浙名菜绍兴醉虾相去不远，以“醉”法烹调活虾。麻辣醉河虾就在这样的基础上，为更适合四川人喜食麻辣、好辛香的特点。在酒香之外加入了酸香、鲜麻而微辣的风味。

原料

邛海小河虾200克
香菜段10克、洋葱丝15克
刀口辣椒末50克、芥末膏5克
青小米辣椒10克
红小米辣椒10克
青小米辣椒圈25克
红小米辣椒圈25克
大蒜10克、老姜10克
泡野山椒20克、白芝麻3克

调味料

川盐2克（约1/2小匙）
香油10毫升（约2小匙）
红油35毫升（约2大匙1小匙）
陈醋20毫升（约1大匙1小匙）
老抽10毫升（约2小匙）
花雕酒75毫升（约1/3杯）
清水100毫升（约2/5杯）

制法

1. 将青、红小米辣椒切末，大蒜、老姜拍碎，连同泡野山椒一起入锅，加入清水，用旺火烧沸。
2. 调入川盐、香油、陈醋后转小火熬约15分钟即成酸辣汤，静置冷却后待用。
3. 将鲜活的邛海小河虾以流动的水漂净后沥去水分，装入有盖的容器内备用。
4. 取冷却的酸汤汁沥去料渣，调入芥末膏、青小米辣椒圈、红小米辣椒圈、刀口辣椒末、老抽、花雕酒、红油调匀，倒入装有邛海小河虾的容器内，加入香菜段、洋葱丝、白芝麻加盖醉3分钟即成。

■成都二仙桥的餐、厨批发市场或称之为陶玻批发市场，是体验四川另一种饮食风情的好去处，偶尔还可以捡到宝。

料理诀窍

1. 掌握酸汤的熬制方法和比例，确保展现出应有的风味。
2. 邛海小河虾须用清水冲洗干净，避免有沙而影响食用。
3. 醉的时间不能过长，酒的用量也不要太重，如有明显的酒味就不好吃了，因各种调味会被酒味盖掉，更突出不了虾的鲜度。

剁椒拌鱼肚

脆爽、鲜辣清香可口

一般用鱼肚做菜，大多为热菜，通过长时间的烧制入味。因鱼肚即使经过氽烫制熟，放凉吃依旧有腥味，这里借用鱼肚菜中的特例凉菜红油拌鱼肚的基本风味，再调入剁碎的川南小米辣椒的鲜辣来刺激食客味蕾，加上大蒜、芥末压腥味，味道鲜辣浓厚。加上鲇鱼肚事先以小苏打粉将肉质纤维破坏，而营造入口滋糯的口感。

原料

鲇鱼肚300克
红小米辣椒35克
大蒜25克
香葱花25克

调味料

川盐2克（约1/2小匙）
鸡精15克（约1大匙1小匙）
美极鲜10克（约2小匙）
芥末5克
香油10毫升（约2小匙）
红油20克
食用小苏打粉15克

制法

1. 将鲇鱼肚撕去表面血膜并用流动的水漂净血水，捞出沥去水分后放入盆中，用食用小苏打粉将鱼肚码拌均匀后静置约15分钟。
2. 红小米辣椒、大蒜分别剁碎备用。
3. 炒锅中加入清水约七分满，旺火烧沸，将码好的鱼肚下入沸水锅中氽烫约5秒钟至熟透，捞起沥去水分后放凉。
4. 汤碗中放入川盐、鸡精、美极鲜、芥末、香油、红油调匀为滋汁。
5. 将烫熟的凉鱼肚拌入红小米辣椒碎、大蒜末、滋汁，拌匀后即可装盘，撒上香葱花即成。

料理诀窍

1. 鲜鱼肚需要撕干净表面的血膜且要漂净血水，以减少腥味。
2. 用食用小苏打粉码拌可以使鲜鱼肚更白而脆。
3. 红小米辣椒的辣虽能降低味蕾对腥味的敏感度，但用量不宜过多，否则辣味过重将破坏味觉感受成菜滋味层次的完整性。

■在四川的传统市场中，除了极其多样的蔬果食材外，总会有几摊将卖辣椒当作重点，就像川菜一样，辣椒永远是最亮眼且具特色的配角。

双椒煸牛蛙

麻辣鲜香，细嫩爽口

川菜厨师用火中取宝来形容干煸技法，关键在于火候的掌控与翻动的频率，食材略炸至外表酥香后，再通过热锅与少许油将食材干煸至脱水，呈现酥软干香的状态，这效果全靠火力的准确控制，所以称之为“火中取宝”！此菜利用干煸的做法成菜，所以入口干香、微辣酥脆。

制法

1. 将牛蛙处理后去皮，清除内脏并洗净，斩成小块。
2. 用川盐1/4小匙、料酒码拌均匀，同时加入淀粉码拌上浆后静置入味，约码味3分钟备用。
3. 红小米辣椒切成小段，备用。
4. 炒锅中放入食用油至约七分满，用旺火烧至五成热，下入码好味的牛蛙炸至干香后，捞起沥油。
5. 将油倒出留作他用，倒入泡辣椒油，以中火烧至四成热，先下姜片、蒜片、大葱粒爆香一下，接着转小火，放入新鲜青花椒、红小米辣、香辣酱继续爆香。
6. 接着下入炸好的牛蛙煸炒至入味，再用鸡精、川盐白糖调味，放入香油、藤椒油、麻花段翻匀即成。

料理诀窍

1. 牛蛙斩成的块应大小均匀，以便于控制烹饪时间，入味才能一致。
2. 油炸牛蛙的油温应控制在五成热，油温过高、过低都会影响成菜的色泽和口味。油温过高容易造成色泽过深、入口带焦味。油温过低时，未能上色与呈现干香特色，也易有油腻感。
3. 红小米辣椒和新鲜青花椒应确保爆炒出香味，再下牛蛙，但火力不能过大，否则红小米辣椒和鲜青花椒会转黑，成菜后颜色不佳。

原料

牛蛙600克
红小米辣椒75克
新鲜青花椒50克
姜片15克
蒜片20克
大葱粒15克
麻花段50克
淀粉50克

调味料

川盐2克（约1/2小匙）
香油15毫升（约1大匙）
泡辣椒油35毫升（约2大匙2小匙）
白糖2克（约1/2小匙）
鸡精15克（约1大匙1小匙）
香辣酱25克
料酒15毫升（约1大匙）
藤椒油15毫升（约1大匙）
食用油2000毫升（约1/4杯）

■成都熊猫基地的可爱双雄——大熊猫与小熊猫。成都熊猫基地距成都市区约半小时车程，成立于1987年。

豆汤烧江团

豆香浓厚爽口，清淡宜人

烂豌豆乃四川的特产之一，是用干豌豆蒸煮至软烂后，直接摊着在市场上卖。与烂豌豆有关的最有名的菜品就是烂碗豆肥肠汤，而最普遍的当属用烂豌豆煮的粥——豆汤饭。而豆汤烧江团一菜就是在“烂碗豆肥肠汤”的基础上将滑软而筋道的肥肠换为江团鱼片，成菜豆香味浓郁而鲜美，鱼肉细嫩滑口，汤汁色泽黄亮清爽。

【川味龙门阵】

烂豌豆的出现既丰富了川菜的食材种类与风味，也再次展现川菜平民性格的一面，因做烂豌豆都是用较老熟的豌豆蒸制，算是将难以入口的食材加以改造，可说是物尽其用。虽说是边角余料等级的食材加工而成，其风味却是细致浓郁、雅致清香。

原料

江团500克
鸡腿菇100克
滑子菇100克
瓢儿白（茎部肥大的小油菜，又叫上海青）50克
炬豌豆200克
鸡汤1000毫升（约4杯）
淀粉50克
鸡蛋清1个

调味料

川盐3克（约1/2小匙）
鸡精15克（约1大匙1小匙）
化鸡油50克（约1/4杯）

制法

1. 将江团处理治净后，用沸水烫洗约3秒。
2. 捞出后以冷水洗去表面的黏液，接着取下两侧鱼肉。
3. 将鱼肉改刀成片，用川盐1/4小匙、鸡蛋清、淀粉码拌均匀后静置入味，约码味3分钟备用。
4. 取汤锅加入清水至五分满，旺火烧沸；鸡腿菇、滑子菇、瓢儿白分别改刀成片状，下入沸水锅中汆烫约10秒后，捞起并沥去水分。
5. 将炒锅放入化鸡油开中火，烧至四成热后，下炬豌豆炒香，再加入鸡汤以中火烧沸，转小火续煮8分钟。
6. 将炬豌豆汤汁滤去料渣，以小火保持微沸，下入鱼片。
7. 再加入川盐、鸡精调味，最后放入汆烫过的鸡腿菇、滑子菇小火烧至入味、鱼片熟透即可出锅，搭配汆烫过的瓢儿白即成。

料理诀窍

1. 选用上等的蒸炬的炬豌豆来熬制豆汤，是决定豆香味浓郁的根本。
2. 熬制豆汤的火力不宜过大，以免锅边焦糊变味，熬制的时间长一点汤味会更浓。

果酱扒鱼卷

色泽红亮，外酥里鲜，果香味浓

西式烹饪常利用酱汁衬托主食材的风味，因此酱汁的制作成为西式烹饪中关键的烹调技巧。因为不是一锅成菜，所以西式烹饪在摆盘上的变化相对较大，一道菜的各种味道元素分别完成，再于盘中组合成菜。此菜借用西式烹制手法成菜，其造型美观得体，酸甜可口。

原料

草鱼800克
芦笋250克
洋葱1个
猕猴桃1个
白芝麻20克
淀粉35克
鸡蛋2个
面包糠75克

调味料

川盐2克（约1/2小匙）
什锦果酱75克（约5大匙）
料酒15毫升（约1大匙）
姜葱汁10毫升（约2小匙）
番茄酱25克（约1大匙2小匙）
白糖40克（约2大匙2小匙）
大红浙醋35毫升（约2大匙1小匙）
食用油35毫升（约2大匙1小匙）
食用油1000毫升（约4杯）
水淀粉15克（约1大匙）

制法

1. 草鱼去鳍翅、鱼骨，取下两侧鱼肉，再去皮，只取净肉。
2. 顺着净鱼肉形片成厚约3毫米的长薄片，用川盐、姜葱汁码拌均匀后静置入味，约码味3分钟。
3. 将芦笋切成长约8厘米的段，待用。洋葱切成丝、猕猴桃切成片待用。
4. 将鸡蛋打入深盘中，取出少量鸡蛋清置于碗中，再将深盘中蛋液搅匀，待用。
5. 取码好味的鱼片平铺于台面上，放上芦笋后卷起，再用鸡蛋清与淀粉封口，拖匀蛋液粘匀面包糠即成鱼卷生坯。
6. 炒锅中加入约七分满的食用油，以旺火烧至四成热，下鱼卷生坯炸至熟透且表皮金黄酥脆，沥油装盘，并配上洋葱丝、猕猴桃片。
7. 将油倒出另作他用，炒锅洗净开中火烧热，放入食用油35毫升烧至四成热后下入果酱、番茄酱炒香并炒至颜色油亮、饱满。
8. 加入少许清水，调入白糖煮溶后，加入大红浙醋再用淀粉收汁后，即可浇在鱼卷上，撒上白芝麻即成。

料理诀窍

1. 鱼片的大小、厚薄和芦笋的长短应匹配，成形后菜肴才美观。
2. 控制油温、火力的大小，以掌握鱼卷的成熟度和色泽的要求。且应避免高温而造成外表焦黑，里面却夹生；油温过低，成品会显得苍白，缺乏美味的色泽，无酥香味，吃起来也容易腻。

韭菜炒小河虾

入口酥香、微辣，佐酒尤佳

邛海乃四川南边西昌境内的一座人工湖，所产的河虾肉质细嫩鲜美、个头大小均匀，虾壳细嫩不扎口，最佳的食用方式为醉活虾，口味极佳。而成都早期的府河、南河未有污染时也盛产河虾，街头常有小贩卖油炸的麻辣味酥河虾。这里运用油炸的方式，将河虾炸至酥香再配料炒制，但降低麻辣味，以保留邛海小河虾的鲜美，在精致的香气与口感中，增添怀旧的风情。

原料

西昌邛海小河虾200克
小韭菜50克
红二荆条辣椒圈15克

调味料

川盐2克（约1/2小匙）
鸡精15克（约1大匙1小匙）
花椒粉3克（约1大匙）
香油20毫升（约1大匙 1小匙）
小米辣椒油25毫升
（约1大匙2小匙）
食用油2000毫升（约8杯）

制法

1. 将西昌邛海小河虾剪去虾须后以流动的水漂洗干净，待用。
2. 小韭菜切成长3厘米的段，备用。
3. 炒锅中加入食用油约七分满，以旺火烧至六成热时，下河虾炸至酥香出锅沥油，备用。
4. 将油倒出留做他用并洗净，用中火将炒锅烧干，下小米辣椒油以中火烧至四成热，加入虾、韭菜、红二荆条辣椒圈炒香，调入川盐、鸡精、花椒粉、香油炒匀即成。

料理诀窍

1. 一定要选择新鲜、活蹦乱跳的小河虾，并剪去虾须。成菜才鲜香、美观。
2. 选用小米辣油炒此菜，可使风味更加独特，料渣更少，成形更清爽。

油泼脆鳝

麻辣鲜香，入口脆爽味浓

源于自贡名菜水煮牛肉的水煮系列菜品在厨师的创意下展现出多元风貌，像是孜然味的孜然水煮鳝鱼、麻辣味的水煮凤尾腰等，这里在水煮的风味基础上，浇淋煳辣油炝锅成菜，在麻辣之外增加香气，使原料脆爽、麻辣味更浓厚。另外因使用鳝鱼为主材料，所以加些陈醋以起增鲜去异味的效果。

原料

去骨鳝鱼片400克
莲藕100克
窝笋100克
熟白芝麻10克
干花椒15克
干辣椒50克
姜蒜末25克

调味料

郫县豆瓣末50克（约3大匙1小匙）
火锅底料35克（约2大匙1小匙）
鸡精15克（约1大匙1小匙）
白糖3克（约1/2小匙）
胡椒粉1克（约1/4小匙）
陈醋10毫升（约2小匙）
香油20毫升（约1大匙 1小匙）
食用油50毫升（约1/4杯）
老油50毫升（约1/4杯）
水淀粉100克（约1/2杯）
鲜高汤500毫升（约2杯）

制法

1. 将莲藕、窝笋切成厚4毫米的片，下入沸水锅中氽烫约5秒，捞起后沥干水分，铺于盘底，备用。
2. 去骨鳝鱼片切成长8厘米的段，放入沸水锅氽烫约3秒以去除血沫，捞起沥水，备用。
3. 炒锅下入食用油50毫升，开旺火烧至四成热，放入郫县豆瓣末、火锅底料、姜蒜末炒香，再加入鲜高汤以旺火烧沸，调入鸡精、白糖、胡椒粉、陈醋、香油等调味料后，用小火熬约5分钟。
4. 汤汁熬好后捞净料渣，以小火保持汤汁微沸，下氽烫过的鳝鱼段慢烧入味。然后用水淀粉收汁，装盘盖在莲藕、窝笋上。
5. 最后再取炒锅下入老油以小火烧至四成热，放入干花椒、干辣椒炒香，浇淋在鳝鱼上，撒入熟白芝麻即成。

料理诀窍

1. 氽烫鳝鱼段的汤料中可先用川盐、料酒、鸡精调味，且味道要调得重些，因氽烫的时间很短以保持鳝鱼的脆，而氽烫时先调些味有助于鳝鱼段入味。
2. 干花椒、干辣椒要小火慢慢炒香，再淋在鳝鱼上，成菜的味才够浓，层次才出得来。控制炒的程度，以免时间长、过火而变焦黑，使得菜肴带上煳焦味。
3. 成菜时可搭配香葱花，增添香气。

■川剧源于清乾隆时期，历史悠久，而变脸的表演形式结合了杂技与川剧，可算是川剧的一个分支，清末以前称之为川戏，原为酬神、喜庆的表演项目。

锦绣江团

搭配丰富，麻香、细嫩适口

原料

江团400克
土豆20克、莲藕20克
木耳15克、平菇10克
去皮新鲜核桃仁10克
圣女番茄5个
窝笋片15克
鲜汤800毫升
香葱花5克
鸡蛋清1个、淀粉35克

调味料

川盐2克（约1/2小匙）
料酒20毫升（约1大匙1小匙）
鸡精10克（约1大匙）
白糖2克（约1/2小匙）
豉油30毫升（约2大匙）
香油20毫升（约1大匙 1小匙）
藤椒油35毫升（约2大匙1小匙）
鲜高汤200毫升（约4/5杯）

制法

1. 将江团处理洗净后，取下两侧鱼肉并切成厚约4毫米的鱼片。
2. 将鱼片放入盆中，用川盐1/4小匙、料酒、鸡蛋清码拌均匀并加入淀粉码拌上浆，静置入味，约码味3分钟。
3. 把土豆、窝笋、莲藕切成厚约3毫米的片（长宽约3厘米×5厘米），备用。
4. 将步骤3片好的食材连同木耳、平菇、去皮新鲜核桃仁，下入用旺火烧沸的800毫升鲜高汤内汆烫约15秒至断生，捞出沥去水分后，铺入盘中垫底。
5. 将码好味的鱼片下入小火微沸的鲜汤中烫煮至熟，捞起后沥干水分并放凉。
6. 将放凉的鱼片盖在步骤4盘中的食材上面，待用。
7. 将川盐1/4小匙、鸡精、白糖、豉油、香油、藤椒油、鲜高汤200毫升一起在碗中混合，搅匀调成味汁。
8. 最后放上切半的圣女番茄，灌入步骤7调好的味汁，放上香葱花即成。食用时再抄起、拌匀即可。

料理诀窍

1. 鱼片厚薄应均匀，入锅汆烫的时间不宜过长，火力要小同时避免过度搅动，否则鱼肉容易碎不成形。
2. 各种时蔬可依季节作调整，但搭配要均匀，总量不能多过主料，以免喧宾夺主。
3. 汆烫食材时可在鲜汤中用川盐、鸡精、料酒调些底味。
4. 调制味汁的咸、淡及量的多寡，应依据主辅料的底味、数量多少而灵活调整。

在其他菜系中看不到川菜这么丰富的凉拌菜品，而食用生拌蔬菜的风气也少有像四川这么兴盛的，将生、熟、荤、素全用上。这里运用菇蕈类、根茎类、坚果、蔬菜等多种营养食材突出江团的鲜美味，内容有如锦绣大地般物产丰盛。选择鲜麻味，并通过鲜汤汆烫赋予食材底味，整合每一样清鲜食材相冲的性味，为鱼片及其他食材提鲜增味，成菜口味淡爽而备受青睐。

■广义上的雅鱼，产于雅安无污染环境的鱼都算，而狭义上的雅鱼就专指产于雅安周公河的丙穴鱼（学名：重口裂腹鱼），所以现在真正的雅鱼是极为稀少的。图为周公河的风情。

土豆烧甲鱼

色泽红亮，滋糯鲜香，家常味浓

甲鱼又名“团鱼”或“鳖”，营养丰富，富含有蛋白质、胶质、胶原蛋白、不饱和脂肪酸等，还有钙、铁及多种微量元素及维生素，是极佳的滋补圣品。此菜使用高档的长江放养甲鱼搭配小土豆、西蓝花等家常食材，以川式家常味的烧制方法，并加入泡辣椒末、泡姜末，使成菜色泽红亮，微辣中带着酸香，入口滋糯鲜美。

原料

长江放养甲鱼1只（约重1000克）
小土豆400克
西蓝花100克

调味料

川盐2克（约1/2小匙）
郫县豆瓣末35克（约2大匙1小匙）
泡辣椒末75克（约1/3杯）
泡姜末25克（约2大匙）
姜末25克（约2大匙）
蒜末30克（约2大匙）
大料（八角）3克（约3粒）
鸡精15克（约1大匙1小匙）
白糖3克（约1/2小匙）
胡椒粉2克（约1/2小匙）
料酒20毫升（约1大匙1小匙）
香油20毫升（约1大匙1小匙）
鲜高汤750毫升（约3杯）
食用油75毫升（约1/3杯）

制法

1. 将甲鱼处理后去除内脏、治净。
2. 锅中倒入清水至七分满，旺火烧至约80℃，下入甲鱼汆烫约5秒。
3. 捞起后去除粗皮并洗净，再斩成小块。
4. 小土豆去皮，洗净；西蓝花切成小块，备用。
5. 取炒锅开旺火，放入食用油烧至五成热后，下大料、郫县豆瓣末、泡辣椒末、泡姜末、姜末、蒜末炒香且颜色油亮、饱满。
6. 加入鲜高汤，烧沸后转小火熬5分钟，沥净锅中的料渣。
7. 以小火保持汤汁微沸，下入甲鱼块、小土豆，用川盐、鸡精、白糖、胡椒粉、料酒、香油调味，小火慢烧15分钟至熟透、入味。
8. 另取汤锅加入清水至七分满，旺火烧沸，下入西蓝花块汆烫后捞起，沥去水与烧好的甲鱼主料一起装盘即可。

料理诀窍

1. 甲鱼处理、治净后，在烫表面的粗皮时，水温不宜过高也不能烫的过久。否则粗皮与可食的皮层粘在一起，就不好褪去粗皮，也容易将可食的皮层刮洗破烂。
2. 沥净料渣是为了方便食用和成菜美观。
3. 烧甲鱼时火力不宜过大，否则易将土豆烧烂不成形，同时确保能烧足够的时间，使甲鱼与土豆烧至入味。

■烤蛋 ■叶儿粑

■糖饼（画糖）

■豌豆糕

■糖葫芦 ■豌豆凉粉

■糖油果子

■爆米花

■拉糖花

■豆花担

八宝糯米甲鱼

咸鲜味美，烂糯可口

甲鱼在各大菜系中多是以炖、烧等技法成菜。如安徽菜的清炖马蹄鳖，湖北菜的冬瓜鳖裙羹，山东菜的清炖甲鱼、红烧甲鱼，江苏菜的干烧裙边等。这里改为以火腿、百合等八宝馅料来蒸甲鱼，通过糯米、莲子熟成时会吸收水分而将甲鱼的滋补成分吸收入糯米、莲子中，所以此菜成形美观，风味清淡爽口且营养丰富。

原料

甲鱼1只（约重750克）
糯米50克
火腿20克
百合10克
薏米15克
莲子15克
大枣10克
青毛豆25克
瓢儿白（茎部肥大的小油菜，又叫上海青）200克

调味料

川盐3克（约1/2小匙）
鸡精15克（约1大匙1小匙）
香油20毫升（约1大匙 1小匙）
化猪油75克（约1/3杯）

制法

1. 糯米、百合、薏米、莲子、大枣先用水泡约60分钟，涨发后备用。
2. 将甲鱼处理后去除内脏、治净。
3. 锅中倒入清水至七分满，旺火烧至约80℃，下入甲鱼汆烫约5秒。
4. 捞起后去除粗皮并洗净，再斩成小块，备用。
5. 将烫甲鱼的炒锅洗净，倒入清水至五分满，旺火烧沸。
6. 将火腿切成小丁，同青毛豆入沸水锅中汆烫约15秒，捞起沥水。
7. 将甲鱼、糯米、百合、薏米、莲子、大枣、火腿丁、青毛豆纳入搅拌盆中，加入川盐、鸡精、 香油、化猪油拌匀后填入汤碗中至八分满。
8. 上蒸笼以旺火蒸约40分钟至熟透、烂糯。蒸好后取出，翻扣于盘中。
9. 取汤锅加入清水至七分满，旺火烧沸，下瓢儿白汆烫后捞起沥去水分，围在盘中的糯米甲鱼周边即成。

料理诀窍

1. 糯米、薏米等辅料要先用水泡涨，成菜才会滋糯适口。也可于涨发后，先用水煮至七成熟，滤去水分再和甲鱼拌在一起蒸，这样可缩短蒸制时间。
2. 使用猪油的目的是使甲鱼增加脂香味，同时也可以软化糯米。

【川味龙门阵】

1918年，重庆龙隐镇地方商绅集资创建了以新工艺生产瓷器的“蜀瓷厂”，因生产的瓷器品质好，种类又多，名气越来越大，并且从龙渡口码头外送远销四川省内外。渐渐的“磁器口”名号取代“龙隐镇”的本名。现在在磁器口已经发现的古窑遗址有20多处。磁器口古镇共有12条街巷，以明清风格的建筑为主，进磁器口后往码头方向，沿街店铺林立十分热闹。往左边拾级而上会发现真实古朴的古镇风情，那段阶梯就像时光隧道一样带人回到过去令人怀念的光阴。

臊子鱼豆花

鱼肉细嫩鲜美，臊子香脆可口

鱼豆花借用了豆花的形态，用鱼肉蓉制作而成，与豆花一样色泽洁白口感细嫩。在中国哲学观中，思想的最高境界是“见山不是山，见水不是水”，此道菜品就有这种意境，要让人用味蕾体验至高的哲理：“看是豆花却不是豆花，吃是鱼却无鱼形”。再以酥脆的臊子搭配那细嫩的鱼肉，风味更加独特。

制法

1. 将花鲢鱼肉洗净，去除肉中的刺与筋，再与猪肥膘肉一起剁细成蓉状，放入搅拌盆。
2. 在鱼蓉中调入鸡蛋清、姜葱汁、川盐1/4小匙、淀粉、清水混和成稀糊状，再顺着同一方向搅打至上劲、黏稠。
3. 把鱼蓉盛入深约8厘米的深盘内，上蒸笼用中火蒸约5分钟即成鱼豆花，将鱼豆花取出待用。
4. 炒锅用中火烧至四成热，下猪肉末煵炒至脆香后滤去多余的油。
5. 接着加碎米芽菜炒香，用川盐1/4小匙、鸡精、料酒、香油调味炒匀，最后放入香葱花翻匀即可出锅浇在鱼豆花上食用。

料理诀窍

1. 鱼肉和猪肥膘肉的比例要准确，并且必须将肉蓉搅细成泥状，成菜效果才能达到细嫩鲜美的口感。
2. 入蒸笼蒸的时间和火力大小要控制好，蒸得过久或火力过大易将鱼豆花蒸老、蒸成蜂窝状。
3. 肉臊子一定要炒至酥、脆、香，才能与鱼豆花的口感产生对比，在香气、滋味上又能相融，起到丰富层次的效果。
4. 也可以将鱼蓉调成稀糊状后冲入汤中，小火保持汤面微沸，再慢慢将鱼肉凝固成豆花状即成。

原料

花鲢鱼肉300克
猪肥膘肉150克
鸡蛋清3个
猪肉末100克
碎米芽菜20克
香葱花10克
淀粉50克

调味料

川盐2克（约1/2小匙）
鸡精15克（约1大匙1小匙）
姜葱汁25毫升（约1大匙2小匙）
料酒15毫升（约1大匙）
香油15毫升（约1大匙）
食用油25毫升（约1大匙2小匙）
清水150毫升（约1/2杯）

【川味龙门阵】

昭觉寺有佛素餐厅，在成都颇具知名度。而其简便斋饭虽然简单却美味，三样素菜加一碗饭，在一片肃穆的氛围中，觉得不只是吃一餐饭，更像是参了一次禅，清静且祥和。有机会到昭觉寺可以体验一下心灵美食。

姜蓉焗鳜鱼

鱼肉细嫩鲜美，姜汁味浓香

运用姜蓉烹饪姜汁味的菜品多通过烧的技法成菜，取姜汁味清淡、辛香爽口的风味。但有一个缺点就是成菜的造型，因烧的过程中必须翻动食材。经厨师改良，以广东砂锅煲仔“焗”的方式成菜，效果与烧相近，但因“焗”的过程中锅盖紧闭直到成菜，所以风味更浓，又可确保鱼的外形不受破坏，成菜后造型完整美观，姜汁味浓厚而入味。

原料

鳜鱼1尾（约重500克）
老姜蓉100克
瓢儿白（茎部肥大的小油菜，又叫上海青）50克
姜葱汁50毫升

调味料

川盐3克（约1/2小匙）
料酒20毫升（约1大匙1小匙）
鸡精15克（约1大匙1小匙）
陈醋15毫升（约1大匙）
香油20毫升（约1大匙 1 小匙）
豉油25毫升（约1大匙2小匙）
食用油50毫升（约1/4杯）

制法

1. 鳜鱼除去鳞片、内脏后洗净，再从肚腹内剞刀使整条鱼可以平展开。
2. 取川盐、料酒、姜葱汁与处理好的鳜鱼码拌均匀后静置入味，约码味5分钟。
3. 取炒锅下入五分满的清水，以旺火烧沸，将瓢儿白入锅汆烫约15秒断生，备用。
4. 将炒锅中汆烫的水倒出，用旺火烧干，转中火后下食用油烧至四成热，再把老姜蓉入锅炒香。
5. 将鱼放入煲仔内展开铺好，灌入豉油、鸡精、香油、陈醋，再倒上老姜蓉，接着围上烫过的瓢儿白盖上煲仔盖，放上火炉，以中火焗约10分钟至鱼肉熟透即成。

料理诀窍

1. 准备老姜蓉时可用嫩姜调整老姜蓉的气味厚薄与层次，但原则上老姜一定要比嫩姜多，这样姜味才够浓厚，才能突显姜的特有风味。
2. 煲仔上炉加热时，火力不宜过大，否则锅底极易焦锅。

【川味龙门阵】

重庆江北县龙兴古镇的历史由来已久。据《江北县志》记载，六百多年前的元末明初就已经有往来商旅聚集形成小集市，到了清朝初年商品买卖经济发达，于是设置官方机构“隆兴场”。在以往交通不便的年代，人们翻山越岭进入重庆，忽然一片开阔，街市热闹而繁荣，让人大开眼界。即使现今，自市区前往，经过一路上的田园与丘陵景观，忽然眼前出现一热闹城镇，也多少有这种感觉。

据传说，明朝初年建文帝曾经在龙兴古镇的一座小庙避难，之后小庙就扩建并改名龙藏寺，而整个场镇也自此兴旺起来，商家、客栈因应商人、旅客的增加而日趋繁荣，并成为重庆江北县有名的旱码头，而隆兴场之后也更名改为龙兴镇。

苦笋炖江团

清热解暑，回味苦中带甘

苦笋又名甘笋、凉笋，富含纤维，能促进肠蠕动助消化。苦笋外形美观，口感脆嫩，风味独特，烹调后依旧保有一定的苦味，入喉后回甘清爽。这里选用蜀南宜宾所产的苦笋，肉质细嫩、微苦回甘，是相当适合夏天酷暑季节的一种清热食材，与肥美的江团鱼烧制，脆爽微苦搭配细嫩甜美，回味清爽淡雅而宜人。

原料

江团1尾（约重600克）
新鲜苦笋200克
香菇50克
酸菜片25克
姜片15克
葱段20克

调味料

川盐3克（约1/2小匙）
鸡精15克（约1大匙1小匙）
料酒20毫升（约1大匙1小匙）
鲜高汤600毫升（约2.5杯）
化鸡油50毫升（约1/4杯）

制法

1. 江团处理去内脏并洗净后，先下入约80℃的热水中烫约10秒，以便于洗去表皮的黏液。
2. 将洗去黏液的江团斩成条状，放入盆中用川盐1/4小匙、料酒及2/3的姜片、葱段码拌均匀静置入味，约码味3分钟，备用。
3. 将鲜苦笋去除笋壳，切成滚刀块。香菇洗净与酸菜一起改刀，切成小块，备用。
4. 炒锅中放入化鸡油，以中火烧至四成热，下入其余1/3的姜片、葱段与酸菜块炒香后加入码好的鱼条同炒至断生。
5. 最后加入鲜高汤以旺火烧沸后下鲜苦笋、香菇块转小火，炖约10分钟至汤色发白后，用川盐1/4小匙、鸡精调味，再略煮约1分钟至鱼肉入味熟透即成。

料理诀窍

1. 江团处理后要先用热水烫洗去表皮带腥膻味的黏液，以免影响汤色并破坏成菜的清鲜味。
2. 苦笋炖的时间不宜过长，炖久了清鲜味会变淡，只剩笋香。

【河鲜采风】

宋朝黄庭坚因嗜吃苦笋，而作了一篇苦笋赋，将苦笋的美味描述的十分生动，而成为传世佳篇。

《苦笋赋》

余酷嗜苦笋。谏者至十人。戏作苦笋赋。

其词曰。僰道苦笋。冠冕两川。甘脆惬当，小苦而及成味。

温润稹密。多啗而不疾人。盖苦而有味。如忠谏之可活国。多而不害。

如举士而皆得贤。是其锺江山之秀气。故能深雨露而避风烟。食肴以之开道。

酒客为之流涎。彼桂玫之与梦汞。又安得与之同年。

蜀人曰。苦笋不可食。食之动痼疾。使人萎而瘠。予也未尝与之下。

盖上士不谈而喻。中士进则若信。退则眩焉。下士信耳。

而不信目。其顽不可镌。李太白曰：但得醉中趣，勿为醒者传。

瓜果拼风鱼

吃法新颖，装盘考究，风味别致

风鱼，也即风干鱼，是四川地区十分传统而普遍的腌渍品，成品在鱼鲜味之外多了腌渍与发酵的独特醇和风味，多半是蒸制后直接改刀成菜，也可以用来炖汤、入菜，当作增添风味的配料。这里将传统的风干鱼以现代手法呈现，并运用意式烹饪的名菜帕玛火腿佐哈密瓜的搭配概念，以风干鱼搭配水果沙拉，加上水晶锅巴使口感更丰富。

原料

风干鱼300克
水晶锅巴4块
西瓜25克
苹果25克
橘子25克
猕猴桃25克
火龙果25克

调味料

巧克力酱35克
沙拉酱50克
食用油2000毫升（约8杯）

制法

1. 风干鱼在烹饪前用约60℃的温热水泡2小时，洗净置于盘中，上蒸笼以中火蒸约20分钟，取出晾凉。
2. 将西瓜、苹果、橘子、猕猴桃、火龙果分别切成约1.5厘米见方的丁，放入盆中，加入沙拉酱拌匀，备用。
3. 在炒锅中下入食用油至约七分满，开中火将油烧至三成热，接着将锅巴入油锅中炸酥后，乘热卷成卷备用。
4. 将蒸好放凉的风干鱼改刀成厚约1厘米的长条装盘，一边摆上酥炸锅巴，再调上巧克力酱，另一端配上水果丁沙拉即成。

料理诀窍

1. 掌握风干鱼的制作工艺流程，是确保风味别致的基本。
2. 泡水和蒸的时间不宜过长，以免将风干鱼的味给泡淡或蒸淡、蒸散了，影响成菜风味。蒸的时间过短则味太重，口感偏硬。
3. 掌握摆盘技巧和水果丁的色泽与酸甜搭配，使成菜美观，滋味丰富。

【川味龙门阵】

黄龙溪豆豉闻名巴蜀，它属于干豆豉，最特别的是用玉米叶包起来再加以烟熏防止腐坏，买回家后只要挂在干燥通风的地方，可以经年不坏。豆豉是回锅肉等川菜的首选配料。而其豆豉一小包刚好炒一个菜，因为经过烟薰防腐所以会带有淡淡的烟香味，这是其最大特色。

黄龙溪一带，也盛产河鲜，鹿溪河在这汇入府河后直通乐山再进入大江，也是河鱼洄游与下游的交会点。因此黄龙溪的河段有着丰富的有鳞鱼、无鳞鱼和龟鳖虾蟹等不下百种的河鲜。

龙井江团

入口细嫩，茶香味浓

四川茶文化闻名全国。四川水源丰沛，却因水中矿物质过多，必须煮开才适合饮用，水铺子就成了四川的一大特色。因喝白开水十分单调，有人发现放“茶树”的叶子到开水中一起饮用，可以增加滋味，于是水铺子就变成茶铺子，也开展了中国的“茶史”。此菜以杭州名菜龙井虾仁为师，改以鲜嫩江团为主料并延续使用清香味浓、驰名中外的西湖龙井茶，配以四川的烹饪方式与调料，使茶香融入川菜风味中。

原料

江团1尾（约重600克）
龙井茶5克、枸杞子约10粒
姜片15克、葱段20克
鸡蛋清1个、淀粉35克

调味料

川盐3克（约1/2小匙）
料酒20毫升（约1大匙1小匙）
鸡精15克（约1大匙1小匙）
化猪油25克（约2大匙）
鲜高汤500毫升（约2杯）
水淀粉15克（约1大匙）

制法

1. 将江团处理治净后，取下两侧鱼肉，除去鱼皮只取净肉并片成厚约3毫米的鱼片。
2. 将鱼片以肉槌槌打成薄片，并达到破坏鱼肉纤维的效果。
3. 槌打好的鱼薄片放入盆中，用姜片、葱段、川盐1/4小匙、料酒、鸡蛋清码拌均匀并加入淀粉码拌上浆后静置入味，约码味3分钟。
4. 龙井茶用20毫升80℃的水泡开、涨发约5分钟，备用。枸杞子用约60℃的温水涨发约5分钟，沥水备用。
5. 取炒锅并下入化猪油用旺火烧至三成热，再将码好味的鱼片下入油锅中滑油约1分钟至定形、断生后出锅。
6. 将油倒出留作他用，开中火，下入鲜高汤和龙井茶水并用川盐1/4小匙、鸡精调味后，加入滑过油的鱼片以小火烧约2分钟至熟透入味。
7. 最后用水淀粉勾芡收汁出锅，点缀涨发的枸杞子即成。

料理诀窍

1. 摆盘时可突显茶餐的特色，这里是将龙井茶叶泡开、涨发后将茶水倒出留用，再倒入开水泡出茶色后倒入耐热的玻璃杯中，倒扣于盘中作装饰。
2. 烧鱼时一定要加入泡出一定浓度的茶汤，茶香味才浓厚，若是用加入茶叶的方式，烧制的时间不足以使茶味与茶香充分释出。

■到宽巷子喝茶是不分白天晚上的，什么时候去都有其特色与内涵，坐下来，一杯花茶，就像成都人说的：安逸！巴适！

番茄鸡汤豹鱼仔

入口细嫩，汤鲜味美

豹鱼仔属高原冷水鱼，肉质极为细嫩、鲜美，因外表花纹近似豹子而得名。在烹饪上只须高汤与简单的调味，加上恰当的火候，就能以清鲜取胜。此菜选用老母鸡炖的高汤，取其鲜美、清甜、回味悠长，加上南瓜蓉汁为汤汁调色并增添甜香风味，进而将豹鱼仔的细嫩、鲜美烘托出来，尽显本味。其汤鲜、鱼嫩，也是一款可汤可菜的美味。

原料

豹鱼仔400克
番茄片30克
南瓜10克

调味料

川盐2克（约1/2小匙）
鸡精10克（约1大匙）
化鸡油20毫升（约1大匙1小匙）
老母鸡汤600毫升（约2.5杯）
清水50毫升（约3大匙1小匙）

制法

1. 将豹鱼仔处理去内脏，治净备用。
2. 将南瓜切小块，上蒸笼用大火蒸约10分钟至熟透后取出，放入果汁机中，加入清水50毫升，搅成南瓜蓉汁。
3. 炒锅下入老母鸡汤，用中火烧沸，下南瓜蓉汁调色。
4. 用川盐、鸡精调味后下豹鱼仔转小火，慢烧至熟透入味。
5. 最后加化鸡油、番茄片略煮约2秒，至番茄片断生，装盘即成。

料理诀窍

烧制鱼肉的时候火力应小，避免火大水沸将鱼肉冲烂，而影响成菜美观，也不方便食用。

【河鲜采风】

送仙桥位于青羊区，邻近杜甫草堂、青羊宫，这里不只是古董，还有文房四宝、中古用品、二手书，对喜爱古文物或是淘宝的人可以说是一个天堂，特别是在星期天的早上11点前有市集形式的古玩摊位，常有珍品出现！

河鲜、食材图鉴

Fresh Water Fish and Foods in Sichuan Cuisine

A journey of Chinese Cuisine for food lovers

河鲜品种图鉴

01 草鱼

学名： 草鱼

常用名： 草鲩、草鲲、白鲩、鲲子鱼、鲩鱼、青草、白鲲、青草鱼、草棒、厚鱼、草根、草包、厚子鱼、草混子、棍子鱼

英文名： Grass carp

英文学名： *Ctenopharyn odon idellus*

02 青鱼

学名： 青鱼

常用名： 乌熘、黑鲩、乌鳛、青鲩、乌青、螺蛳青、乌鲩、黑鲭、乌鲭、铜青、青棒、五侯青

英文名： Black carp

英文学名： *Mylopharyngodon piceus*

03 鲫鱼

学名： 鲫鱼或鲗鱼

常用名： 鲫仔鱼、土鲫、喜鱼、头鱼、河鲫鱼、喜头、鲫拐子、月鲫仔、鲫瓜子、鲫壳子、刀子鱼、朝鱼、鲋鱼

英文名： Crucian carp

英文学名： *Carassius carassius auratus*

04 鳙鱼

学名： 鳙鱼

常用名： 花鲢、养鱼、红鲢、麻鲢、胖头鱼、大头鱼、包公鱼、黄鲢、黑鲢

英文名： Bighead carp

英文学名： *Aristichthys nobilis*

05 鲤鱼

学名： 鲤

常用名： 鲤拐子、朱砂鲤、毛子、朝仔、红鱼、花鱼、拐子、黄河鲤鱼

英文名： Common carp

英文学名： *Cyprinus carpio carpio*

06 白鲢鱼

学名： 鲢鱼

常用名： 白鲢、跳鲢、水鲢、鲢子鱼

英文名： H. molitrix

英文学名： *Hypophthalmichthys molitrix*

07 武昌鱼

学名： 团头鲂

常用名： 樊口鳊鱼、团头鳊、鳊鱼、缩项鲂、缩项鳊、鲂

英文名： WuchangFish

英文学名： *Megalobrama amblycephala*

08 乌鱼

学名： 乌鳢

常用名： 才鱼、黑鱼、生鱼、黑里头、乌里黑、乌棒、墨鱼、丰鱼、孝鱼、蛇头鱼、火头鱼、黑松、黑色棒子

英文名： Argus snakehead fish / Northern snakehead

英文学名： *Channa argus*

09 桂花鱼

学名： 鳜鱼

常用名： 鳜花鱼、鳜鱼、鯚鱼、季花鱼、胖鳜、翘嘴鳜

英文名： Chinese perch

英文学名： *Siniperca chuatsi*

10 鲈鱼

学名： 河鲈
常用名： 五道黑
英文名： River perch / Perch / Ereshwater perch
英文学名： *Perca fluviatilis*

11 土凤鱼

学名： 花䱻
常用名： 麻鲤、吉花鱼、花鲇
英文学名： *Hemibarbus maculatus Bleeker*

12 青波鱼

学名： 中华倒刺鲃
常用名： 青波、乌鳞、青板
英文学名： *Spinibarbus sinensis*

13 翘壳鱼

学名： 翘嘴鲌
常用名： 大白鱼、翘嘴白鱼、翘嘴鲌、翘头仔、总统鱼、曲腰鱼翘嘴巴、曲腰、总统鱼、巴刀
英文名： Topmouth culter
英文学名： *Culter alburnus*

14 白甲鱼

学名： 多鳞白甲鱼
常用名： 钱鱼、梢白甲、赤鳞鱼
英文名： Largescale shoveljaw fish
英文学名： *Onychostoma macrolepis*

15 江鲫

学名： 三角鲤
常用名： 黄板鲫、黄鲫、芝麻鲫
英文学名： *Cyprinus multitaenata Pellegrin et Chevey*

16 丁鱥鱼

学名： 欧洲丁鱥鱼
常用名： 黄丁鱥鱼、须鲅鱼、丁鲅鱼、金鲑鱼、丁鲑鱼、金岁鱼、须鱥鱼、丁穗鱼
英文名： T–tinca
英文学名： *Tinca tinca*

17 边鱼

学名： 厚颌鲂
常用名： 三角鲂、三角鳊
英文学名： *Megalobrama pellegrini*

18 水密子

学名： 圆口铜鱼
常用名： 方头水密子、金鳅、圆口、麻花、肥沱
英文名： Largemouth bronze gudgeon
英文学名： *Coreius guichenoti (Sauyage et Dabry)*

19 雅鱼

学名： 齐口裂腹鱼两种

常用名： 丙穴鱼、齐口、细甲鱼，齐口细鳞鱼

英文名： Schizothorax (schizothorax.) prenanti

英文学名： *Prenant's schizothoracin*

20 胭脂鱼

学名： 胭脂鱼

常用名： 火烧鳊、黄排、木叶盘、红鱼、紫鳊、燕雀鱼、血排、粉排

英文名： Chinese sucker

英文学名： *Myxocyprinus asiaticus*

21 岩鲤

学名： 岩原鲤

常用名： 黑鲤、岩鲤鲃、墨鲤、水子、鬼头鱼

英文名： Rock carp

英文学名： *Procypris rabaudi*

22 小河镖鱼

学名： 泛指无须鱊、银飘鱼

常用名： 猫儿鱼、猫猫鱼、飘鱼、蓝片子、蓝刀片

英文学名： *include Acheilognathus gracilis Nichols, Pseudolaubuca sinensis*

23 鲇鱼

学名： 鲇

常用名： 鲇拐子、年鱼、河鲇、土鲇、泥鱼、鲇仔、怀头鱼

英文名： catfish / Chinese catfish / Mudfish / Oriental sheatfish / Far east asian catfish

英文学名： *Parasilurus asotus*

24 大口河鲇

学名： 南方大口鲇

常用名： 河鲇、叉口鲇、鲇巴朗、大口鲇、大河鲇、大鲇鲐

英文名： Sothern catfish

英文学名： *Silurus meriaionalis Chen*

25 金丝鱼（黄沙鱼的幼鱼）

学名： 斑点叉尾鮰（白化）

常用名： 红沙鱼、红叉尾鮰、红鮰鱼

英文学名： *Ictalurus punctatus*

26 黄沙鱼

学名： 斑点叉尾鮰（白化）

常用名： 红沙鱼、红叉尾鮰、红鮰鱼

英文学名： *Ictalurus punctatus*

27 江团

学名： 长吻鮠

常用名： 鮰鱼、肥沱、肥王鱼

英文名： Longsnout catfish

英文学名： *Leiocassis longirostris*

28 鲟鱼

学名： 中华鲟
常用名： 中国鲟、鳇鱼、苦腊子、腊子、鲟鲨、鳣、鳣鲔
英文名： Chinese sturgeon / Green sturgeon
英文学名： *Acipenser sinensis*

29 鸭嘴鲟

学名： 匙吻鲟
常用名： 白鲟、匙吻猫鱼
英文名： spoonbill cat
英文学名： *Polyodon spathala*

30 黄辣丁

学名： 黄颡鱼
常用名： 黄鸭叫、黄腊丁、昂刺鱼
英文名： Yellow cartfish
英文学名： *Pelteobagrus fulvidraco*

31 三角峰

学名： 光泽黄颡鱼
常用名： 尖嘴黄颡、油黄姑、黄甲
英文名： Shining catfish
英文学名： *Pelteobagrus nitidus*

32 水蜂子

学名： 白缘鉠
常用名： 无
英文名： Margined Bullhead
英文学名： *Leiobagrus marginatus*

33 青鳝

学名： 鳗鱼
常用名： 白鳝、白鳗、河鳗、鳗鲡、风馒、日本鳗
英文名： Japanese eel
英文学名： *Anguilla Japonica*

34 黄鳝

学名： 黄鳝
常用名： 鳝鱼、田鳝、田鳗、长鱼、血鱼、罗鱼、无鳞公子等
英文名： Swamp eel / Rice field eel
英文学名： *Monopterus*

35 石爬子

学名： 石爬鮡
常用名： 石爬鱼、青石爬子、黄石爬子、火箭鱼
英文名： E. kishinouyei
英文学名： *Euchiloglanis spp.*

36 花鳅

学名： 长薄鳅
常用名： 花鱼、花斑鳅
英文学名： *Leptobotia elongata (Bleeker)*

37 石纲鳅

学名： 短体条鳅
常用名： 石纲鳅
英文学名： *Nemachilus potaneni Gunther*

38 豹鱼仔

学名： 黑体高原鳅
常用名： 小狗鱼、豹仔鱼
英文学名： *Triplophysa obscura Wang*

39 老虎鱼

学名： 长条鳅
常用名： 无
英文学名： *Nemacheilus longus Zhu*

40 泥鳅

学名： 泥鳅
常用名： 土鳅、胡熘、鱼熘、雨熘
英文名： Asian pond loach / Oriental weatherfish
英文学名： *Misgurnus anguillicaudatus*

41 玄鱼子

学名： 中华沙鳅
常用名： 钢鳅
英文学名： *Botia (Sinibotia) superciliaris Gunther*

42 邛海小河虾

学名： 秀丽白虾、粗糙沼虾的泛称
常用名： 沼虾、河虾、青虾
英文学名： *include Exopalaemon modestus and Macrobrachium asperulum*

43 甲鱼

学名： 甲鱼
常用名： 鳖、元鱼、团鱼、水鱼、王八
英文名： Soft-shelled turtles
英文学名： *Pelodiscus sinensis (Wiegmann)*

44 美蛙

学名： 美国沼泽绿蛙
常用名： 美国青蛙、沼泽绿牛蛙、猪蛙、猪鸣蛙
英文名： Pig frog
英文学名： *Rana grylio*

46 田螺

学名： 中国圆田螺
常用名： 螺狮、香螺
英文名： Mudsnail
英文学名： *Cipangopaludina chinensis*

45 小龙虾

学名： 克氏原螯虾
常用名： 美国螯虾、小土龙虾、淡水龙虾、蝲蛄
英文名： Red Swamp Crayfish / Louisiana crayfish
英文学名： *Procambarus clarkii*

食材图鉴

川盐

其他常用名：
井盐、自贡井盐

郫县豆瓣

其他常用名：
四川豆瓣、辣豆瓣

西路花椒

其他常用名：
大红袍花椒

南路花椒

其他常用名：
红花椒、大红袍花椒、清溪花椒

九叶青花椒

其他常用名：
青花椒、藤椒、麻椒

金阳青花椒

其他常用名：
青花椒、麻椒

鲜九叶青花椒

其他常用名：
保鲜青花椒

红二荆条辣椒

青二荆条辣椒

红美人辣椒

青美人辣椒

青小米辣椒

红小米辣椒

子弹头干辣椒

干辣椒

其他常用名：
干朝天椒

干辣椒段

辣椒粉

其他常用名：
辣椒面、海椒面

刀口辣椒

泡辣椒

其他常用名：
泡海椒、鱼辣子

子弹头泡辣椒

青酱椒

泡小米辣椒

泡野山椒

剁辣椒

黄、青、红甜椒

其他常用名：

彩色甜椒

香酥椒

其他常用名：

辣椒酥

黄灯笼辣椒酱

宣威火腿

酱肉

其他常用名：

酱五花肉

火腿肠

鱼糁

其他常用名：

鱼浆

花鲢鱼膘

其他常用名：

花鲢鱼肚

鲇鱼膘

其他常用名：

鲇鱼肚

草鱼皮

鱼鳞

其他常用名：

鱼甲

风干草鱼

其他常用名：

风鱼

猪肥膘油

其他常用名：

猪板油、板油

三线五花肉

其他常用名：

五花肉、三层肉

羊棒子骨

其他常用名：

羊大骨

蹄花

其他常用名：

猪手、前猪脚

生鸡油

大葱

香葱

香葱头

其他常用名：

香葱白

老姜

嫩姜

其他常用名：

生姜、子姜

蒜头

其他常用名：

大蒜、瓣蒜

独蒜

其他常用名：

独头蒜

黄豆芽

藿香

其他常用名：广藿香、海藿香、土藿香、排香草、大叶薄荷

香椿芽

其他常用名：

香椿、山椿、虎目树、椿花

折耳根

其他常用名：
鱼腥草、猪鼻拱

大白菜

西兰花

其他常用名：
绿花菜

韭菜

嫩南瓜

其他常用名：
倭瓜、番瓜、青南瓜

南瓜

其他常用名：
老南瓜、金瓜

冬瓜

黄瓜

其他常用名：
青瓜、刺瓜

节瓜

其他常用名：
三月瓜

红洋葱

香芋

其他常用名：
芋头

黄糯玉米

其他常用名：玉蜀黍、包谷、苞米、棒子、粟米、番麦

瓢儿白

其他常用名：
上海青

百灵菇

其他常用名：
翅孢菇、阿魏侧耳、阿魏蘑菇

芥菜

其他常用名：
长年菜、青菜

青菜

其他常用名：
油菜、芥菜、菜心尾

鲜青豆

其他常用名：
毛豆、青毛豆

鲜苦笋

其他常用名：
甘笋

窝笋

其他常用名：
茎用莴苣、青笋

莲藕

其他常用名：
藕

马蹄

其他常用名：
荸荠、地栗、乌芋、地下水梨（地梨）

新鲜核桃仁

其他常用名：
鲜桃仁、核桃、胡桃仁、胡桃肉

百合

其他常用名：
川百合、龙牙百合、粉百合

红圣女果

其他常用名：
圣女番茄

鲜草菇

菜心

其他常用名：
菜薹、广东菜薹、广东菜

土豆

其他常用名：
洋芋、马铃薯

小土豆

其他常用名：

小洋芋

芦笋

其他常用名：

石刁柏、龙须菜、露笋、芦尖

水发地木耳

其他常用名：

地耳、地皮菜

冬笋片

胡萝卜

其他常用名：

红菜头

平菇

其他常用名：

侧耳、糙皮侧耳、蚝菇

鲍鱼菇

其他常用名：

台湾平菇、高温平菇

鸡腿菇

其他常用名：

鸡腿蘑、刺蘑菇

鲜香菇

滑子菇

其他常用名：

滑子蘑、珍珠菇

海带丝

其他常用名：

昆布、江白菜

泡酸菜

其他常用名：

泡青菜

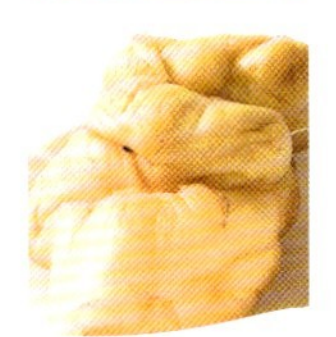

榨菜

泡豇豆

泡姜

泡萝卜

碎米芽菜

其他常用名：

叙府芽菜

干黄花菜

其他常用名：

萱草、忘忧、宜男、真筋菜、金菜、金针花

腌菜

鲜荷叶

火龙果

鸭梨

其他常用名：

快果、玉乳

猕猴桃

其他常用名：

奇异果

白面锅盔

其他常用名：

锅魁、锅盔馍、干馍

荷叶饼

其他常用名：

软饼

荞面窝窝头

馒头

其他常用名：馍、馍馍、卷糕、大馍、蒸馍、面头

馓子

麻花

其他常用名：

油绳、三股麻花、绳子头麻花

魔芋

其他常用名：

蒟蒻

米凉粉

其他常用名：

米豆腐

内酯豆花

其他常用名：

嫩豆腐

豆腐干

老豆腐

荞麦面条

汤粉条

其他常用名：

宽粉条、圆粉条

蕨根粉皮

粉丝

其他常用名：

豌豆粉丝、绿豆粉丝

水晶锅巴

玉米片

油酥黄豆

其他常用名：

酥黄豆、油酥大豆

酥花生

其他常用名：

油酥花生

㶶豌豆

五香蒸肉米粉

麻辣蒸肉米粉

面包糠

其他常用名：

面包粉

威化纸

其他常用名：

糯米纸

白芝麻

大枣

其他常用名：

红枣

大料

其他常用名：

八角

大料粉

其他常用名：

八角粉

沙参

党参

十三香粉

孜然粉

小茴香

山柰

肉桂

其他常用名：

桂皮

肉桂叶

其他常用名：

香叶

草果

胡椒粉

其他常用名：

白胡椒粉

通江银耳

其他常用名：

雪耳、白木耳、银耳子

天麻

芫荽子

其他常用名：

芫荽子

莲子

其他常用名：

莲米

薏米

其他常用名：

薏苡仁、薏仁、土玉米

高级浓汤

山椒酸辣汁

姜葱汁

糖色

家常红汤

红汤卤汁

淀粉

其他常用名：

生粉

食用碱

其他常用名：

碱粉、纯碱、碳酸钠

豉油

其他常用名：

酱油

醪糟

其他常用名：

糯米酒、酒酿、酒糟、甜酒、甜米酒

豆腐乳

陈醋

其他常用名：

老陈醋

香醋

大红浙醋

白醋

料酒

其他常用名：

黄酒

花雕酒

其他常用名：

状元红、女儿红

芥末油

芥末膏

其他常用名：

芥子末、芥辣粉

红花椒油

其他常用名：

花椒油、麻椒油

藤椒油

浓缩橙汁

其他常用名：

浓缩柳橙汁

辣鲜露汁

烧汁

其他常用名：

烧肉酱

鲍鱼汁

蒸鱼豉油汁

龙井茶

水豆豉

干坨坨豆豉

永川豆豉

其他常用名：

豆豉、荫豉、纳豉

食用油

其他常用名：

色拉油

菜籽油

化鸡油

化猪油

红油

老油

煳辣油

小米辣油

葱油

泡椒油

沸腾鱼专用油

鸡汤

高汤

高级清汤

鱼胶粉

其他常用名：

吉利丁

火锅底料

乙基麦芽酚

其他常用名：

乙基麦芽醇、糖味香料

单位换算

量杯、量匙简易换算表

单位	容量	重量（水）	重量（油）	重量（面粉）
1量杯	240毫升	240克	约216克	约125克
1大匙	15毫升	15克	约14克	约7.8克
1小匙	5毫升	5克	约4.5克	约2.6克
1/2小匙	2.5毫升	2.5克	约2.2克	约1.3克
1/4小匙	1.25毫升	1.25克	约1.1克	约0.6克

重量单位换算

1千克 = 1000克 = 2.2磅 = 2斤

1斤=10两 = 500克

1两=50克 = 10钱

1钱 = 5克

1磅（lb）= 454克 = 16盎司（oz）= 约 9 两

1盎司（oz）= 28.37克

液体容量单位换算

1升 = 1000毫升

1夸脱 = 946毫升

长度单位换算

1米 = 100厘米

1厘米 = 10毫米

1英寸 = 2.5厘米

3/4英寸 = 2厘米

1/2英寸 = 1厘米

1/4英寸 = 5毫米

油温换算

中式料理将油温从常温到最高油温分为6个级距，分别代表的温度如下：

油温1成热 = 20 ~ 30℃ = 54.5 ~ 86°F

油温2成热 = 30 ~ 60℃ = 86 ~ 140°F

油温3成热 = 60 ~ 90℃ = 140 ~ 194°F

油温4成热 = 120 ~ 150℃ = 194 ~ 302°F

油温5成热 = 150 ~ 180℃ = 302 ~ 356°F

油温6成热 = 180 ~ 210℃ = 356 ~ 410°F

摄氏℃转华氏°F的换算公式：℃=(°F−32)×5/9

华氏°F转摄氏℃的换算公式：°F=(℃×9/5)+32

参考文献

[1] 任百尊.中国食经[M].上海：上海文化出版社，1999.

[2] 邓开荣，陈小林.川菜厨艺大全[M].重庆：重庆出版社，2007.

[3] 川菜烹饪事典编写委员会.川菜烹饪事典（上）[M].台北：赛尚图文事业有限公司，2008.

[4] 川菜烹饪事典编写委员会.川菜烹饪事典（下）[M].台北：赛尚图文事业有限公司，2008.

[5] 李廷芝.中国烹饪辞典[M].太原：山西科学技术出版社，2007.

[6] 李朝霞.中国名菜辞典[M].太原：山西科学技术出版社，2008.

[7] 谢定源.中国名菜[M].2版.北京：中国轻工业出版社，2006.

[8]（清）童岳荐.调鼎集：清代食谱大观[M].张廷年，校注.北京：中国纺织出版社，2006.

[9] 车辐.川菜杂谈[M].北京：生活·读书·新知三联书店，2004.

[10] 孙建三，黄健，程龙刚.遍地盐井的都市[M].桂林：广西师范大学出版社，2005.

[11] 王旭东，舒国重.四川江湖菜（第一辑）[M].重庆：重庆出版社，2001.

[12] 王旭东，舒国重.四川江湖菜（第二辑）[M].重庆：重庆出版社，2003.

[13] 陈夏辉，陈小林，龚志平，等.重庆江湖菜[M].重庆：重庆出版社，2007.

[14] 熊四智.说食——关于中华美食的十面解读[M].台北：赛尚图文事业有限公司，2008.

[15] 胡廉泉，李朝亮，罗成章.细说川菜[M].成都：四川科学技术出版社，2008.

[16] 肖崇阳.川菜风雅颂[M].北京：作家出版社，2008.